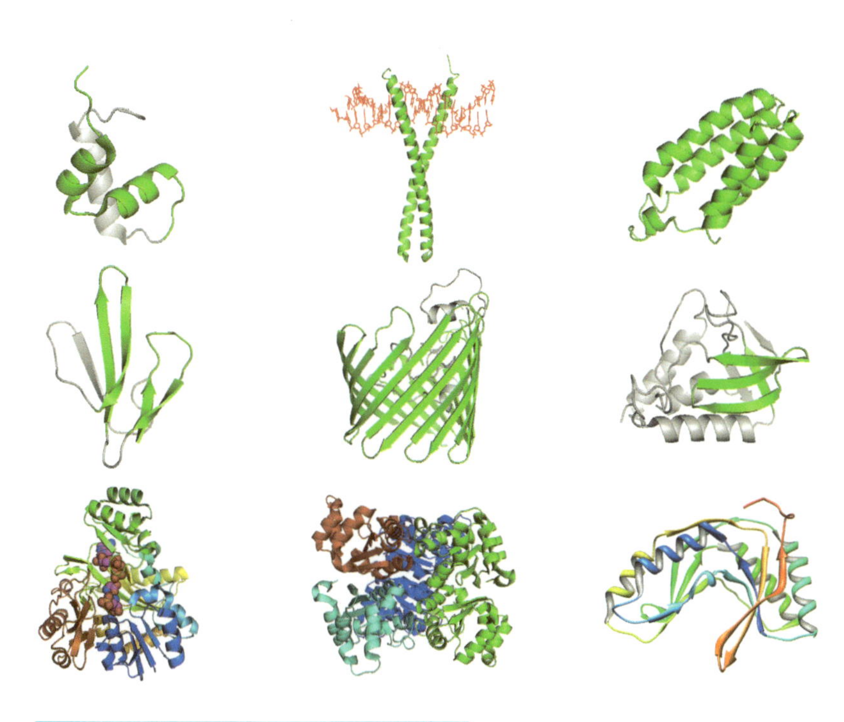

エッセンシャル

Essential Structural Biology

# 構造生物学

Gota Kawai
河合剛太

Taiichi Sakamoto
坂本泰一

Naoki Nemoto
根本直樹［著］

講談社

# まえがき

21世紀に入り20年が経過しようとしている現在，生命科学分野の中心が分子生物学となっているといっても差し支えないであろう。かつてワトソンとクリックがDNAの二重らせんモデルを発表したころ，分子生物学は情報学派と構造学派が車の両輪であった。例えば，デルブリュックとルリアあるいはハーシーらが情報学派をけん引し，一方，ブラッグおよびペルーツとケンドリューらが構造学派をけん引していた。ワトソンとクリックはそれぞれ，いわば情報学派と構造学派の代表であり，この出会いによってDNAの二重らせんモデルというきわめて重要な成果が得られたともいえる。しかしながら，塩基配列のような遺伝情報の解析とタンパク質などの立体構造の解析とのスピードの違いから，その後，情報学派が分子生物学の中心となり，その結果，構造学派の流れは構造生物学と呼ばれるようになった。

ここでひとつ知っておいてほしいことがある。日本では，水島三一郎博士が築き上げた振動分光学，および仁田勇博士に始まるX線結晶構造学の伝統があり，この土壌が，日本において構造学派すなわち構造生物学が育つためにたいへん重要であったことは間違いない。

本書では，生命現象を理解するために重要なタンパク質および核酸の立体構造について，あるいはその解析手法について，できるだけ多くの図版を用いてわかりやすく説明した。核酸，特にRNAについて多くのページを割いて説明している点は本書の特色であろう。しかし，近年明らかにされている生命現象におけるRNAの重要性を考えれば当然のことである。また，必要に応じてコラムや欄外注をつけ，理解の手助けとした。多様な生命現象における生体高分子の機能を理解するために，ぜひともその基礎を身につけていただきたい。なお，立体構造の図には対応するPDB ID（データベースの登録番号）を示してあるので，立体構造表示ソフトウエアで眺めていただきたい。

本書を手に取っているのはおそらく生命科学系の学生だと思われる。学生にとって構造生物学という学問は聞きなれないかもしれないが，上述のとおり，分子生物学の重要な一部分（あるいは半分以上といっても過言ではない）であり，いわゆる分子生物学を理解するためには構造生物学が必須なのである。

最後に，原稿をていねいに読んでくださった鈴木榮一郎氏，および本書を作成するにあたり，叱咤激励をくださった講談社サイエンティフィクの五味研二氏に厚くお礼申し上げたい。

平成30年2月

河合剛太

『エッセンシャル 構造生物学』Contents

Column

第1章

# 構造生物学とは何か

生命体はタンパク質や核酸などの高分子（生体高分子）とイオンやビタミン，ホルモンなどの低分子から構成されている。そのため，生命活動を理解するには，こうした分子の構造と機能あるいは分子間の相互作用を理解することが必須である。構造生物学は，生体高分子の立体構造を明らかにし，その立体構造と運動性（ダイナミクス）に基づいて生命活動を理解する学問であり，現代の生命科学において柱となる分野の1つである。

構造生物学は，生命現象の理解という基礎科学的な面にとどまらず，創薬や新しい材料の創出といった応用面にも展開されている。例えば，構造生物学によって病態発現のメカニズムを明らかにすることは，有効な低分子薬剤あるいは低分子と高分子の間の大きさである中分子薬剤の開発につながる（第5章）とともに，抗体やシグナルタンパク質，核酸自体を大量生産し，医薬品として利用するためにも必須な情報を与える。さらには，ゲノム情報に基づいた創薬（ゲノム創薬）や個人の遺伝的背景にあった医療（オーダーメイド医療）などの分野への応用も期待される。また，物質生産や環境浄化を見据えた産業用酵素の高機能化などにおいても，タンパク質の立体構造に基づいた構造と機能の情報は不可欠となっている。このように，バイオテクノロジーのあらゆる分野において，構造生物学は根幹的な重要性を有するに至っている。

本章では，構造生物学の基礎となる分子生物学および生化学について概説する。また，立体構造解析のために用いられる手法について紹介するとともに，本書の第2章以降の内容についても紹介しておく。

## 1.1 ◆ 分子生物学の基礎—セントラルドグマ

地球上のあらゆる生物はゲノムDNAに遺伝情報を保持する。塩基配列としてDNAに記録された遺伝情報は**転写**(transcription)によってメッセンジャーRNA(mRNA)に移され，さらに**翻訳**(translation)によってアミノ酸配列，すなわちタンパク質に変換される。また，ゲノムDNAは複製によって正確に子孫に伝えられる。こうした遺伝情報の流れを**セントラルドグマ**(central dogma)とよぶ(**図1.1**)。

転写は，RNAポリメラーゼによって，DNAを鋳型としてRNAを合成する過程である。真正細菌の場合，RNAポリメラーゼの$\sigma$サブユニットが転写開始点を決めるプロモーターを認識して，転写反応が始まる。**図1.2**は，RNAを合成している最中のRNAポリメラーゼのX線結晶構造解析により得られた立体構造である。真正細菌のRNAポリメラーゼは$\alpha$, $\alpha$, $\beta$, $\beta'$, $\omega$の5つのサブユニットからなるが，そのうち，$\beta$, $\beta'$の2つのサブユニットをそれぞれ示してある。この構造では，次に付加されるリボヌクレオシド三リン酸NTP(この場合はATP)が含まれており，まさに反応しようとしている状態がとらえられている。細菌に感染するウイルスであるファージには，1つのポリペプチドでできたRNAポリメラーゼをもつものがある。**図1.3**は，T7ファージのRNAポリメラーゼのX線結晶構造解析により得られた立体構造であり，DNAのプロモーター領域と結合する一方で，RNA鎖の合成が始まっている様子が示されている。

真核生物は3種類のRNAポリメラーゼ(RNAポリメラーゼI，II，III)をもち，合成されるRNAの種類によってこれらを使い分けている。プロモーターの認識機構も複雑で，数多くのタンパク質が関与している。RNAポリメラーゼIIは，mRNAの転写を担当する。真核生物において，mRNAはその前駆体として合成された後，5′末端へのキャップ構造の付加(第3章参照)，3′末端へのポリAの付加(polyadenylation)およびスプライシング(splicing)などの**プロセシング**(processing)[*1]を経て，成熟したmRNAとなる。

翻訳は，mRNAの塩基配列をアミノ酸配列に変換するプロセスである。この変換のアダプターとなる分子が転移RNA(tRNA)である。各アミノ酸に対応する遺伝暗号であるコドンがそれぞれ正しくアミノ酸に変換されるためには，(1)あるアミノ酸に対応するtRNAに対して正しい

＊1　プロセシング：RNAやタンパク質などが切断や修飾などの加工を施されることをプロセシングとよぶ。真核生物のmRNAの場合には，キャップ構造およびポリAの付加やスプライシングを経て成熟したmRNAとなる。tRNAやrRNAもプロセシングによって成熟することが知られている。なお，転写されてできるRNAの5′末端にはCapあるいは三リン酸が結合しているが，プロセシングによって生成した5′末端は一リン酸あるいはリン酸がない状態となっている。タンパク質の場合は，不活性な前駆体として産生されたタンパク質が限定分解を受けることで一部が切断されて活性をもつ成熟タンパク質が生じる。また，細胞内から細胞外へなど特定の場所へ輸送されるタンパク質が移行シグナルとしてもつシグナルペプチドが切断されることもプロセシングという。

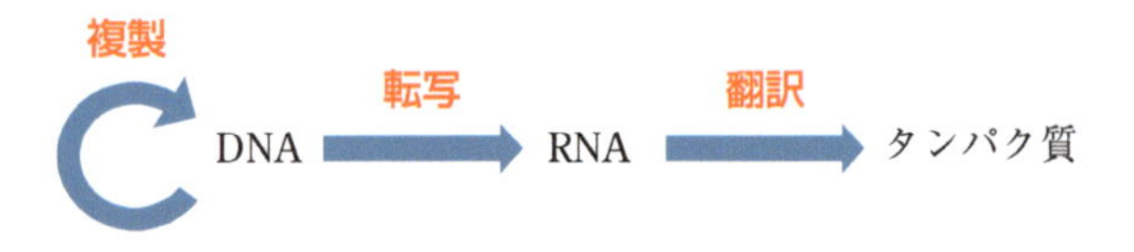


図1.1 | セントラルドグマ

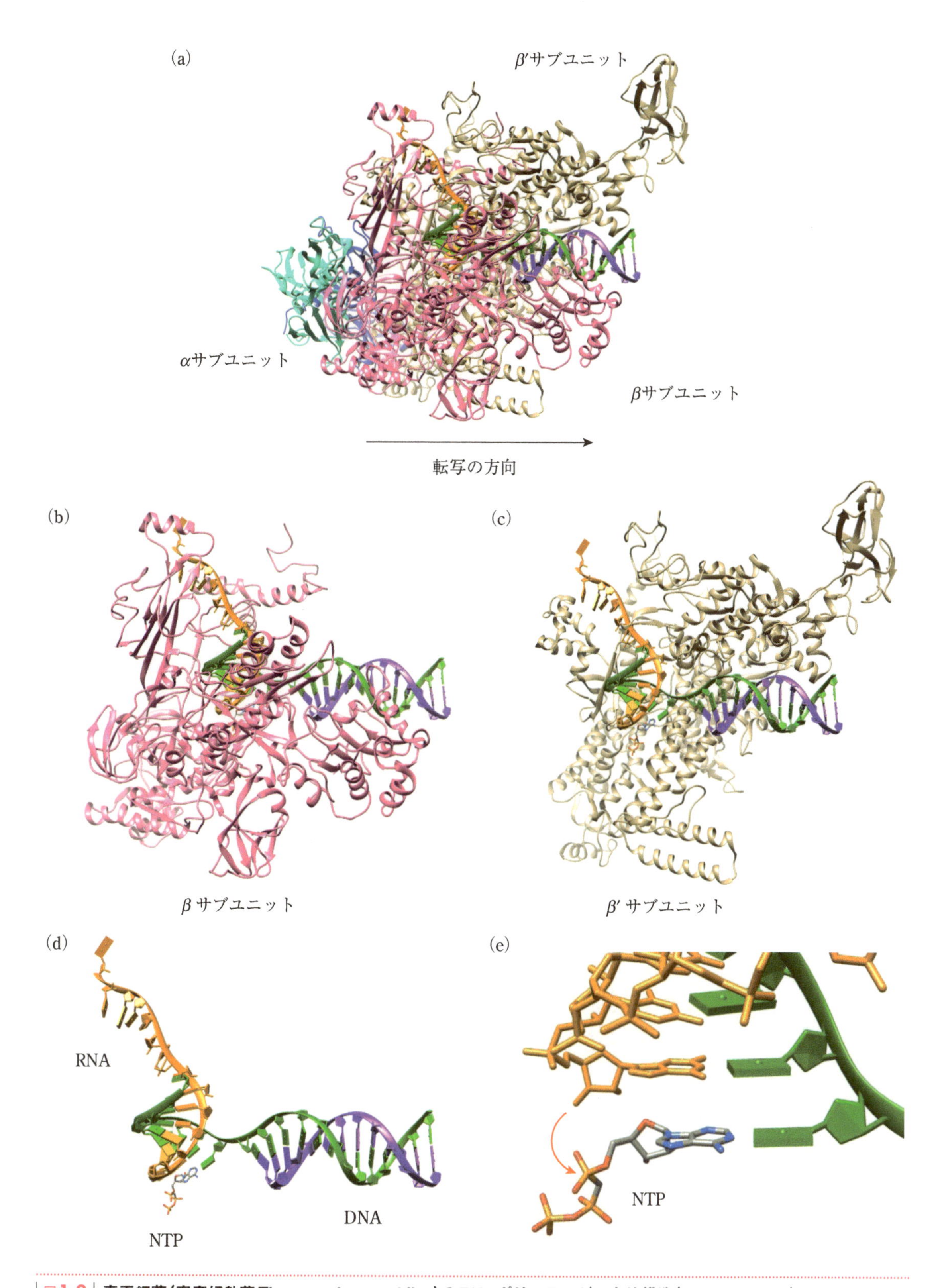


**図1.2 | 真正細菌（高度好熱菌 *Thermus thermophilus*）のRNAポリメラーゼの立体構造（PDB ID : 2O5J）**

(a)鋳型DNAおよび新生RNAの構造も含む転写反応が進んでいる状態の構造である。(b)(c)真正細菌のRNAポリメラーゼ（コア酵素）は5つのサブユニットで構成されているが，そのうちβおよびβ′サブユニットの構造。(d)次に活性部位へ結合するリボヌクレオチド三リン酸（NTP）が結合している様子。(e)は活性部位に結合したDNA，RNAおよびNTPの拡大図。

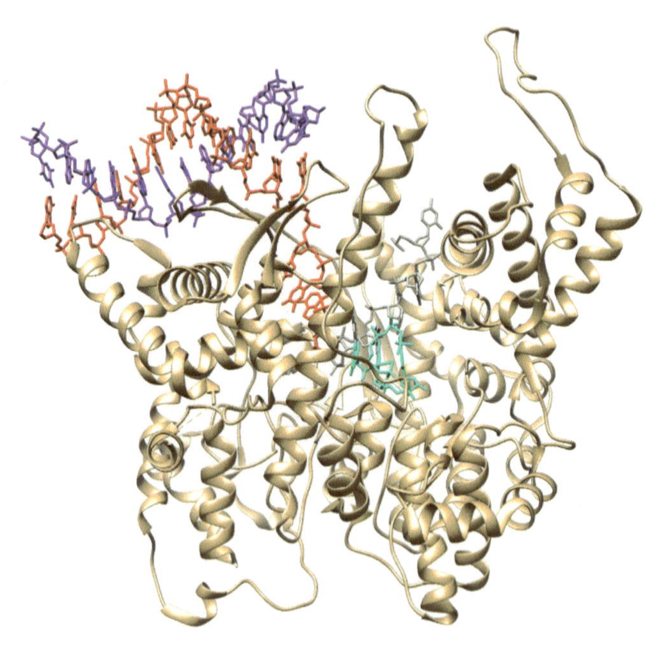

プロモーターの配列

5′-TAATACGACTCACTATAGGGAG…
3′-ATTATGCTGAGTGATATCCCTC…

**図1.3 | T7ファージのRNAポリメラーゼの立体構造(PDB ID : 1QLN)**
原核生物のRNAポリメラーゼはただ1つのポリペプチドによって構成されている。転写反応の開始直後の構造であるが，鋳型DNAおよび新生RNA(GGG)の構造も含まれている。

アミノ酸を結合させること，および(2) tRNAのアンチコドンがmRNAのコドンと正しく対合(pairing)することの両方が必要である。(1)の過程にはアミノアシルtRNA合成酵素(aaRS)が重要であり，(2)の過程はリボソーム上で行われる。**図1.4**はアミノアシルtRNA合成酵素とtRNAの複合体のX線結晶構造解析により得られた立体構造である。アミノアシルtRNA合成酵素はtRNA上の特徴(決定因子)を認識して正しいtRNAを見つけ出し，一方，正しくアミノ酸を反応させて，アミノアシルtRNAを合成する。

リボソームは，RNAとタンパク質からなる巨大な分子である。大腸菌におけるリボソーム全体の分子量は約270万で，このうち約150万はRNAである。コドンとアンチコドンが対合する部分(デコーディングセンター，DC)，あるいはペプチド鎖の形成に関与する領域(ペプチド鎖転移センター，PTC)はほぼRNAだけでできており，翻訳反応の主役はRNAであることがわかっている。リボソームの構造解明に関して，2009年にラマクリシュナン(Venkatraman Ramakrishnan)，スタイツ(Thomas Arthur Steitz)およびヨナス(Ada E. Yonath)にノーベル化学賞が与えられている。この理由の1つには，多くの抗生物質がリボソームをターゲットとしており，立体構造解析によってその結合部位や作用機

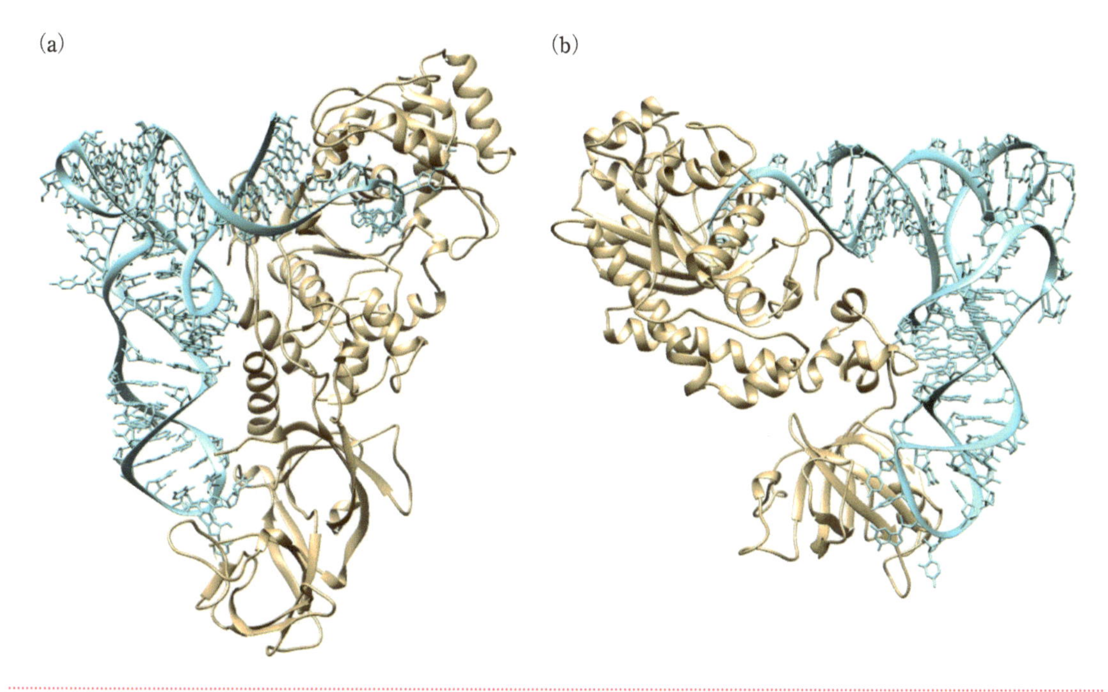


図1.4 | **アミノアシルtRNA合成酵素とtRNAの複合体の立体構造**

アミノアシルtRNA合成酵素は，ある特定のアミノ酸に対応するtRNAにそのアミノ酸を結合させる酵素で，アミノ酸の数に合わせて20種類存在している。その反応機構の違いから，クラスⅠとクラスⅡの2つに分類される。(a) はクラスⅠに分類されるグルタミンに対する酵素(GlnRS, PDB ID：1QRS)で，(b) はクラスⅡに分類されるアスパラギン酸に対応する酵素(AspRS, PDB ID：1ASY)である。

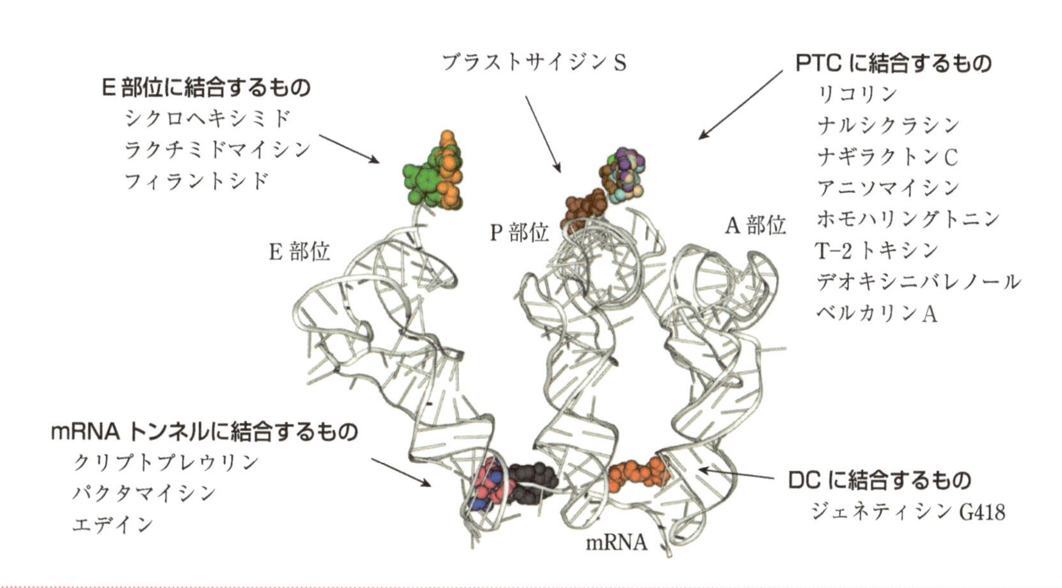


図1.5 | **リボソームに結合したさまざまな抗生物質**

tRNAに対する結合位置を示している。リボソームの機能に重要なデコーディングセンター(DC)やペプチド鎖転移センター(PTC)に多数の抗生物質が結合している。A部位：アミノアシルtRNA結合部位，P部位：ペプチジルtRNA結合部位，E部位：出口部位(ペプチド鎖をもたないtRNAが結合)，mRNAトンネル：リボソームの小サブユニットに存在するmRNA結合部位。

[N. Garreau de Loubresse *et al.*, *Nature*, **513**, 517–522(2014)より改変]

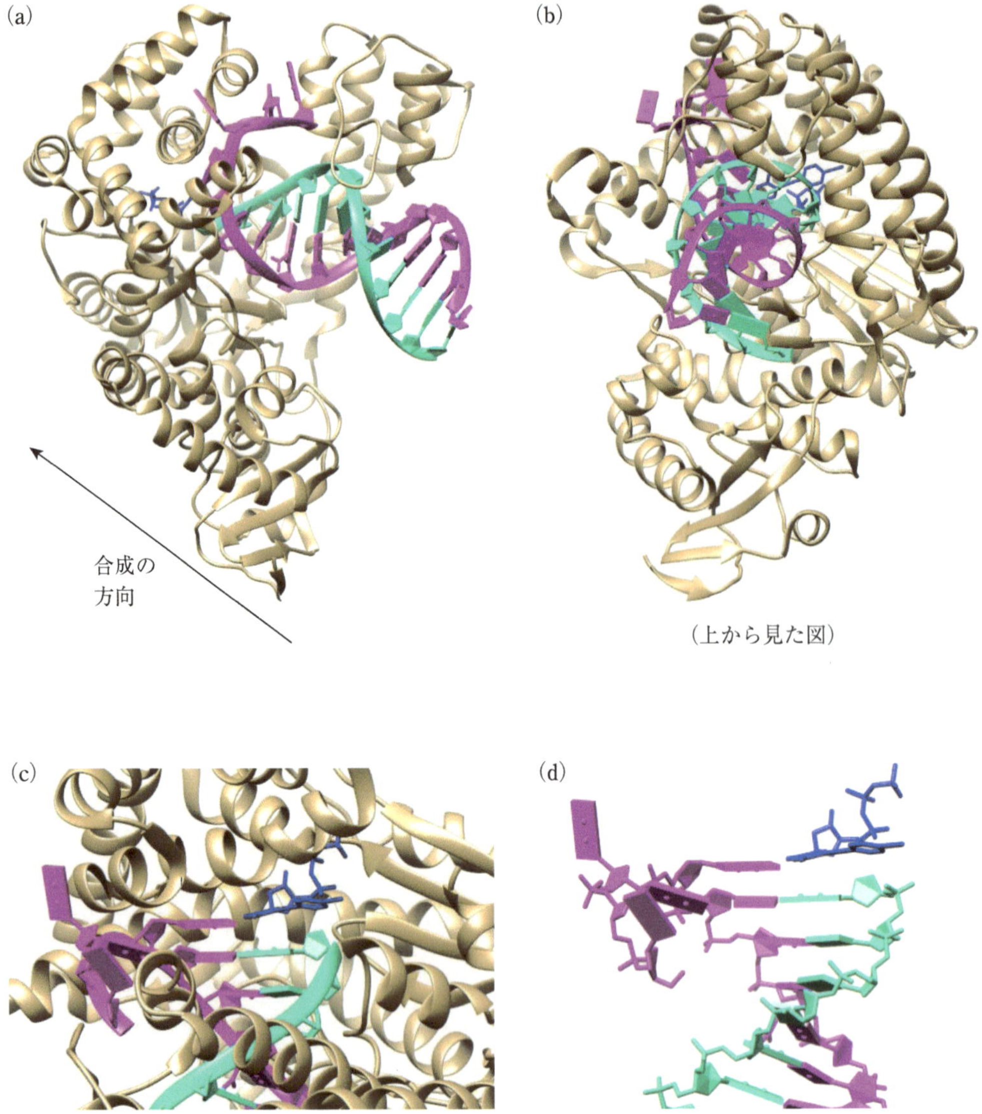

(a)

合成の
方向

(b)

(上から見た図)

(c)

(d)

**図1.6 | 真正細菌(好熱菌 *Thermus aquaticus*)のDNAポリメラーゼIの立体構造(PDB ID : 4ELU)**

(a) (b) DNAポリメラーゼとDNA, (c)活性部位を拡大したもの, (d)活性部位におけるDNAと基質。紫は鋳型DNA, 水色は新生DNA, 青は基質NTPを表す。鋳型DNAおよび新生DNAの構造を含んでいるが, 図1.2とは異なり, 二本鎖となっている部分は鋳型DNAと新生DNAによるもので, 新しく合成されたDNAとなる。この酵素はTaqポリメラーゼとしてポリメラーゼ連鎖反応(PCR)に用いられている。

序が明らかになったことがあげられる。**図1.5**はリボソーム上の抗生物質の結合部位をtRNAに対して示している。その多くが，デコーディングセンターやペプチド鎖転移センターに集中していることがわかる。

DNAの複製は，DNAポリメラーゼによって行われる。2本の鎖をそれぞれ合成しなければならないため，複製中のDNAとDNAポリメラーゼの複合体は，全体として巨大な複合体となる。DNAポリメラーゼはDNAの5′側から3′側への合成反応しか触媒できないため，2本の鎖の一方は合成が進行する方向と，実際に複製反応が進む方向が逆である。そのため，短い断片を合成して，あとからつなぐことになる。このときに合成される短い断片は，発見者である岡崎令治に因んで岡崎フラグメント(Okazaki fragment)とよばれる。それぞれの鎖の合成反応そのものは転写反応の場合と似ているが，大きな違いは，RNAポリメラーゼでは一本鎖のRNAが合成されるが，DNAポリメラーゼでは合成されたDNAと鋳型となったDNAが二本鎖を形成した状態となることである。**図1.6**は，複製反応中のDNAポリメラーゼ(コア酵素)のX線結晶構造解析により得られた立体構造である。

RNAゲノムをもつウイルスは，ゲノムの複製のために，RNA依存型RNAポリメラーゼや逆転写酵素(RNA依存型DNAポリメラーゼ)をもつ。転写を行うRNAポリメラーゼはDNA依存型RNAポリメラーゼであり，複製を行うDNAポリメラーゼはDNA依存型DNAポリメラーゼである。すなわち，自然界には4種類の核酸ポリメラーゼが存在することになるが，これらの進化的な関係は今後の構造生物学研究の課題である。

## 1.2 ◆ 生化学の基礎—生体分子

構造生物学は，生体高分子およびその複合体の構造と機能の関係を明らかにすることを主たる目的としている。生体高分子あるいはその原料を含む生体分子の化学的性質あるいは合成と分解のしくみなどに関する学問が生化学である。

タンパク質はアミノ酸が直鎖状につながった高分子であり，一方，核酸はヌクレオチドが直鎖状につながった高分子である。細胞内にはさまざまなアミノ酸が存在するが，遺伝情報に直接書き込まれているもの，すなわちタンパク質の生合成で利用されるのは基本的に20種類である[*2]。DNAおよびRNAはそれぞれ4種類のヌクレオチドから構成される。転写や複製の際には，ワトソン-クリック型塩基対(G–C，A–TあるいはA–U塩基対)が形成され，相補的な塩基配列をもつ核酸の鎖が合成される。なお，翻訳の際には，tRNAとmRNAの間でワトソン-クリック型以外の塩基対が形成されることがある。また，RNAの構造においてもワトソン-クリック型以外のさまざまな塩基対が形成される(第3章)。RNAはDNAの片側の鎖を鋳型として転写合成されるため，基本

＊2　ただし，セレノシステインなどのように，特殊な状況下で終止コドン(UGA)の読み替えによってタンパク質に導入されるアミノ酸も存在する。

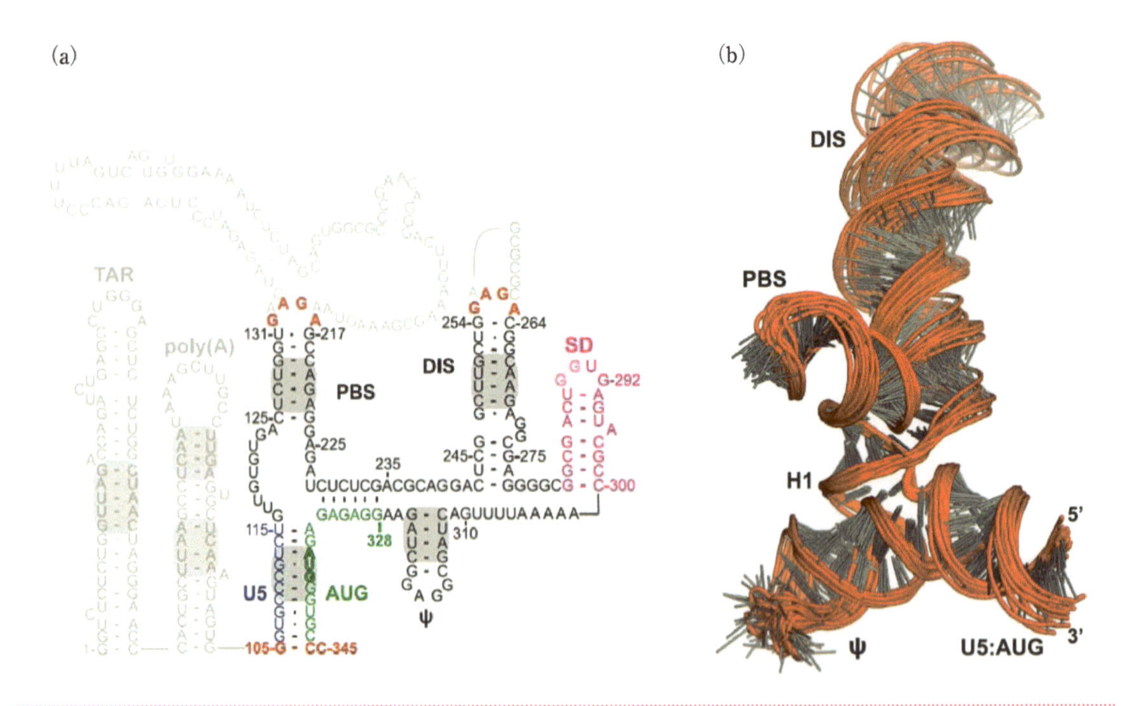


## 図1.7 HIV-1ゲノムRNAの一部分の立体構造

(a) 5′-UTRの二次構造および解析対象とした領域。(b) NMR法によって決定された立体構造。複数の計算結果が重ね合わせてある。エイズの原因ウイルスであるHIV-1は，一本鎖RNAをゲノムとしてもっている。その5′-UTRは図のように複雑な構造を形成しており，ゲノムRNAの機能に関与している。この立体構造はNMR法によって決定されているため，構造計算の結果として得られた複数の構造が重ねてある。TAR: トランス活性化部位，poly (A)：5′-ポリアデニル化シグナル，U5：ユニーク5′因子（ここではpoly (A)とPBSの間の領域），PBS：プライマー結合部位，DIS：二量体化開始部位，SD：スプライス供与部位，ψ：パッケージングシグナル，AUG：開始コドン。
[S. C. Keane *et al.*, *Science*, **348**, 917 (2015)]

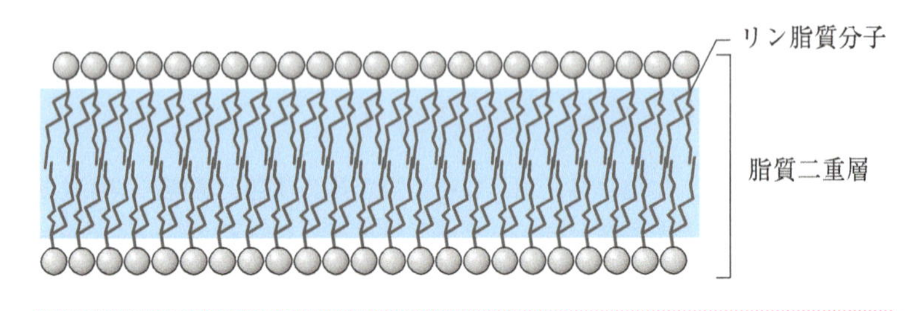


## 図1.8 脂質二重層による膜構造

的に一本鎖である。近年，RNAがさまざまな機能を担っていることが次々と明らかにされており，その構造解析も進んできた。例えば，**図1.7**は，ヒト免疫不全症候群ウイルス(HIV-1)ゲノムRNAの5′-末端にあるタンパク質をコードしない非翻訳領域(untranslated region, 5′-UTR)の一部の立体構造で，塩基対からなる二重らせん構造が集まって全体の構造を形成していることがわかる。この構造はNMR法によって決定された。

細胞は，脂質二重層からなる生体膜(**図1.8**)によって区切られている。真正細菌および真核生物では，細胞膜の主要な成分は脂肪酸とグリセ

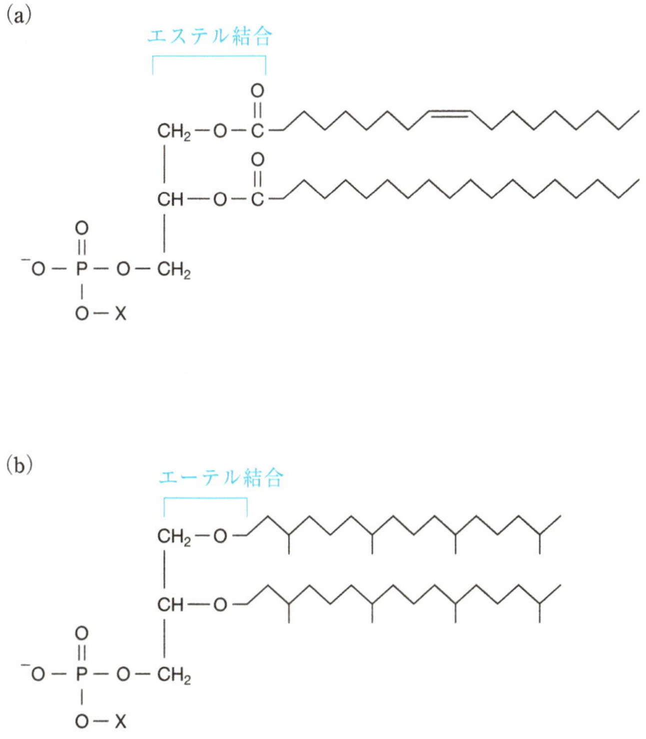

図1.9 | **細胞膜の主要な成分である2種類の脂質の例**

(a)真正細菌と真核生物の細胞膜の主たる成分は脂肪酸を含むエステル脂質である。(b)古細菌の細胞膜の主たる成分はイソプレノイドを含むエーテル脂質である。Xにはグリセロール，セリン，コリンなどが結合する。

ロールがエステル結合した脂質である一方，古細菌ではイソプレノイドとグリセロールがエーテル結合した脂質が主要な成分である(**図1.9**)。

上で述べた各種ポリメラーゼをはじめとして，細胞の内外ではさまざまなタンパク質が酵素としてはたらき，化学反応を触媒している。酵素は，常温，常圧，中性のpHなどのおだやかな条件で反応を触媒し，反応の前後でそれ自身は変化しない。化学反応を1,000倍から100万倍も速く進行させることができ，さらに，特異性や調節機能をもつ。酵素は，それが触媒する反応の種類に基づいて，次の6つに分類される。

1：オキシドレダクターゼ　(酸化還元)
2：トランスフェラーゼ　(転移)
3：ヒドロラーゼ　(加水分解)
4：リアーゼ　(基がとれて二重結合を残す反応とその逆反応)
5：イソメラーゼ　(異性化)
6：リガーゼ　(ATPやGTPの加水分解をともなう結合の生成)

各酵素には，この分類を基礎として固有のEC番号(酵素番号)が付与

＊3 ECは国際生化学連合（現在の国際生化学分子生物学連合）の酵素委員会（Enzyme Commission）の略。

されている[＊3]。例えば，アルコールデヒドロゲナーゼのEC番号は，EC1.1.1.1となっている。2つ目以降の数字もそれぞれ酵素反応の特徴を示しており，EC1.1はCH-OHの結合に対し酸化酵素としてはたらくこと，また，EC1.1.1はEC1.1の中で補酵素としてNAD（ニコチンアミドアデニンジヌクレオチド）またはNADP（ニコチンアミドアデニンジヌクレオチドリン酸）を用いる酵素であることを示している。酵素にはそれが作用する分子（基質）が結合して反応が起こる場所（活性部位）がある。また，活性部位とは異なる場所に化合物が結合することによって酵素の活性が制御される場合がある。そのような制御をアロステリック制御とよぶ（第2章参照）。酵素には，その触媒機能に金属イオンや補酵素などを必要とするものも多い。水溶性ビタミンの多くは補酵素の前駆体である。なお，酵素に共有結合している分子を補欠分子族とよぶ。

細胞内での物質の合成や分解のためにいくつかの酵素が行う一連の反応が1つの反応系を形成していることも多い。例えば，代謝経路は一連の反応によって効率的に行われ，また厳密に制御されている。代謝経路については，データベースであるKEGG（Kyoto Encyclopedia of Genes and Genomes，http://www.genome.jp/kegg/）にたいへんわかりやすくまとめられている。

## 1.3◆構造生物学の基礎—立体構造決定法

図1.2および図1.7は，それぞれX線結晶構造解析法および核磁気共鳴（NMR）法によって決定されたものである。これらの立体構造決定が可能となっている背景には，それぞれの測定技術や解析技術の進歩に加えて，試料調製技術の進歩が大きく関わっている。特に，遺伝子を人工的に操作する遺伝子工学技術が開発されたことによって，特定のタンパク質あるいは核酸を大量に調製することが可能となった。タンパク質については，その遺伝子を組み込んだプラスミドDNAを大腸菌に導入し（形質転換とよばれる），その大腸菌を大量培養することによって，大量のタンパク質を合成することが一般的である。必要に応じて，酵母や培養細胞などが用いられることもある。あるいは，大腸菌などの抽出液を用いた無細胞のタンパク質合成系を利用する方法もある。この場合，細胞毒性のあるタンパク質も合成でき，また，合成したタンパク質の精製において有利である。RNAについては，T7ファージ由来のRNAポリメラーゼを用いた試験管内での転写合成が一般的であるが，修飾ヌクレオチドなどが必要な場合には，大腸菌内で発現させることもある。また，100残基以下の短い断片であれば，化学合成も可能である。遺伝子工学技術によるタンパク質や核酸の調製手法に関して，構造生物学として重要な点は，構造を決定するために必要な標識を導入することが容易であることである。X線結晶構造解析では，その解析のために重原子を導入する

ことが必要な場合があるが，例えば大腸菌の培養の際に培地にセレノメチオニンというアミノ酸を加えることによって，容易に重原子（この場合はセレン）を導入することができる。NMR法の場合には$^{13}C$や$^{15}N$などの安定同位体で標識することが必要な場合があるが，この導入も可能となっている。なお，立体構造決定の対象となる生体高分子は，その一次構造（アミノ酸配列や塩基配列）がわかっていることが前提となっている。一次構造が不明な生体高分子について，その一次構造と立体構造を同時に決定することは，多く場合，きわめて難しい問題である。しかし，部分配列がわかればDNA配列データベースを検索することで全体の一次構造を知ることができる。

X線結晶構造解析では，まず生体高分子を結晶化する必要がある。第4章で述べるように，立体構造解析に適した結晶を作製するためには，まず均一な試料を調製することが重要で，それを用いてさまざまな結晶化条件を検討する必要がある。X線による回折実験は，大学などの研究施設に設置されているX線回折計を用いることもあるが，最近では，大型放射光施設を利用することによって，実験室系に比べて高い分解能の回折データを得ることが多い。また，例えばリボソームのような巨大分子複合体の場合には，十分な分離能で回折データを観測するために，大型放射光施設を利用する必要がある。

NMR法では結晶化の必要がないが，均一な試料を調製することはやはり重要である。ただし，NMR法においては，分子量が大きくなるとNMRシグナルの解析が難しくなるため，必要に応じて，例えば分子量数万以下の部分構造に対応する試料を設計および調製することがある。また，多くの場合，水素原子（$^{1}H$）を観測対象とするため，緩衝液などを選ぶ場合に水素原子を含まないものとするか，あるいは重水素（$^{2}H$）化されたものを用いる必要がある。なお，溶媒そのものである水（$^{1}H_2O$）については，その$^{1}H$のシグナルの強度を抑えて測定を行う技術が進歩したため，近年では溶媒として重水（$^{2}H_2O$）を用いる必要性は減っている。NMR法の場合には，1つの分子の立体構造を決定するために，多種類の測定を行う必要があり，場合によっては数週間の測定時間が必要なため，各研究施設に導入されているNMR分光計を利用する必要性が高いが，測定条件などが決まっている場合には，高感度・高分解能の測定を行うために，大型NMR施設を利用することが有効である。

X線結晶構造解析およびNMR法のそれぞれの要素技術は進歩を続けており，より効率よく，またより正確に構造が決められるようになってきている。例えば，NMRスペクトルの解析への人工知能（AI）技術の導入も進められている。

## 1.4◆本書で学ぶこと

本書では，前半(第2章，第3章)でタンパク質および核酸の構造およびその機能との関係を概観し，後半(第4章，第5章)で立体構造を解析する手法の基礎を解説する。前半において，生命現象を理解する上での構造生物学の重要性を理解し，また後半では，必ずしも自身で構造解析を行わない場合でも，生命科学の理解のためにぜひ知っておいてほしい方法論の基礎について身につけられるように作成してある。もちろん，将来構造生物学の分野で活躍したいという学生，あるいは新しくこの分野に参入した研究者にとっては，必須の情報がまとめてあることになる。

第2章では，タンパク質の基本構造について説明した後，タンパク質の機能としてきわめて重要なものの1つである酵素を取り上げ，その構造と機能との関係についていくつかの例を紹介する。ほとんどの生体分子は他の分子と相互作用しながらその機能を発現していることから，タンパク質と他の分子との相互作用についても，いくつか説明をしている。

第3章では，核酸を取り上げ，その基本構造を説明した後，いくつかの機能性RNA(ここでは遺伝情報の伝達以外の機能に着目)の構造と機能の関係について紹介する。また核酸と他の分子との相互作用についても説明している。なお，核酸についてはその安定性や機能を調節するために，メチル化などの修飾が行われることが多く，その例についても示してある。

第4章では，X線結晶構造解析およびNMR法のそれぞれについて，原理，測定方法および解析方法が生体高分子に特化した内容で比較的簡潔にまとめてある。さらに，近年その技術的な進歩が著しい低温電子顕微鏡(cryo-EM)についても紹介してある。ぜひそれぞれの手法について理解してほしい。

第5章では，構造生物学に関連するコンピュータを利用した手法についてまとめてある。この分野は，コンピュータや情報科学の進歩によって今後も大きく発展すると考えられるが，現時点で生体高分子の構造と機能について理解し，研究を進めるために広く用いられている手法について概説してある。また，応用展開の一分野として創薬を例にとり，概説する。

### ❖演習問題

【1】転写あるいは翻訳の制御に関して，構造生物学によって生命現象のしくみが明らかとなった例を1つあげ，それについて簡潔に説明せよ。

第2章

# タンパク質の構造と機能

**タンパク質**(protein)は，オランダの化学者ムルダー(Gerardus Johannes Mulder)によるアルブミノイドとよばれる加熱すると卵白のように凝固する物質(アルブミン，カゼイン，フィブリンといったタンパク質)の構成元素の分析結果を受けて，1838年スウェーデンの化学者ベルセリウス(Jöns Jacob Berzelius)により命名された語である。「第一の」という意味のギリシャ語(proteios)に由来し，生物の栄養素の基本要素，主物質であると考えて名付けたとされている。この19世紀中頃にはドイツの化学者リービッヒ(Justus Freiherr von Liebig)により，タンパク質がアミノ酸から構成されることが知られるようになった。

初めてタンパク質のアミノ酸配列が決定されたのは1955年のことであり，イギリスのサンガー(Frederick Sanger)により血糖値を低下させるペプチドホルモンであるインシュリンの配列が明らかとなった。タンパク質の立体構造が初めて明らかとなったのは，その数年後である。イギリスのケンドリュー(John Cowdery Kendrew)により1957年に[*1]ミオグロビンの，ペルーツ(Max Ferdinand Perutz)により1959年にヘモグロビンの立体構造が，ともにX線結晶構造解析によって決定された。

その後のタンパク質研究の積み重ねにより，タンパク質が機能を発揮する上ではそのかたちが重要であり，かたちはアミノ酸配列によって決定されることが証明された。こうした知見は，生命現象の解明に大きく寄与するとともに，タンパク質の設計による機能の向上や，新たな機能の付与にも貢献した。本章ではかたち(構造)という視点からタンパク質の性質や機能について解説する。

＊1　ノーベル財団のホームページには1957年に6.0 Å (1 Å = 0.1 nm)の分解能でX線結晶構造解析が行われ，1960年に解析が完了したと記載されている。

## 2.1◆タンパク質の基本構造

### 2.1.1◇タンパク質を構成するアミノ酸の構造と性質

タンパク質を構成するアミノ酸は20種類ある。いずれもα位の炭素にアミノ基，カルボキシ基，側鎖，水素が結合しており，側鎖が水素のグリシン以外は鏡像異性体(D体/L体)があるが，すべてL体が使われている。ポリペプチド鎖の最初のアミノ酸残基はN末端とよばれ，アミノ基をもつ。一方，最後のアミノ酸残基はカルボキシ基をもちC末端とよばれる。

これらのアミノ酸の性質は，基本的には側鎖によって決まる(**図2.1**)。アミノ酸は，疎水性アミノ酸と親水性アミノ酸に大きく分けることができる。親水性アミノ酸については，さらに中性，酸性，塩基性のアミノ酸に分けることができる。

### A. 疎水性アミノ酸

疎水性アミノ酸は，球状タンパク質の内側や膜タンパク質の膜中に多くみられる。球状タンパク質では疎水性アミノ酸の側鎖どうしでの，膜タンパク質では側鎖と生体膜を構成する脂質分子の炭化水素鎖(アルキル基)の間での，疎水性相互作用に寄与している。

疎水性アミノ酸のうち，アラニン(alanine : Ala, A)*2，バリン(valine : Val, V)，ロイシン(leucine : Leu, L)，イソロイシン(isoleucine : Ile, I)は，側鎖に炭化水素鎖をもつ。ロイシンとイソロイシンは構造異性体であるが，ロイシンは$\gamma$位の炭素に枝分かれがあるのに対して，イソロイシンとバリンは$\beta$位の炭素に枝分かれがある。これらは分岐鎖アミノ酸ともよばれる。

*2 以下，アミノ酸の名称について，カッコ内には英語表記，三文字表記，一文字表記の順で表す。

フェニルアラニン(phenylalanine : Phe, F)とトリプトファン(tryptophan : Trp, W)は，フェノール基をもち親水性を示すチロシン(tyrosine : Tyr, Y)とともに側鎖に芳香環をもつ芳香族アミノ酸である。フェニル基をもつフェニルアラニンは260 nm付近に，インドール基をもつトリプトファンは280 nm付近に，チロシンは275 nm付近に紫外光の吸収極大波長をそれぞれもつ。紫外吸収をもつ性質は，タンパク質の定量やタンパク質の構造変化の実験的観察などに利用される。

プロリン(proline : Pro, P)は20種類のアミノ酸の中で唯一のイミノ酸であり，生合成中間体(グルタミン酸5-セミアルデヒド)のアルデヒド基と自身のアミノ基との間での環化により生じる。$\alpha$炭素とN原子の結合の回転に制限があるため，タンパク質分子中ではプロリン周辺の構造のゆらぎは抑えられる。

メチオニン(methionine : Met, M)は硫黄原子を含む疎水性アミノ酸である。タンパク質の生合成(翻訳)において，開始コドンにはメチオニンがコードされているため，通常タンパク質のN末端はメチオニンとなるが，原核生物の真正細菌ではメチオニンのアミノ基がホルミル化されたホルミルメチオニンとなる。なお，原核生物ではメチオニンではないアミノ酸が開始コドンにコードされている例も多数みられる。

### B. 親水性アミノ酸

親水性アミノ酸は，球状タンパク質の表面に存在して水分子と接し溶解性の向上に寄与したり，酵素の活性部位に位置して基質と水素結合を形成するなどの役割をもつ。中性，酸性，塩基性のアミノ酸がある。

中性の親水性アミノ酸のうち，セリン(serine : Ser, S)，トレオニン

**アミノ酸の構造の一般式**

H R

$^{+}H_3N$–Cα–C(=O)–$O^-$ ≡ $^{+}H_3N$–C(COO$^-$)(H)–Ⓡ

（フィッシャー投影式）

**単純な構造のアミノ酸**

H H

$^{+}H_3N$–C–C(=O)–$O^-$

グリシン（Gly, G）

**疎水性アミノ酸**

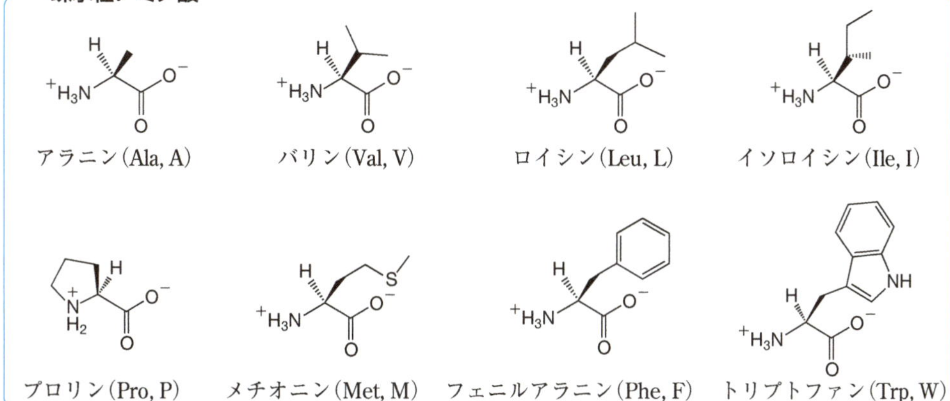


**中性の親水性アミノ酸**

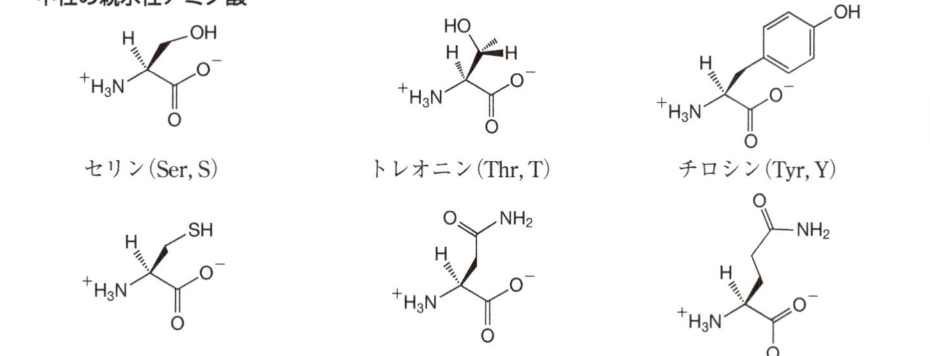


**酸性アミノ酸**

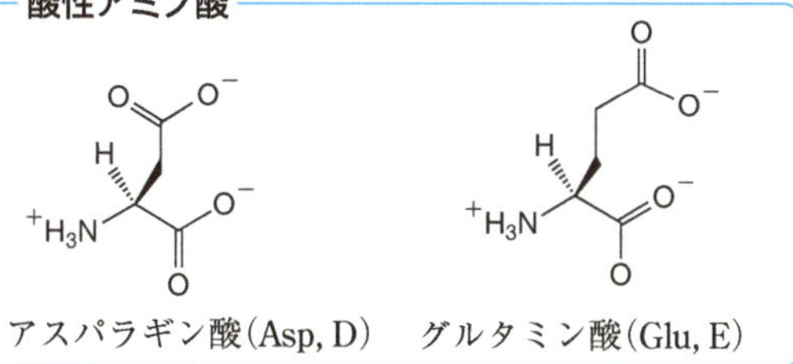


**塩基性アミノ酸**

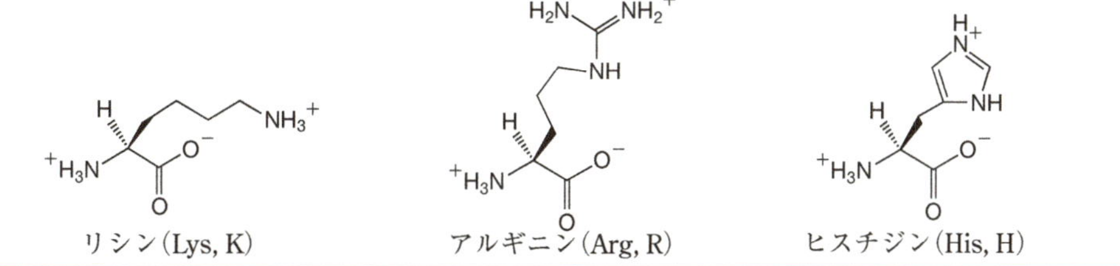


図2.1 **タンパク質にみられる20種類のアミノ酸の構造**

カッコ内はアミノ酸の三文字表記および一文字表記である。

＊3　トレオニンは，スレオニンと表記されることもある。

＊4　チロシンはフェノール性のヒドロキシ基をもつが，側鎖解離基の酸解離定数$pK_a = 10.1$であり，中性条件ではプロトンを遊離しない。

(threonine : Thr, T)＊3，チロシンは，末端にヒドロキシ基をもつ＊4。これらは酵素の活性部位において，基質と水素結合を形成したり，タンパク質に糖鎖が結合する際に糖とグリコシド結合を形成したり，キナーゼによってリン酸化を受けたりすることがある。

セリンは，酵素の活性部位において求核剤としてはたらくアミノ酸の1つであり，例えばタンパク質分解酵素の一種であるセリンプロテアーゼでは触媒残基としてはたらく。

トレオニンは，セリンの$\beta$炭素に結合した水素がメチル基に置換した構造である。チロシンは，芳香族アミノ酸であるため，タンパク質中では疎水的な性質ももつ。

アスパラギン(asparagine : Asn, N)とグルタミン(glutamine : Gln, Q)は，アミド基をもつアミノ酸である。アミド基はタンパク質中のペプチド結合に関わる原子と水素結合を形成することができる。そのため，後述する二次構造の形成に寄与する。

システイン(cysteine : Cys, C)は，チオール基(SH基：メルカプト基)をもつ反応性に富むアミノ酸であり，酵素の活性部位を構成するアミノ酸として用いられることが多い。また，酸化によりSH基どうしが反応してジスルフィド結合(S–S結合)を形成することがある。ジスルフィド結合は共有結合であり，タンパク質の構造を安定化させる。また，チオール基はFeやZnといった金属イオンをタンパク質中に配位させる機能ももつ。

酸性の親水性アミノ酸にはアスパラギン酸(aspartic acid : Asp, D)とグルタミン酸(glutamic acid : Glu, E)があり，いずれも側鎖にカルボキシ基をもつアニオン性のアミノ酸である。タンパク質の構造形成においては塩基性の親水性アミノ酸と，酵素反応においては基質などとイオン結合を形成することがある。

＊5　リシンはリジンと表記されることもある。

塩基性の親水性アミノ酸には，リシン(lysine : Lys, K)＊5，アルギニン(arginine, Arg, R)，ヒスチジン(histidine : His, H)があり，いずれもカチオン性である。リシンの側鎖のアミノ基は反応性が高く，アセチル化による翻訳後修飾や，補酵素であるピリドキサール5′-リン酸の結合がみられる(後述)。アルギニンはグアニジノ基をもち，20種類のアミノ酸の中でもっとも塩基性が強い。ヒスチジンはイミダゾール基を側鎖にもち，中性に近いpH領域でプロトンを解離する唯一のアミノ酸である。生体内の環境でプロトンを解離・結合できることから，セリンプロテアーゼなど，多数の酵素の触媒残基となる。

グリシン(glycine : Gly, G)は側鎖をもたず，水素原子のみをもち，不斉炭素をもたないため，L体とD体の区別がない唯一のアミノ酸である。側鎖による立体障害がなく他のアミノ酸と比べて$\alpha$炭素の回転の自由度が大きいため，タンパク質の立体構造においては，後述する二次構造の間の折れ曲がり部位に局在していることが多い。

**表2.1 | 翻訳後修飾の例**

| 翻訳後修飾の種類 | 結合する官能基・分子 | 結合対象のアミノ酸と側鎖の構造など | タンパク質の例や特徴など |
|---|---|---|---|
| リン酸化 | リン酸基 | Ser–OH基 | シグナル伝達タンパク質 |
| | | Tyr–OH基 | |
| | | Thr–OH基 | |
| メチル化 | メチル基(Oへの転移) | Glu–COOH基 | シグナルタンパク質 |
| | メチル基(Nへの転移) | Arg–NH基，$NH_2$基 | ヒストン |
| | | Lys–$NH_2$基 | |
| *N*–アセチル化 | アセチル基(アセチルCoA) | Arg–NH基，$NH_2$基 | ヒストン |
| | | Lys–$NH_2$基 | |
| グリコシル化 | *O*–グリコシル基 | Ser–OH基 | エリスロポエチン<br>IgG |
| | | Thr–OH基 | |
| | *N*–グリコシル基 | Asn–$NH_2$基 | |
| ホルミル化 | ホルミル基 | Met–$NH_2$基 | 真正細菌とミトコンドリアの開始メチオニン |
| *S*–ニトロシル化 | NO(一酸化窒素) | Cys–SH基 | カスパーゼ |
| ヒドロキシ化 | OH基 | Pro–$\gamma$炭素原子 | コラーゲン |
| グルタミル化 | グルタミン酸 | Glu–COOH基 | チューブリン |
| リポイル化<br>(脂質化) | C14飽和脂肪酸(*N*–ミリストイル化) | N末端 | シグナル伝達タンパク質 |
| | C16飽和脂肪酸(*S*–パルミトイル化) | Cys–SH基 | シグナル伝達タンパク質 |
| | ファルネシル基，ゲラニルゲラニル基(*S*–プレニル化) | Cys–SH基 | シグナル伝達タンパク質 |
| | グリコシルフォスファチジルイノシトール(GPIアンカー) | C末端 | 受容体，接着因子 |
| ハイプシン化 | 4–アミノブチル基(スペルミジン) | Lys–$NH_2$基 | 翻訳開始因子(eIF5A) |

エリスロポエチン：赤血球の産生を促進するタンパク質性の因子，カスパーゼ：アポトーシスの誘導に関わるプロテアーゼ。

これら20種類のアミノ酸は，翻訳後修飾とよばれる化学反応によって修飾を受けることがある。リン酸基，メチル基，アセチル基，ヒドロキシ基などのさまざまな官能基や糖鎖，脂質分子が付加することにより，タンパク質の構造や機能にさらなる多様性が生み出されている(**表2.1**)。

## 2.1.2 ◇ 一次構造

タンパク質は，アミノ酸がペプチド結合により多数重合した直鎖状の高分子である。このアミノ酸の並び方を**一次構造**(primary structure)とよぶ。タンパク質中に組み込まれた各アミノ酸を指すときには**残基**(residue)とよぶ。

あるタンパク質の機能情報を得る場合，まず一次構造を情報既知のタンパク質と比較して配列相同性を見るのが一般的である。この目的には相同性配列検索プログラムBLAST*6などがよく用いられる。情報が限られたタンパク質でも，部分的に相同性をもつ場合には，立体構造がわ

*6 Basic Local Alignment Search Toolの略で，配列データベースから相同性が高い配列を検索するためのプログラムの1つ。情報を得たい配列に対して膨大な配列データベースから高速に検索ができる。アミノ酸配列だけでなく塩基配列に対しても利用可能である。

Column

## 相同性（ホモロジー）と進化の関係について

異なる生物で同じはたらきをするタンパク質をコードする遺伝子をオルソロガス遺伝子という（例えば，ヒトのα鎖グロビン遺伝子とマウスのα鎖グロビン遺伝子）。このような遺伝子は，それらの共通の祖先となる生物がすでにもっており，生物の進化とともに遺伝子も進化している。そのため，タンパク質のアミノ酸配列に違いがみられるが，生物の系統が近いほど配列も類似しており，このようなとき，配列の相同性（ホモロジー）が高い。という。また，同じ生物がもつ異なるはたらきをする遺伝子どうしであるが，配列に高い相同性がみられ，共通の祖先となる遺伝子をもつ場合，パラロガス遺伝子という（例えば，ヒトのα鎖グロビン遺伝子とβ鎖グロビン遺伝子）。パラロガス遺伝子は，過去に遺伝子重複が起こり，片方の遺伝子は元のとおり機能し，もう片方の遺伝子には別の機能が許容されるため，タンパク質の重要な残基や酵素の活性部位にも突然変異が起こり，元とは異なる機能をもつ遺伝子になったものである。類似した配列からなるタンパク質ファミリー※は，遺伝子重複によって生じたと考えられる。

※ファミリー：共通の祖先から分岐してできたと考えられる一群のタンパク質をタンパク質ファミリーあるいはファミリーとよぶ。どこまでをファミリーとするかについての明確な基準はなく，より広い範囲の場合には，スーパーファミリーとよぶこともある。

かっているタンパク質から活性部位などの重要な役割を担う残基を見つけることが可能であり，また機能や立体構造に関する情報を得ることもできる（第5章参照）。

### 2.1.3 ◇ 二次構造

#### A. 基本的な二次構造

タンパク質あるいは核酸の主鎖の部分的な立体構造のことを**二次構造**（secondary structure）という。タンパク質における規則的な二次構造としては，**αヘリックス**（α-helix）と複数の**βストランド**（β-strand）からなる**βシート**（β-sheet）がある（**図2.2**）。

ペプチド結合は平面構造である（**図2.3**）。そのためタンパク質（ポリペプチド）の構造は，$C_\alpha$とN原子の結合のまわりの回転角$\phi$*7，$C_\alpha$とC(O)原子の結合のまわりの回転角$\psi$*8によって決まる。この$\phi$と$\psi$を**二面角**（dihedral angle）といい，それぞれを横軸と縦軸にとるプロットを**ラマチャンドラン・プロット**（Ramachandran plot）という。アミノ酸側鎖のβ炭素やペプチド結合の立体障害のために許容される二面角の組み合わせは限られるので，ラマチャンドラン・プロットにより，ポリペプチドの主鎖の立体構造（**コンホメーション**：conformation）を知ることができる。例えば，αヘリックスに相当するプロットは，$(\phi, \psi) = (-60°, -50°)$を中心とした範囲に集中して二面角が分布する。一方，βシートに相当するプロットは，$(\phi, \psi) = (-120°, +130°)$付近を中心とした範囲に集中

*7　$\phi$はファイと読む。
*8　$\psi$はプサイと読む。

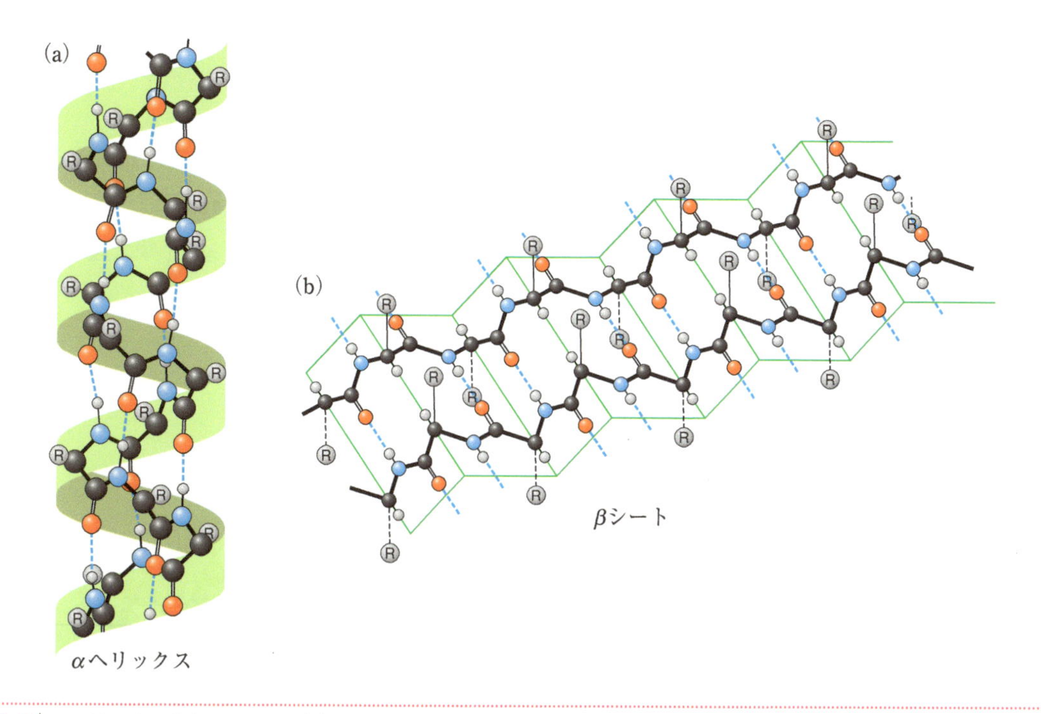


図2.2 | αヘリックス(a)とβシート(b)
●は炭素原子，●は酸素原子，●は窒素原子，●は水素原子，Ⓡは側鎖，青い破線は水素結合をそれぞれ表す。

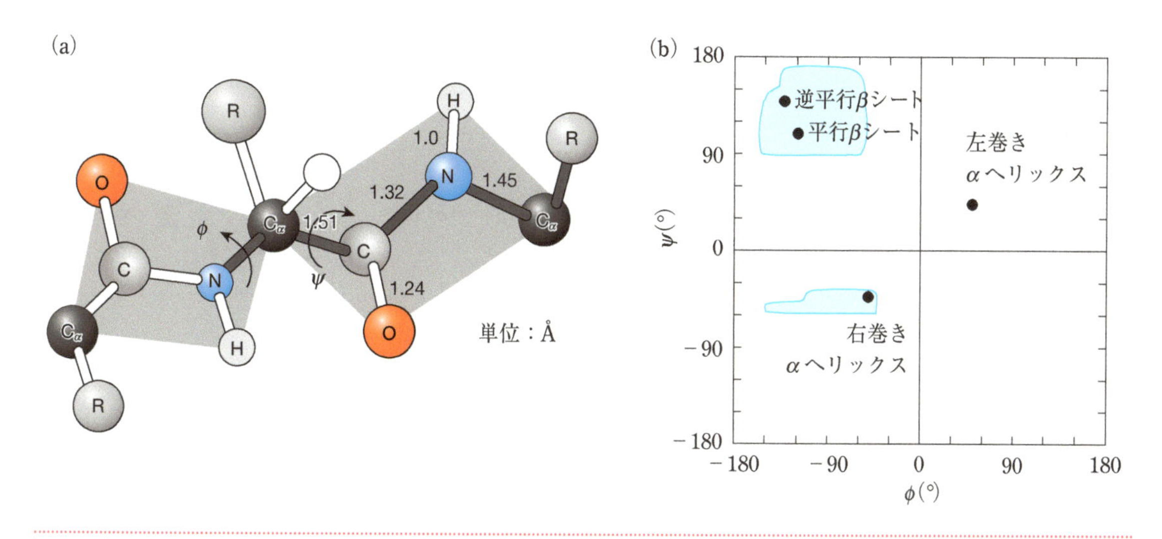


図2.3 | ペプチド結合(a)とラマチャンドラン・プロット(b)

して分布する。αヘリックスとβシートでは主鎖のコンホメーションが大きく異なり，アミノ酸の種類によってどちらをとりやすいかが異なっている。この性質を利用して，一次構造の情報から二次構造を予想するプログラムが開発されている(第5章参照)。

αヘリックスは通常右巻きのらせん構造(上から下へ向かって見たときの時計回り方向)である。一般的なαヘリックスは，1残基ごとに100°ずつ向きを変えて右巻きに進むので，らせんの1回転は3.6残基分

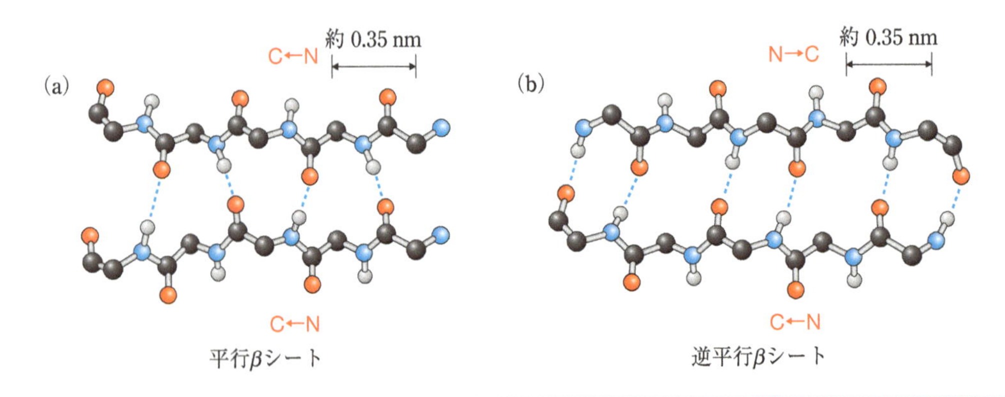


図2.4 | 平行βシート(a)と逆平行βシート(b)

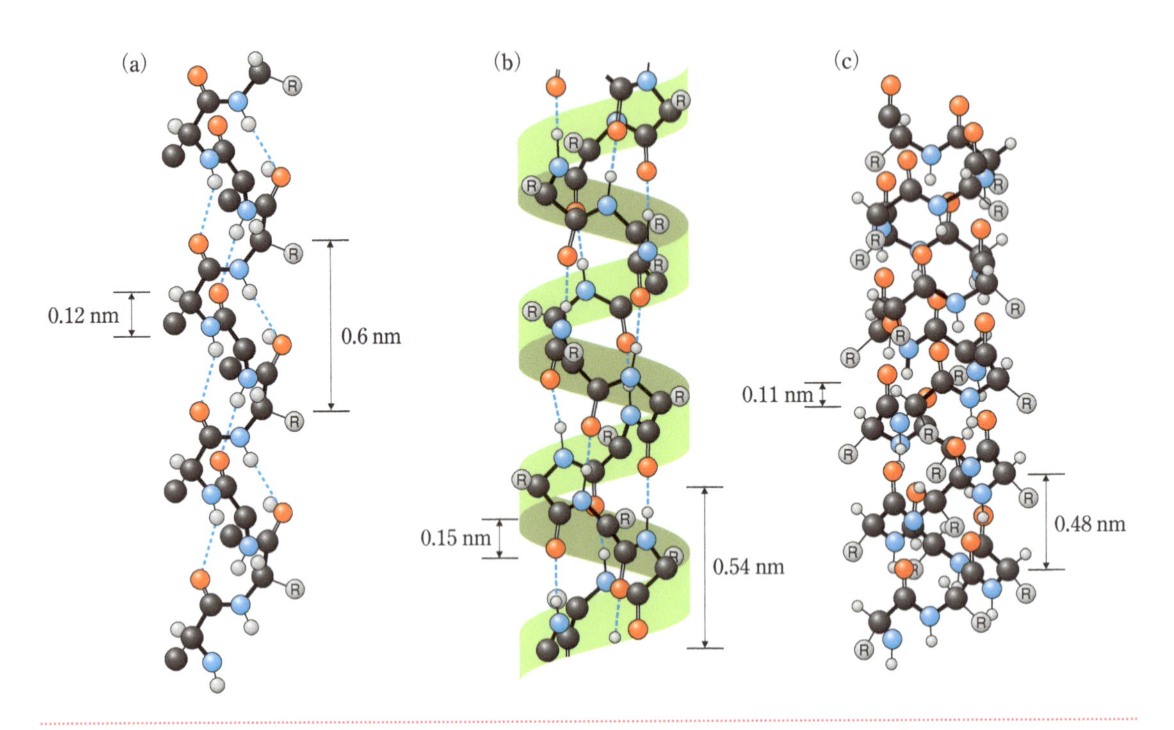


図2.5 | $3_{10}$ヘリックス(a), αヘリックス(b), πヘリックス(c)

である。直径は1.0 nmで，らせん軸方向へは1残基で0.15 nm進む。主鎖のアミドプロトン(−NHの水素原子)は，4残基離れたカルボニル酸素(−C＝Oの酸素原子)と水素結合を形成する。

βストランドはαヘリックス構造と異なり，主鎖が伸び切った構造となっている。これが2本以上，平行に並び主鎖のカルボニル酸素とアミドプロトンが，それぞれ隣の主鎖のアミドプロトンとカルボニル酸素との間で水素結合を形成することにより，βシートをつくる(**図2.4**)。βシートではペプチド鎖はほぼ伸びきっており，軸方向へは1残基で約0.35 nm進む。平行・逆平行の両者が混合した混合βシートも存在する。

Column

## CDによる二次構造解析

タンパク質が立体構造を形成しているかどうかを調べるために，二次構造の含量を解析する方法がある。円偏光二色性スペクトル(あるいは円二色性スペクトル，CD(circular dichroism)スペクトル)の測定では，$\alpha$ヘリックス，$\beta$ストランド，ランダムコイルが，遠紫外領域(190～250 nm)にそれぞれ特有のスペクトルを示すため，そのスペクトルから二次構造含量を推定することができる(図)。

偏光とは一定の方向にだけ振動する光波のことで，直線偏光ともいう。直線偏光は右回りの円偏光と左回りの円偏光の和とみなすことができる。アミノ酸などの光学活性物質は左右の円偏光に対して異なる吸光度をもつため，偏光が物質中を通過すると左右の円偏光の位相にずれが生じ，楕円偏光に変化する。左右の円偏光に対して吸光度に差が生じる現象を円偏光二色性という。

円偏光二色性の大きさは，測定試料における左回りの円偏光のモル吸光係数$\varepsilon_L$と右回りの円偏光のモル吸光係数$\varepsilon_R$の差によって定義されるモル楕円率$[\theta]$で表される。

$$[\theta] = 3300 \times (\varepsilon_L - \varepsilon_R)$$

これを波長ごとにプロットしたものが円偏光二色性スペクトルである。

構造変化の指標として222 nmにおける楕円率の値が解析に用いられる。例えばあるタンパク質における温度変化に対する楕円率を測定して二次構造含量の変化を解析することで，熱安定性を調べることもできる。

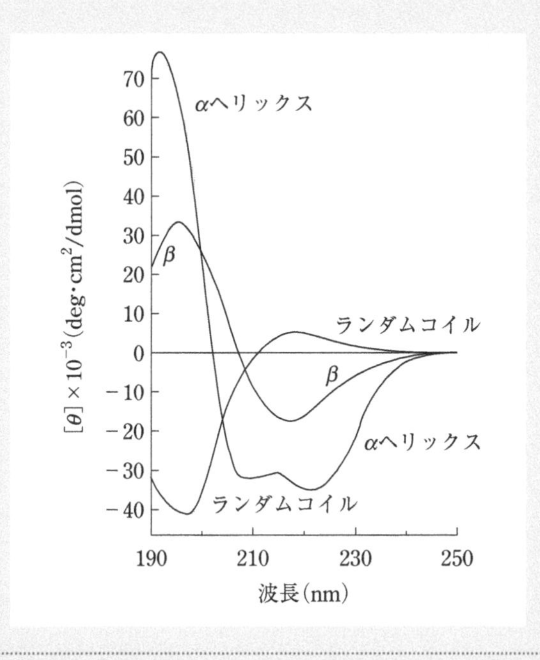


図 | **CDスペクトルの例**

図はポリ(L−リシン)が$\alpha$ヘリックス，$\beta$ストランド，ランダムコイルの3つのコンホメーションをとったときのそれぞれのCDスペクトル。
[N. J. Greenfield and G. D. Fasman, *Biochemistry*, **8**, 4108 (1969)]

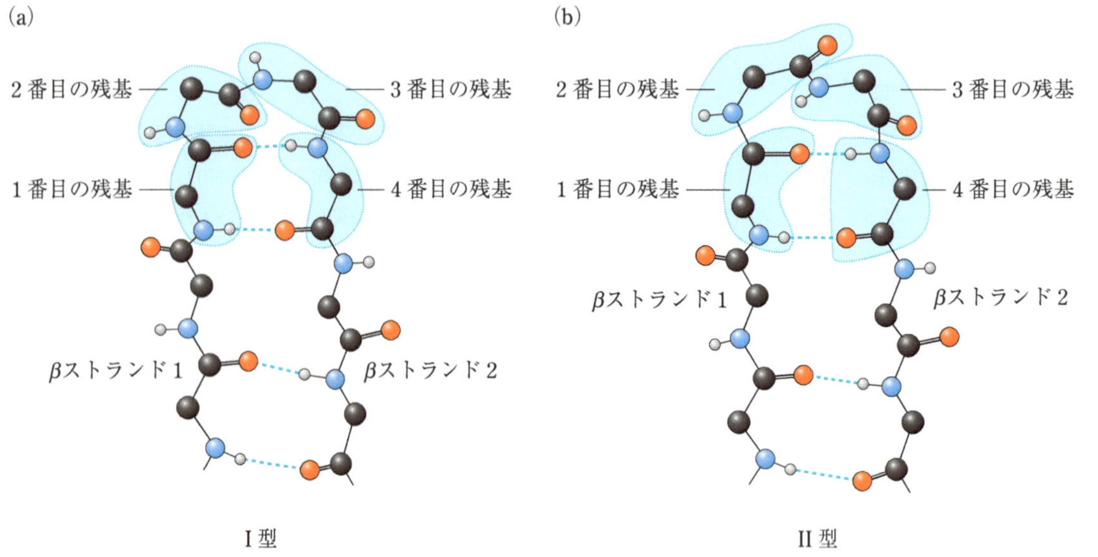

**図2.6 I型(a)およびII型(b)のβターン構造**
2本の逆平行に並ぶβストランドをターン構造がつないでいる。青色の領域はターン構造中の1番目から4番目の残基を表す。

## B. その他の二次構造

αヘリックスに類似した構造として，**図2.5**に示す$3_{10}$ヘリックスとπヘリックスがある。$3_{10}$ヘリックスは，らせんの1回転が3残基分となっている右巻きのらせん構造である。1回転に含まれる水素原子を入れた構成原子数が10個であることから，この名が付いている。アミノ酸が120°ずつ向きを変えて配置されており，3残基離れたアミドプロトンとカルボニル酸素が水素結合を形成する。πヘリックスは，5残基離れたアミドプロトンとカルボニル酸素が水素結合を形成する右巻きのらせん構造である。アミノ酸は87°ずつ向きを変えながら4.4残基で1回転し，らせん軸方向に0.115 nm進む。πヘリックスは，構成原子数が16個であることから$4.4_{16}$ヘリックスであるが，ギリシャ文字で16番目のπが名前に付いている。ちなみにαヘリックスは，$3.6_{13}$ヘリックスである。

αヘリックスやβシートといった二次構造をつなぐ構造要素として，ターン構造がある。よくみられるターン構造であるβターンは4残基から構成される(**図2.6**)。急激に曲がった構造であるため，βターンにはプロリン残基やグリシン残基がよくみられ，1番目の残基のカルボニル酸素と4番目の残基のアミドプロトンとの間に水素結合が形成される。ターンを形成する2番目と3番目の残基の二面角によってI型とII型に分けられ，I型が一般的な構造である。II型における3番目の残基はグリシンである。これは,他のアミノ酸では立体障害が生じるためであり，側鎖がないグリシンだけが許容される。この他に5残基で構成されるαターン構造や3残基で構成されるγターン構造などがある。

運動性が高い構造が不確定な部分として，二次構造の間をつなぐ**ループ**(loop)，タンパク質の末端に位置する**テール**(tail)，二次構造より高

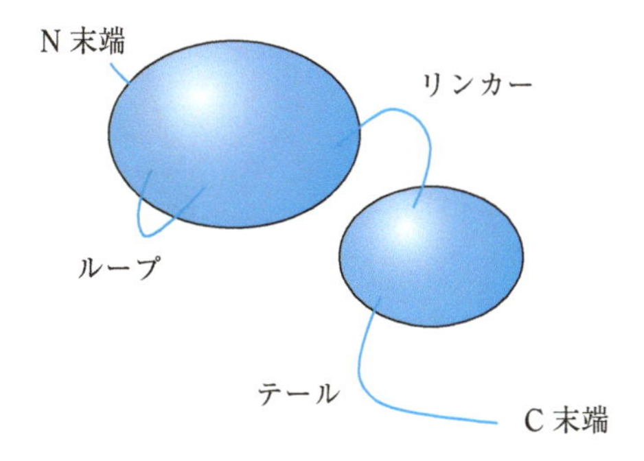


図2.7 タンパク質における構造が不確定な部分

次の構造であるドメインをつなぐ**リンカー**(linker)がある。リンカーは2つの二次構造がちょうつがいのように動く場合には**ヒンジ**(hinge)とよばれる。また，特定な構造をとらず，ランダムにポリペプチド鎖が配向した状態を**ランダムコイル**(random coil)とよぶ(**図2.7**)。

### C. 超二次構造

$\alpha$ヘリックスや$\beta$シートといった二次構造を組み合わせることでできた超二次構造とよばれる構造は，$\alpha$ドメイン構造，$\beta$ドメイン構造，$\alpha/\beta$構造の3つに大きく分けることができ，それぞれ複数のモチーフが含まれている(**図2.8**)。

**モチーフ**(motif)とは二次構造のいくつかの集まりのことである。**ドメイン**(domain)とは，タンパク質の配列あるいは構造のうち，コンパクトな三次元構造を形成し，安定に存在する構造単位である。機能の単位となることもある。多くのタンパク質がいくつかのドメインからなり，

Column

## 構造単位「モジュール」

空間的に1つのコンパクトなまとまりを形成した構造単位としてモジュールが定義されている。モジュールは，二次構造とは独立した構造単位で，連続した10～40個程度のアミノ酸残基からなるコンパクトな構造単位である。一次構造は隙間なく連続したモジュールで分割でき，モジュールのつなぎ目には遺伝子上でイントロンの挿入がみられることが多い。モジュールの構造をさまざまなタンパク質で比較すると，同じ形をしたモジュールが異なるタンパク質でもみられる。このことから，原始タンパク質の形成において，このような構造単位の組み合わせが繰り返されることにより新たなタンパク質が生まれたとする考えがある。

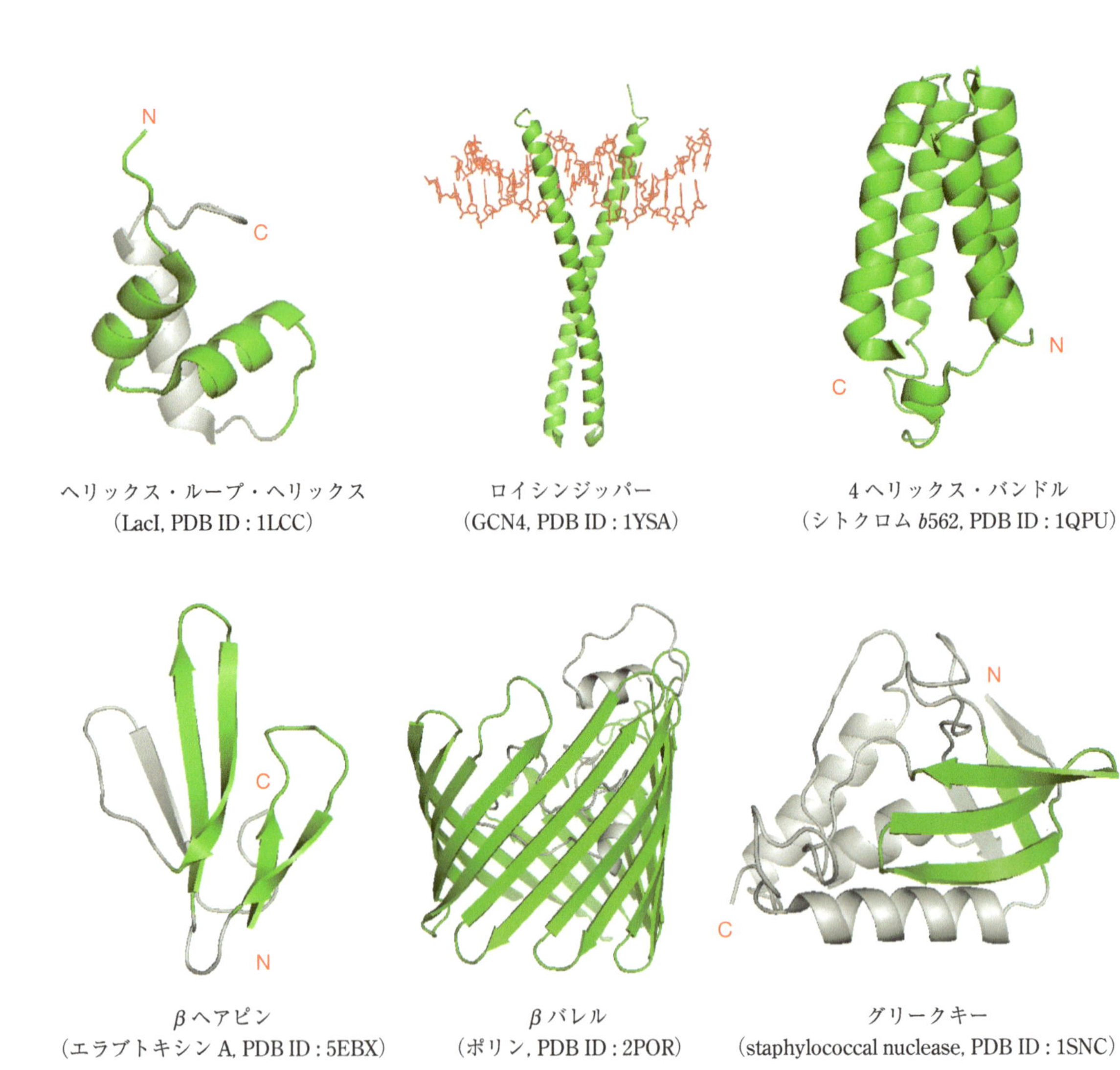


ヘリックス・ループ・ヘリックス
（LacI, PDB ID : 1LCC）

ロイシンジッパー
（GCN4, PDB ID : 1YSA）

4ヘリックス・バンドル
（シトクロム *b*562, PDB ID : 1QPU）

*β*ヘアピン
（エラブトキシンA, PDB ID : 5EBX）

*β*バレル
（ポリン, PDB ID : 2POR）

グリークキー
（staphylococcal nuclease, PDB ID : 1SNC）

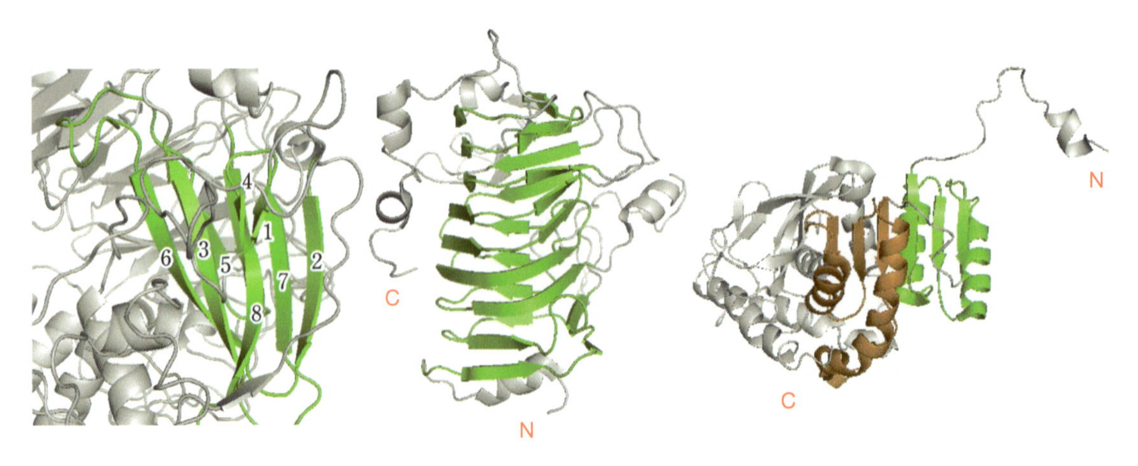


ジェリーロール
（ヘマグルチニン, PDB ID : 2HMG）

*β*ヘリックス
（ペクチン酸リアーゼ, PDB ID : 3UW0）

ロスマンフォールド
（乳酸デヒドロゲナーゼ, PDB ID : 3LDH）

**図2.8 | 構造モチーフの例**

（　）内に各構造モチーフをとるタンパク質の例を示す。タンパク質のモチーフ部分に色付けをして表示した。ロイシンジッパーにおける赤色はDNAを表す。なお，ロスマンフォールドは2つのモチーフの色を変えて表示した。

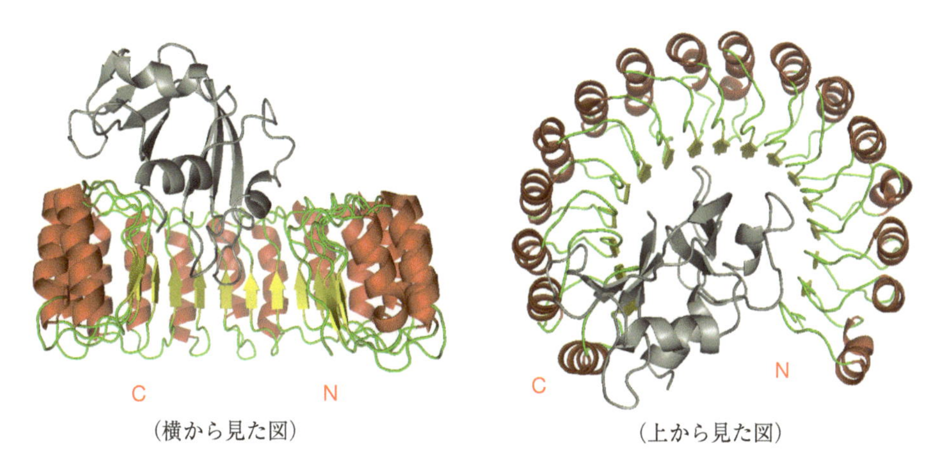


ロイシンリッチリピート
(リボヌクレアーゼA阻害剤, PDB ID : 1DFJ)

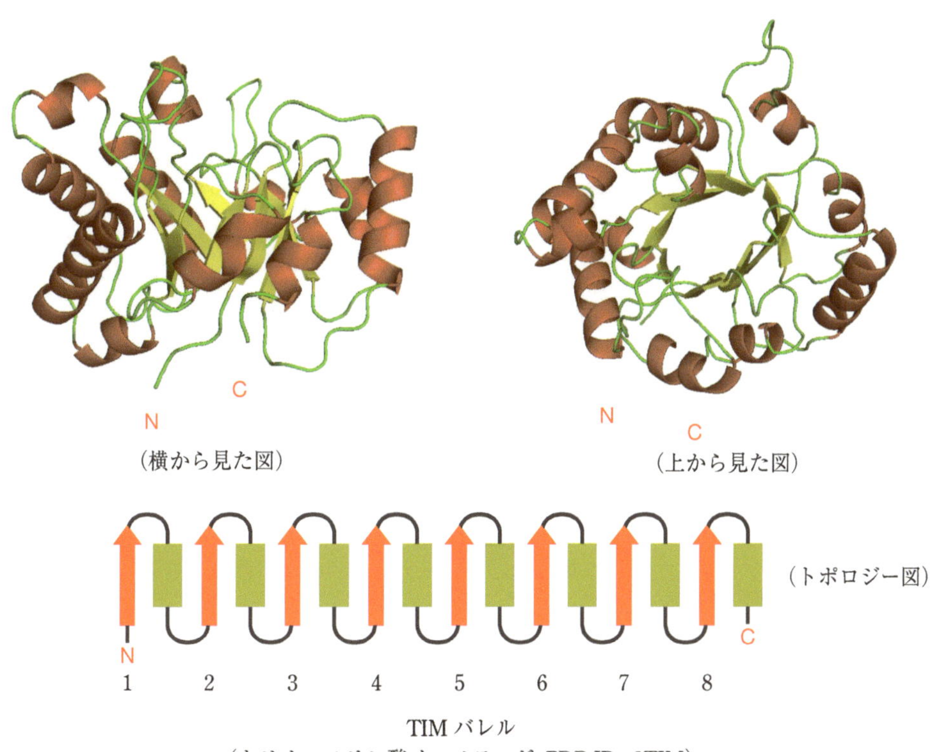


TIMバレル
(トリオースリン酸イソメラーゼ, PDB ID : 3TIM)

**図2.8 | 構造モチーフの例(つづき)**

ロイシンリッチリピートは$\alpha$ヘリックスを赤色, $\beta$ストランドを黄色で表示し, 阻害剤と結合するリボヌクレアーゼAをグレーで表示し, TIMバレルは$\alpha$ヘリックスを赤色, $\beta$ストランドを黄色で表示した。

立体構造を簡略化した二次構造のつながりで示した図をトポロジー図という。トリオースリン酸イソメラーゼ(TIMバレル)の下側にはそのトポロジー図を示した。トポロジー図は$\alpha$ヘリックス・$\beta$ストランドの向きと配置順序の表現に適している。一方で, 空間的な配置や$\beta$ストランドのねじれは表現できない。

また，同じ1つのドメインが進化的に関連した多くのタンパク質に共通して存在することが知られている。

### (1) αドメイン構造

αドメイン構造はαヘリックスの組み合わせからなる構造である。代表的な構成要素として，ヘリックス・ループ・ヘリックス(ヘリックス・ターン・ヘリックス)モチーフ，ααモチーフの一種であるコイルドコイル構造，ヘリックスバンドル構造がある。

**ヘリックス・ループ・ヘリックス**(ヘリックス・ターン・ヘリックス)**モチーフ**は，2本のαヘリックスがループまたはターンで連結した構造である。*lac*リプレッサーなどの転写因子にみられるDNA結合モチーフや，カルモジュリンなどにみられるカルシウム結合モチーフが知られている。ααモチーフの代表例としては，2本のαヘリックスが互いに巻きついた**コイルドコイル**(coiled coil)構造や，複数本のαヘリックスが並んで束になったヘリックスバンドル(helix bundle)構造がある。コイルドコイル構造の一種に，DNA結合タンパク質GCN4などにみられる**ロイシンジッパー**(leucine zipper)構造がある。ロイシンジッパー構造は，7残基ごとにロイシンが配置されている2本のαヘリックスからなる。ロイシンの側鎖はヘリックス上に1列に並び，側鎖どうしがジッパーのように噛みあって2本のαヘリックスが結合する。また，4本のαヘリックスからなる**4ヘリックスバンドル**(束)構造は大腸菌のシトクロム*b*562などにみられる。

### (2) βドメイン構造

βドメイン構造はβシートのみからなる構造で，ターンあるいはループでつながったβストランドが水素結合により逆平行に複数集まり，βシートを形成している。

もっとも単純な2本のβストランドからなるモチーフは，その形状から**βヘアピンモチーフ**ともよばれる。βストランドが円形に配置されて樽(バレル)型になった構造を**βバレル**構造という。βバレル構造には，βストランドの配置が異なる3つのモチーフがみられる。折り返しβモチーフ(アップダウンβシート)は，隣接するβストランドどうしがシート状になる構造である。物質の輸送に関わる膜タンパク質であるポリンなどでこの構造がみられる。**グリークキーモチーフ**(ギリシャキーモチーフ)は，4本のβストランドが逆平行に配置されているが，一次構造の順序は前後しており，その形状がギリシャ鍵の雷門模様に似ていることから，この名前が付いている。微生物がもつヌクレアーゼなどでみられる。**ジェリーロールモチーフ**は，逆平行のβストランドからなるが，その配列順はより複雑で，インフルエンザウイルスの表面に存在する抗原性タンパク質であるヘマグルチニンにみられるこのモチーフではβストランドが，1-2-7-4-5-6-3-8の順序で並んでいる。

また，2つあるいは3つの平行した$\beta$ストランドがらせん状になった**$\beta$ヘリックス**というモチーフもある。植物病原菌が植物細胞壁を分解するための酵素であるペクチン酸リアーゼなどでこのモチーフが見つかっている。

#### (3) $\alpha/\beta$構造

$\beta\alpha\beta$モチーフは，$\beta$ストランド，$\alpha$ヘリックス，$\beta$ストランドからなる構造で，配列上では離れている2本の$\beta$ストランドが，平行型の$\beta$シートを形成しており，$\alpha$ヘリックス部分は，$\beta$シート部分との間に疎水的な相互作用をもつことが多い。$\beta\alpha\beta$モチーフの1つに**ロスマンフォールド**(Rossmann fold)とよばれるものがあり，補酵素NADなどのジヌクレオチドの結合部位としてタンパク質構造中によくみられる。$\beta\alpha\beta$モチーフが連続し馬蹄形をした**ロイシンリッチリピート**(leucine-rich repeat)は，20〜30残基のアミノ酸の繰り返し配列からなる。内側の$\beta$ストランドと外側の$\alpha$ヘリックスにはそれぞれロイシン残基がみられ，その側鎖どうしで疎水的な領域をつくっている。この構造はリボヌクレアーゼA阻害剤でみられるほか，自然免疫に関わるToll様受容体やオートファジーに関わるタンパク質で見つかっている。また，$\beta\alpha\beta$モチーフが連続して樽型になったものを$\alpha/\beta$バレル構造という。**TIM**(triosephosphate-isomerase：トリオースリン酸イソメラーゼ)**バレル構造**は，8本の$\alpha$ヘリックスと$\beta$ストランドからなる構造であり，トリオースリン酸イソメラーゼ以外にもさまざまな酵素でみられる。

### 2.1.4◇三次構造

タンパク質が機能をもつためには，**三次構造**(tertiary structure)や次節で述べる四次構造を形成することが必要である。三次構造は複数の二次構造が種々の非共有結合を形成することによりつくられる安定な構造である。

タンパク質の立体構造を表示する場合，強調したい部分や性質に応じて，いくつかの表記の方法を使い分ける(**図2.9**)＊9。

(1) ワイヤーモデル：分子全体を表示するのに適する。

(2) 球棒モデル：分子の結合の様子を示すのに適する。球(原子)の部分を描かずに棒だけで示す棒モデルもある。

(3) 空間充填モデル：分子を構成する電子雲に対応しており，分子の実際の形を理解するのに適する。

(4) 分子表面モデル：分子表面を表す。基質が入り込む様子を表示したり表面電荷を表示するのに適する。

(5) リボンモデル：主鎖のみを表す。$\alpha$ヘリックスはらせんで，$\beta$ストランドは矢印で，その他はひもで描く。二次構造要素を理解す

＊9　構造表示ソフトウェアについて：立体構造解析された生体高分子の座標情報はProtein Data Bank(PDB)に登録されており，データファイルはPDBデータベース上から無償でダウンロードすることができる。PDBが使用している原子座標の書式はPDBフォーマットとよばれ，PyMOL，UCSF Chimeraなどいくつかの公開されている専用ソフトウェアで立体構造を表示することができる(第5章参照)。

ワイヤーモデル　　球棒モデル

空間充填モデル　　表面モデル

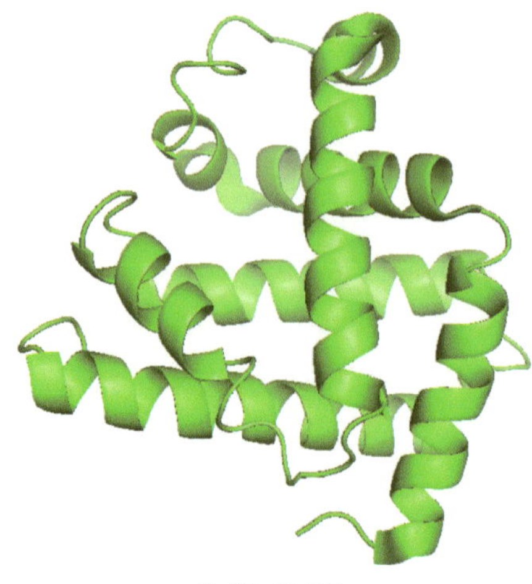

リボンモデル

図2.9 タンパク質の表示方法による違い（ミオグロビン，PDB ID : 1MBC）

るのに適する。

以下では三次構造による違いが特徴的な，球状タンパク質，繊維状タンパク質，膜タンパク質に分けて説明する。

## A. 球状タンパク質

球状タンパク質では，基本的な三次構造単位であるドメインが重要である。タンパク質は，一般的にコンパクトで安定な構造をとるが，通常，タンパク質のポリペプチド鎖は，1個または複数のドメインを形成している。

球状タンパク質の代表的な構造としては，ヘモグロビンにみられる$\alpha$ヘリックス型，免疫グロブリンにみられる$\beta$シート型，サーモライシンにみられる$\alpha+\beta$型，TIMバレルタンパク質にみられる$\alpha/\beta$型がある。後二者については，$\alpha+\beta$型は$\alpha$ヘリックスからなるドメインと$\beta$シートからなるドメインが混合したもので，$\alpha/\beta$型は$\alpha$ヘリックスと$\beta$ストランドが交互に現れてドメインを構成するという点で異なる。

複数のドメインからなるタンパク質は，上記ドメインの組み合わせからなる。ドメインどうしは疎水性相互作用，静電相互作用，ファンデルワールス力，複数の水素結合などによって強く結合している。また，これらドメインどうしが，柔軟なリンカーペプチドで連結されている場合もある。

## B. 繊維状タンパク質

繊維状タンパク質は，長い繊維のような形状をしたタンパク質で，球状タンパク質のような疎水性コアをもたないのが特徴である。酵素としてはたらくのではなく，細胞を構成する構造体としての役割をもつ。$\alpha$ヘリックスからなる繊維状タンパク質には，トロポミオシンに代表されるコイルドコイル構造がよくみられる。

$\beta$ストランドからなる繊維状タンパク質には，絹フィブロインの逆平行$\beta$シートおよび$\beta$ケラチンにみられる3本鎖$\beta$ヘリックスがある。絹糸の主要成分である絹フィブロインは，分子量35～37万(3,500～4,000残基)で，グリシン残基とアラニン残基をそれぞれ35%と27%含む。ケラチンは，中間径フィラメント(細胞骨格)や，毛，ツメ，うろこ，くちばしを構成するタンパク質で，ジスルフィド結合(S–S結合)の含有量が高く網目状に結ばれている。

コラーゲンは，グリシン－プロリン－ヒドロキシプロリン(酵素によってプロリンの$\gamma$炭素原子にヒドロキシ基が付いたアミノ酸，Hyp)の繰り返し単位をもつ，三本鎖のコラーゲン様ヘリックスが長く伸びた構造をとる(**図2.10**)。コラーゲンは，多細胞生物の細胞外基質の主成分で，脊椎動物の真皮，人体，腱，骨，軟骨などに含まれる。ヒドロキシプロリン(Hyp)はビタミンC依存的にコラーゲン鎖上で合成される特殊なア

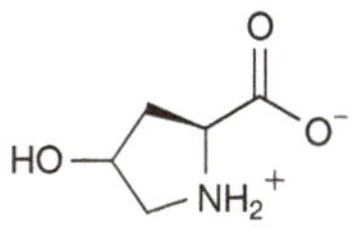

ヒドロキシプロリン

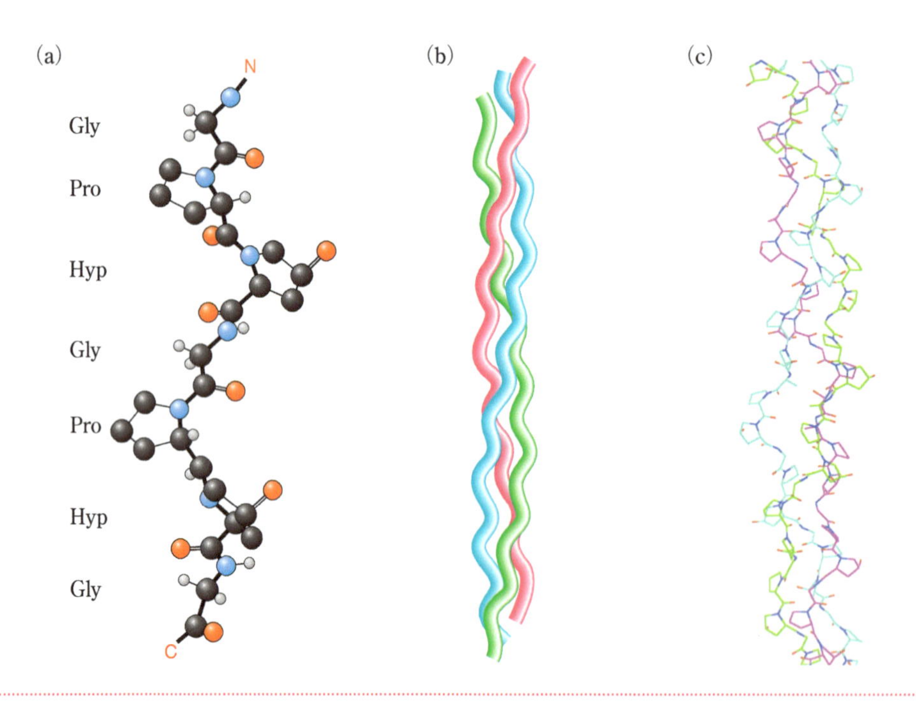


図2.10 コラーゲンの構造

(a) コラーゲン鎖。Hypはヒドロキシプロリンを表す。(b) コラーゲンの三本鎖らせん構造の模式図。(c) コラーゲンの三本鎖らせん構造の棒モデル (PDB ID : 1CAG)。

ミノ酸残基である。

一方，微小管，アクチンフィラメント，中間径フィラメントは，マクロには繊維状の構造であるが，ミクロには球状タンパク質が繊維状に集合した構造をとるので，通常これらは繊維状タンパク質には含めない。

## C. 膜タンパク質

膜タンパク質には，生体膜に貫通するタイプのほかに，可溶性の球状タンパク質がアンカーを介して膜に結合する膜表在性タンパク質がある。膜貫通型の膜タンパク質のうち，受容体や輸送体は，膜と接触する面（つまり膜中に埋もれている部分の外側）が疎水性である。またチャネルタンパク質では，内側部分が親水性となっている。膜貫通型膜タンパク質の多くは$\alpha$ヘリックスからなり，7回あるいは12回膜貫通型のものが多い。一方，同じ膜貫通型膜タンパク質でも水分子の輸送体であるポリンは，上述したように$\beta$バレル構造を形成する。

膜が疎水的な環境なので，膜を貫通している領域には疎水性アミノ酸が多くみられる。この特徴を利用することで，一次構造に基づいて膜タンパク質か否かを判定する膜タンパク質判別プログラムがある（第5章参照）。

## 2.1.5 ◇ 四次構造

**四次構造**(quaternary structure)とは，複数の同じ種類のタンパク質分子どうし，あるいは異なる種類のタンパク質どうしで非共有結合によって会合して多量体を形成したものである。各タンパク質分子を**サブユニット**(subunit)とよび，サブユニットが2つのものを二量体(dimer)，3つのものを三量体(trimer)とよぶ。また同種のサブユニット2つの場合にはホモ二量体，異種サブユニット2つの場合にはヘテロ二量体とよぶ。

ヘモグロビンは，$\alpha$鎖とよばれるポリペプチド2本と$\beta$鎖とよばれるポリペプチド2本の計4本のポリペプチド鎖からなる$\alpha_2\beta_2$というヘテロ四量体で機能する(**図2.11**(a))。ヘモグロビンは多量体をつくることで，S字型(シグモイド型)の酸素結合曲線を示す。これは酸素分子の結合にともなうヘム鉄のごくわずかな位置の変化が多量体化により増幅され

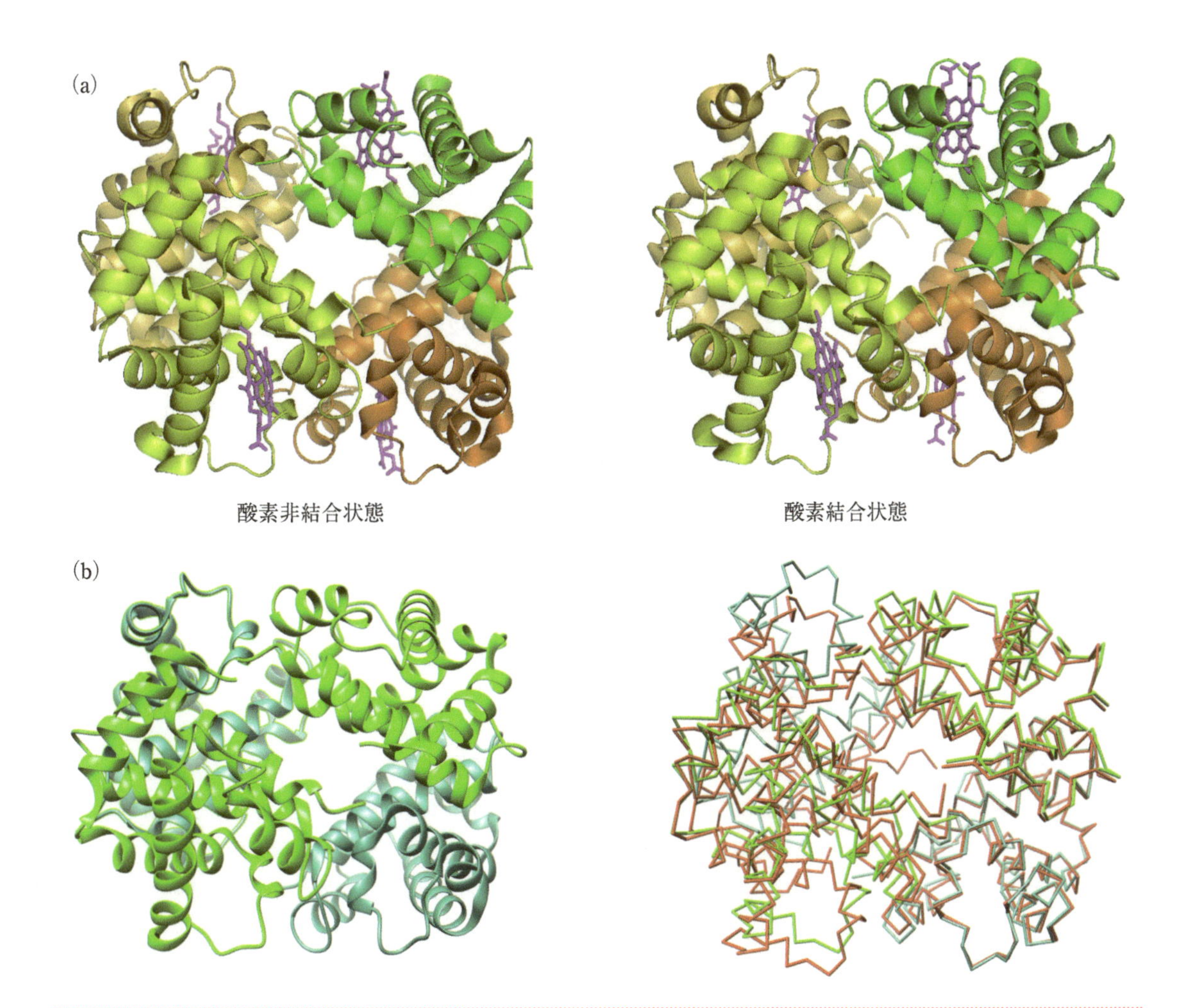


図2.11 | **ヘモグロビンの立体構造(a)と立体構造変化(b)および酸素解離曲線(c)**

(a)（酸素非結合状態(PDB ID：2HHB)と酸素結合状態(PDB ID：1HHO)の立体構造。緑は$\alpha$鎖，オレンジは$\beta$鎖，紫はヘムをそれぞれ表す。(b)左図は酸素非結合状態のヘモグロビンのリボン表示。2つの$\alpha$鎖を緑色，2つの$\beta$鎖を水色で示した。右図は酸素非結合状態(左図と同じ色)と酸素状態のヘモグロビン(赤色)の主鎖を棒モデルで表示し，図の右側の$\alpha$鎖と$\beta$鎖を重ね合わせた図。図の左側の$\alpha$鎖と$\beta$鎖の主鎖が大きくずれており，立体構造が変化した様子がわかる。

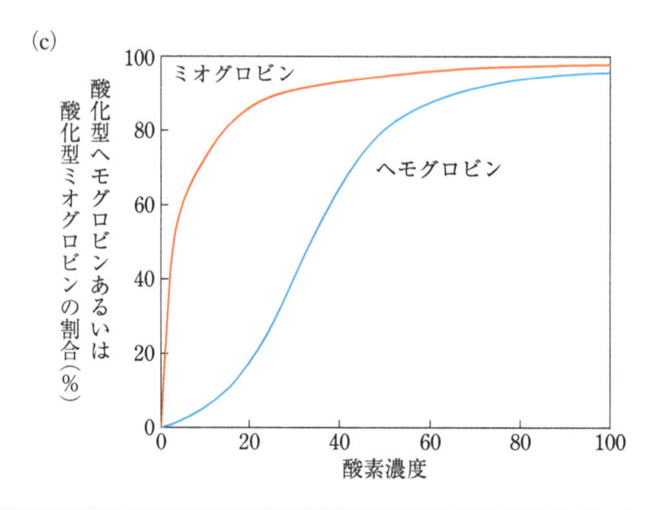


図2.11 | ヘモグロビンの立体構造(a)と立体構造変化(b)および酸素解離曲線(c)（つづき）

て，分子全体として大きな構造変化を起こすためである。この現象を**アロステリック効果**(allosteric effect)という。同じく酸素分子を結合するタンパク質で，ヘモグロビンと共通の祖先をもつとされるミオグロビンは単量体の構造をとるため，アロステリック効果は示さず，双曲線型の酸素結合曲線を示す(**図2.11**(b))。

さらに大きな構造体として，ヘテロ9量体であるF型ATP合成酵素や，13個のサブユニットの会合体が2量体を形成して電子伝達系ではたらくシトクロム*c*オキシダーゼなどがある。それよりもさらに大きなタンパク質からなる構造体として，リボソームがある(**図2.12**)。真核生物のリボソームは，3本のrRNAと78個のリボソームタンパク質から構成される超分子複合体である。

Column

## アンフィンセンのドグマ

アンフィンセン(Cristian Boehmer Anfinsen)は，1961年にタンパク質は自発的に，熱力学的にもっとも安定な立体構造をとると提唱した。これは，アンフィンセンのドグマとよばれる。つまり，タンパク質の立体構造は，そのアミノ酸配列によって一意に決まり，折りたたまれるとする考えである。実際には，生体内では，大腸菌のGroELや真核生物のHsp70といった分子シャペロンとよばれる正しい折りたたみを助けるタンパク質を必要とするものの，多くのタンパク質でアンフィンセンのドグマが成立することが証明され，これに基づいてタンパク質の研究は行われている。タンパク質の自発的な立体構造形成のことをフォールディング(folding)という。一方，プリオンタンパク質は，同一のアミノ酸配列から，正常型とそれとは異なる立体構造をもつタンパク質とがつくられる。

(a)

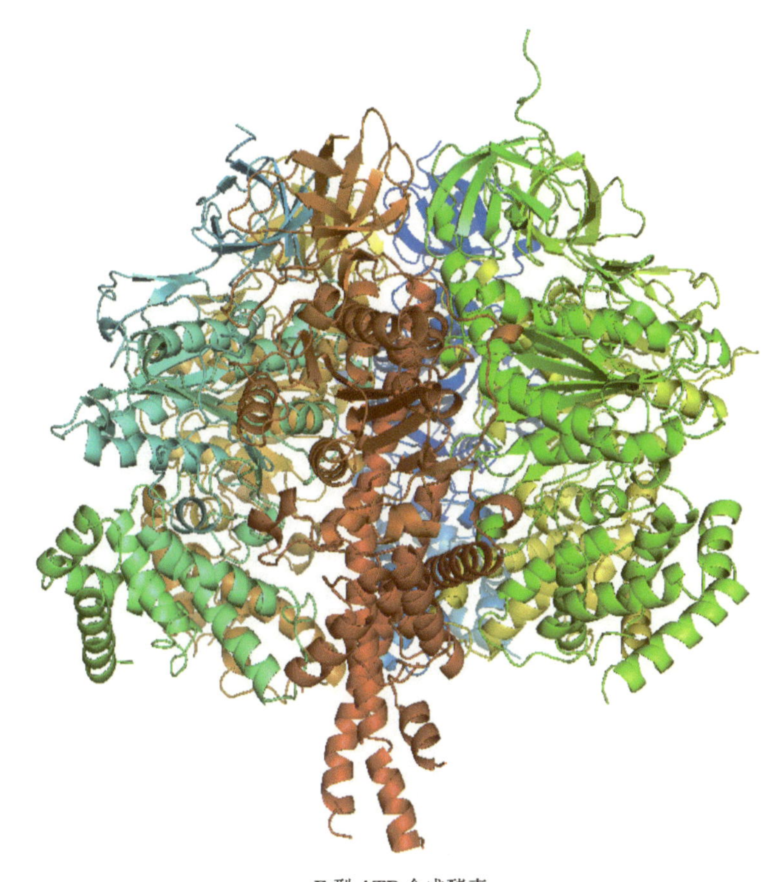

F 型 ATP 合成酵素

(b)

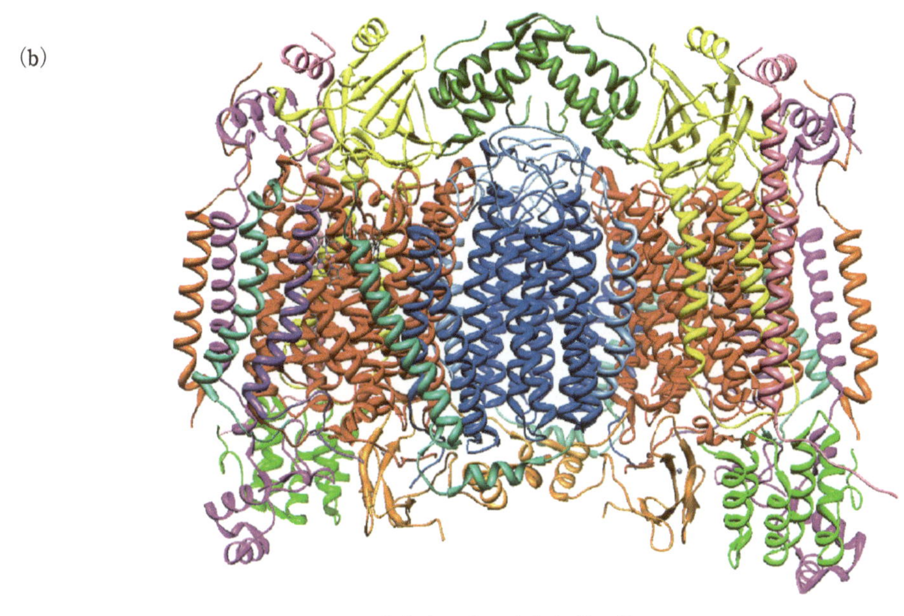

シトクロム $c$ オキシダーゼ

図2.12 | 巨大複合体構造

(a) F型ATP合成酵素(PDB ID : 1BMF), (b) シトクロム$c$オキシダーゼ(PDB ID : 3ASO)

(c)

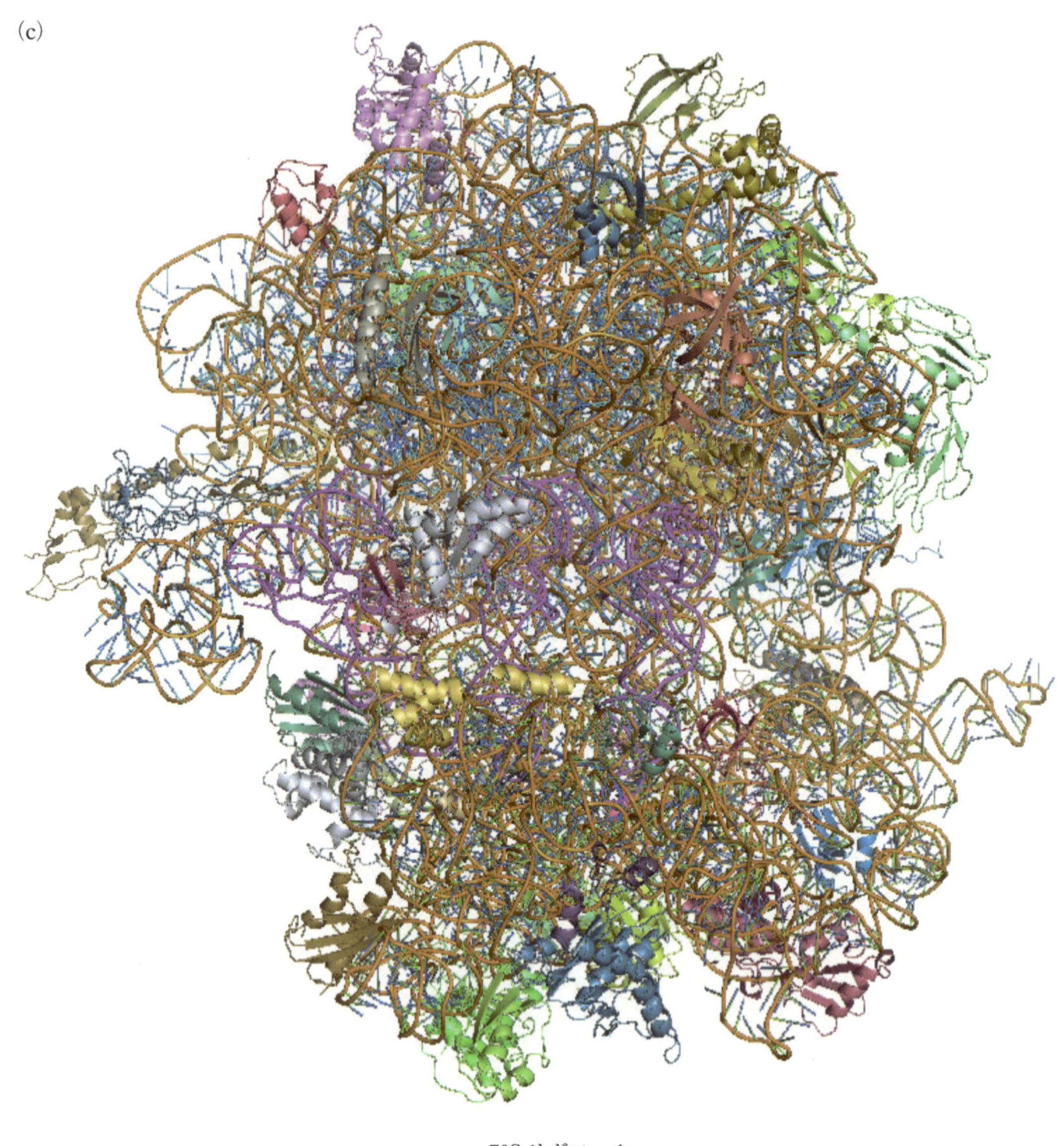

70S リボソーム

図2.12 | 巨大複合体構造(つづき)

(c) 好熱性真正細菌の70S リボソーム(PDB ID : 4V5D)。この構造には3本のrRNAと50個のリボソームタンパク質に加え，mRNAと3個のtRNAが含まれている。

### 2.1.6◇立体構造形成

タンパク質はアミノ酸配列によって決まる特定の立体構造をもつ安定状態と活性がない変性状態をとる。リボソームによって合成された直後のタンパク質は変性状態であるが，自発的あるいはシャペロンタンパク質の介添えによって，折りたたまれて安定な立体構造を形成する。

タンパク質の立体構造の安定性は，変性状態（denatured state：D状態）のギブズ自由エネルギー $G_D$ と天然状態（native state：N状態）のギブズ自由エネルギー $G_N$ の差である $\Delta G = G_N - G_D$ によって決まり，天然状態のギブズ自由エネルギーが低いほど $\Delta G$ は大きな負の値を示し，より安定となる。ギブズ自由エネルギー $G$ とエンタルピー $H$，エントロピー $S$ の関係は，ギブス自由エネルギーの定義より $G = H - TS$ なので，変性状態と天然状態のギブズ自由エネルギー差 $\Delta G$ は，エンタルピー差 $\Delta H$ とエントロピー差 $\Delta S$ によって決まる（$\Delta G = \Delta H - T\Delta S$）。

エンタルピー差 $\Delta H$ は，後述するタンパク質中での非共有結合に起因している。非共有結合が多数集まり相互作用が強くなると，天然状態のエンタルピー $H$ がより低下するため，タンパク質の安定性は高まる。

エントロピー差 $\Delta S$ は，溶媒和と立体構造の自由度の変化に起因している。変性状態の主鎖のゆらぎが抑えられて変性状態のエントロピー $S$

**Column**

## Intrinsically disordered protein（IDP）—天然変性タンパク質

Intrinsically disordered protein（IDP）とは，安定した特定の立体構造をもたないタンパク質で，変性した状態でほぼ構造をとらないものから部分的に構造をもつものなど，多様な構造をとってゆらいでいるタンパク質である。天然変性タンパク質ともよばれる。このような構造をとらない部分をもつタンパク質は，原核生物で5％程度，真核生物では30％以上存在すると見積もられている。シグナル伝達に関与するタンパク質など疾患との関連が示唆されるタンパク質で報告がある。

IDPの中には，他の分子と結合することで特定の立体構造を形成するものがある。構造形成のモデルには，標的分子と結合したときに特定の立体構造を形成する誘導適合機構と，一時的に立体構造を形成したときに標的分子と結合する構造選択機構が提唱されており，どちらの機構も立体構造形成されるタンパク質が報告されている。がん抑制タンパク質として知られるp53タンパク質は，C末端側の変性した領域が多様な構造をとることで異なるタンパク質分子と結合するとされている。

Column

## 熱力学の基礎

反応におけるエネルギーや仕事の関係は熱力学の法則に従う。細胞内の活動には常にエネルギーが必要であり，生体分子の反応にも熱力学の法則に従う。熱力学では，反応容器のような反応が起こる部分を系といい，それ以外を外界という。生化学反応の場合，一定圧力の下で行われ，体積変化も無視できる。

反応の起こりやすさは，自由エネルギーとよばれる系がもつ外部に対する仕事に使えるエネルギーがどのように変化するかによる。系の内部エネルギーを$U$としたとき，内部エネルギーの変化$\Delta U$は，系が外界から吸収した熱量$\Delta Q$と系が外界に対して行った仕事$\Delta W$の差と定義される。

$$\Delta U = \Delta Q - \Delta W$$

これは系でエネルギーが保存されることを示し，これを熱力学第一法則という。

エンタルピー$H$は，内部エネルギーを$U$，圧力を$P$，体積を$V$としたとき，

$$H = U + PV$$

で定義される。

一定圧力の下で$PV$は気体が膨張するときの仕事$W$と等しいので，

$$\begin{aligned}\Delta H &= (\Delta Q - \Delta W) + P\Delta V\\ &= (\Delta Q - P\Delta V) + P\Delta V = \Delta Q\end{aligned}$$

すなわち，エンタルピー変化$\Delta H$は系に加えられた（系が外界から吸収した）熱量$\Delta Q$と等しい。

一方，エントロピー$S$は，無秩序さの度合いを示すための熱力学的概念であり，複雑さ，乱雑さが増すほど$S$は大きくなる。熱量を$Q$，温度を$T$とするとき，エントロピー$S$は

$$S = \frac{Q}{T} \qquad (Q = TS)$$

で定義される。

外部からその系にエネルギーを加えることなく起こる反応を自発的反応という。熱力学第二法則では，自発的過程では秩序が無秩序に向かうとする。一定圧力の下での自発的過程では$\Delta S \geq 0$，つまり

$$\Delta S \geq \frac{\Delta Q}{T} = \frac{\Delta H}{T}$$
$$\Delta H - T\Delta S \leq 0$$

となる。

ギブス自由エネルギー$G$は，内部エネルギーのうち，圧力が一定の下で仕事として取り出すことができるエネルギーとして

$$G = H - TS$$

で定義される。

反応の前後における$G$の変化量である$\Delta G$が負，つまりギブズ自由エネルギーが減少する方向への変化のとき，反応は自発的に起こる。

タンパク質の構造変化においては，変性状態に対して天然状態の自由エネルギーが低いほど$\Delta G$は大きな負の値を示し，より安定となる。

が減少すると，タンパク質の安定性は高まる。

このようにタンパク質が折りたたまれて安定な立体構造を形成するのは，主にタンパク質でみられる非共有結合による。2つのシステイン残基どうしで形成されるジスルフィド結合は50 kcal/mol程度の結合エネルギーをもつ共有結合で，非共有結合はその10分の1程度以下のエネルギーであるが，多数集まることによって大きなエネルギーとなる。タンパク質中での非共有結合として，イオン結合・静電相互作用，ファンデルワールス力，水素結合，疎水性相互作用，側鎖と周囲の水分子の相互作用である水和がある。

**イオン結合**(ionic bond)・**静電相互作用**(electrostatic interaction)は，電荷間で生じる相互作用である。酸性アミノ酸側鎖の負電荷と塩基性アミノ酸側鎖の正電荷の間に生じるものや，側鎖の電荷とペプチド結合の双極子との間に生じるものなどがある。

**ファンデルワールス力**(van der Waals force)は，近接する分子間の距離に応じてはたらく力である。結合をつくっていない原子どうしが反発せずに近づける距離をその原子のファンデルワールス半径という。ファンデルワールス半径で原子どうしが接するとき，引力も斥力(反発力)もゼロとなる。ファンデルワールス半径よりも近いと大きな反発力を生じ，離れると引力が生じるがさらに離れるとファンデルワールス力はやがてゼロとなる。

**水素結合**(hydrogen bond)は，電気陰性度が大きな原子に結合した水素原子と，近接した酸素原子あるいは窒素原子がもつ電子との間でできる相互作用である。水分子が関与する場合もある。タンパク質の二次構造では主鎖の窒素原子に結合した水素原子と別のアミノ酸の酸素原子との間の水素結合が重要である(図2.2，図2.4)。

**疎水性相互作用**(hydrophobic interaction)は，疎水性の分子どうしが相互作用することによる安定化作用である。球状タンパク質の内部では，疎水性アミノ酸側鎖が安定化に寄与しており，また膜タンパク質では疎水性の環境である膜内部に疎水性アミノ酸がみられる。

このような非共有結合が1つのタンパク質分子中に数百以上も存在することでタンパク質は立体構造を保っている。

## 2.2 ◆ 酵素の構造と機能および機能制御

構造生物学の目的の1つはタンパク質の立体構造から分子レベルでの機能を説明することである。酵素は一般的に中性のpH，常温という温和な条件ではたらき，基質に対して高い親和性で結合し，反応を触媒する。酵素は一般的に基質との間で可逆的な酵素−基質複合体を形成する。このとき，酵素−基質複合体は複数の遷移状態をとることにより，反応に必要となる活性化エネルギーを低下させ，これによって化学反応を促

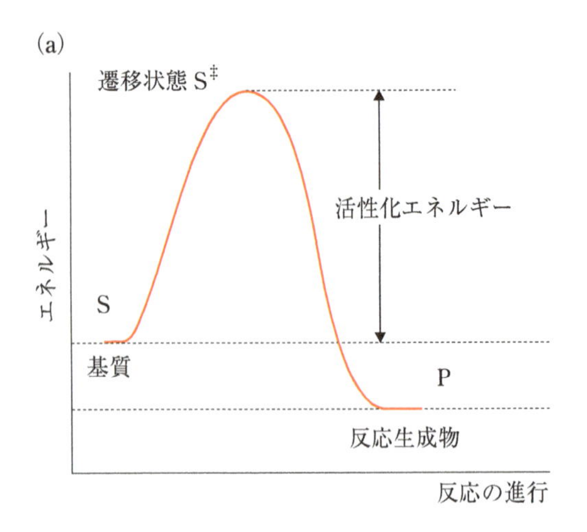


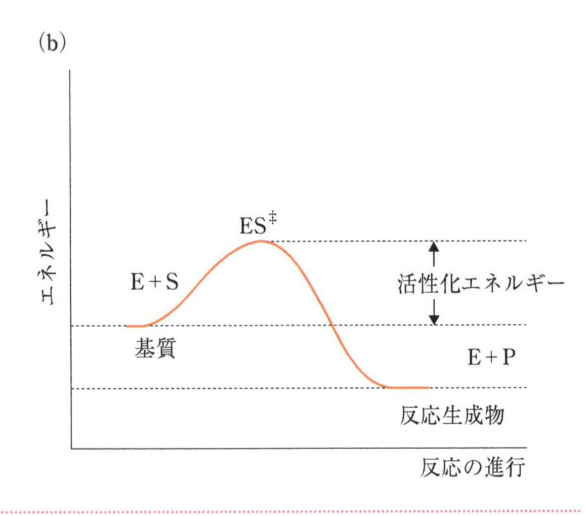


**図2.13 | 酵素反応による活性化エネルギーの低下**
(a)酵素なしの場合の反応，(b)酵素による触媒反応。Eは酵素，Sは基質，Pは生成物，ESは酵素と基質の複合体をそれぞれ表す。

進している(**図2.13**)。酵素は，その触媒する反応の種類によって大きく6つに分けられ，それに基づいた命名方法が用いられている(第1章1.2節参照)。

酵素が触媒として優れた機能を発揮できるのは，基質の特異的な結合と触媒反応に関わる残基の適切な配置による。基質の結合部位は，たいてい分子表面のくぼみまたは溝にあり，疎水性相互作用，静電相互作用，水素結合，ファンデルワールス力などの非共有結合によって基質と結合する。

酵素の触媒機能の機構を分子レベルで理解するためには，酵素－基質複合体の構造を知る必要があるが，基質は反応して生成物となるため，酵素－基質複合体としての構造情報を得るのは困難なことが多い。一般に，反応のはじめと終わりの構造情報，あるいは，基質のアナログ*10などを用いて人工的に反応を途中で止めた状態の構造情報から反応機構について推定を行う。

*10　アナログ(analog)：ある酵素における基質と類似した構造をもち，基質として認識されるために酵素の活性部位と結合することができる分子。酵素と結合しても反応は進行しないため，酵素の活性化状態の情報を得ることができる。

## 2.2.1◇構造と機能の関係の例：プロテアーゼ

タンパク質の立体構造と触媒機能との関係について，ここではプロテアーゼを例にして説明する。プロテアーゼは，タンパク質を加水分解する酵素の総称で，活性部位を構成するアミノ酸残基や金属イオンの有無によって，セリンプロテアーゼ，システインプロテアーゼ，アスパラギン酸プロテアーゼ(酸性プロテアーゼ)，金属プロテアーゼ(メタロプロテアーゼ)の4種類に分類される。プロテアーゼは自然界に広く分布し，消化系器官あるいは細胞外において栄養分としてのタンパク質を分解したり，リソソーム・液胞・細胞質において不要(変性)タンパク質を分解したりする。また，不活性型前駆体の限定分解*11やシグナルペプチドの分解などのプロセシングを行うものもある。さらに，プロテアーゼは，

*11　限定分解：タンパク質が特定のアミノ酸残基で切断されることで一定のペプチド断片が生じるようなプロテアーゼによる分解反応。

食品加工や家庭用洗剤あるいは医薬品原料の合成など，工業的にも利用されている。

システインプロテアーゼは，活性部位にあるシステイン残基のチオール基が求核剤としてはたらき，タンパク質のペプチド結合を加水分解する。パパイヤに含まれるパパイン，パイナップルに含まれるブロメライン，アポトーシスのシグナル伝達ではたらくカスパーゼや，歯周病の原因菌がもつジンジパインなどが知られている。*Porphyromonas gingivalis* は，ヒトに歯周病を引き起こすもっとも代表的な原因菌である。この菌

Column

## ジンジパイン

ジンジパイン（gingipain）は基質切断部位の特異性からアルギニン残基のC末端側を切断するArg-ジンジパイン（Rgp）とリシン残基のC末端側を切断するLys-ジンジパイン（Kgp）の2つに分類され，RgpにはドメインLrgpA構造が異なるRgpAとRgpBの2種類が存在する（下図）。

ジンジパインはヒトのコラーゲンやフィブロネクチン，ラミニンといった細胞外マトリクスを分解し，このことが歯周組織の直接的破壊につながっているとされる。この他にもヒト免疫グロブリンや補体系などを破壊してサイトカインを分解，不活性化することによって生体防御機構に障害を与えるとされる。ジンジパインは菌体の増殖に必要な鉄源を得る役割も担っており，RgpAとKgpのC末端側に存在する血球凝集素ドメイン・ヘモグロビン結合ドメインを介して，宿主の赤血球を菌体表面に凝集，分解し，ヘムから鉄を獲得するとされる。RgpAとRgpBのN末端側のシグナルペプチドドメインと触媒ドメインはそれぞれ74%，79%ものアミノ酸配列相同性があるが，RgpBはC末端側の血球凝集素ドメイン・ヘモグロビン結合ドメインをもたない。一方，KgpのN末端側のシグナルペプチドドメインと触媒ドメインはRgpAのそれぞれのドメインと22%，32%のアミノ酸配列相同性であるが（RgpBに対しても同程度），C末端側の血球凝集素ドメイン・ヘモグロビン結合ドメインは79%のアミノ酸配列相同性がみられる。

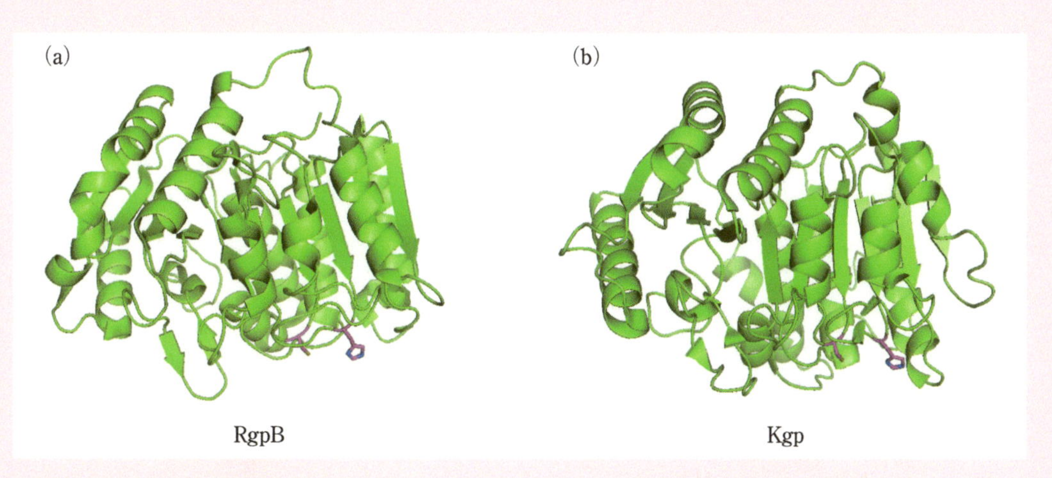


図 | **ジンジパインの立体構造**
(a) RgpB (PDB ID : 1CVR)，(b) Kgp (PDB ID : 4RBM)の触媒ドメインの立体構造。活性中心と予想されるヒスチジン残基とシステイン残基を棒モデルで表示した。

は糖を分解できないため，栄養源としてタンパク質を分解する必要があり[*12]，この菌が産生する強力なエンドペプチダーゼ(末端ではないアミノ酸のペプチド結合を分解する酵素)であるジンジパインがこのために必要であると考えられている。また，この酵素はこの菌自身のタンパク質のプロセシングにも役立っており，このことが感染を促進していると考えられている。ジンジパインは切断残基の特異性から，アルギニン残基のC末端側を切断するArg-ジンジパインとリシン残基のC末端側を切断するLys-ジンジパインに分類される[*13]。いずれもシステイン残基とヒスチジン残基を活性部位にもつ。

一般的なシステインプロテアーゼの触媒機構は以下のとおりである(**図2.14**)。まず，活性部位にあるシステインのチオール基が隣接するヒスチジン残基(あるいはリシン，アルギニン)の側鎖によって脱プロトン化される(図2.14(a))。負に帯電したチオール基が，基質となるタンパク質でペプチド結合を形成しているカルボニル炭素を求核攻撃し(図2.14(b))，チオール基のS原子とカルボニル炭素の間でチオエステル結合が形成される(図2.14(c))。続いて，基質となるタンパク質でペプチド結合を形成していた窒素原子が，ヒスチジンからプロトンを受け取り，アミノ基として脱離する(図2.14(d))。水分子がチオエステル結合を求核攻撃してカルボキシ基を生じ(図2.14(e))，システインのチオール基は元の状態に戻る(図2.14(f))。

セリンプロテアーゼにおいても，概ね反応機構は類似しており，チオール基をもつシステイン残基の代わりに，ヒドロキシ基をもつセリン残基が隣接するヒスチジン残基と活性部位を形成する。なお，セリンプロテアーゼでは，セリンとヒスチジン，およびこれらとともに活性部位を形

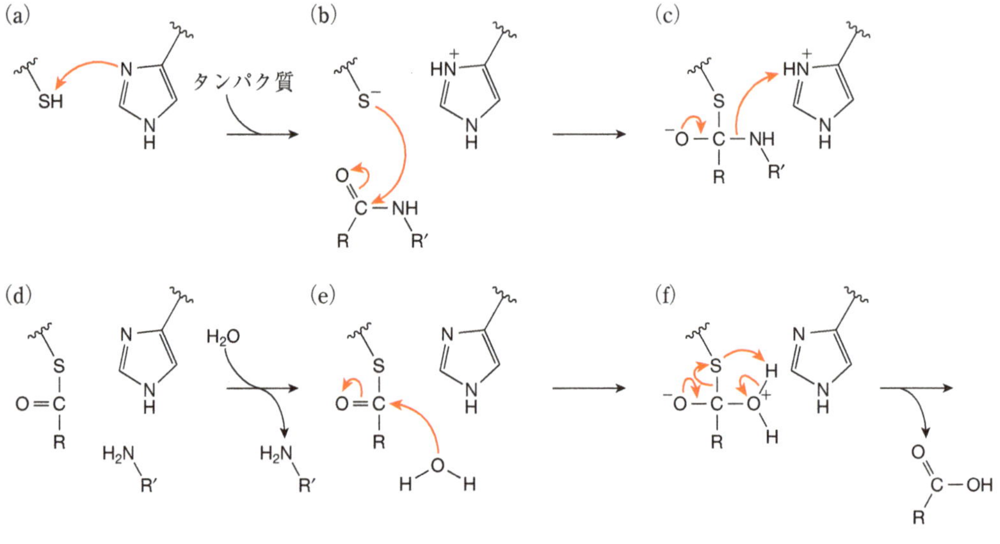

＊12　糖を栄養源にできず，代わりにタンパク質を栄養源にする。

＊13　Arg-ジンジパインとLys-ジンジパインは異なる遺伝子にコードされるが類似した機能をもつ。相同性が高い部分もあるが，異なる場所ではたらくためのドメインが余計にあり，アミノ酸の残基数が異なる。

(a) (b) (c) (d) (e) (f)

図2.14 | システインプロテアーゼの反応機構

成するアスパラギン酸残基を合わせて，**触媒三残基**(catalytic triad)とよぶ。セリンプロテアーゼとしては，微生物由来のサチライシン型(サチライシン，プロテイナーゼK)や哺乳類由来のトリプシン型(トリプシン，キモトリプシン，エラスターゼ)がよく知られている。

ジンジパインのように切断残基の特異性が生じるのは，酵素がもつ活性部位付近の特異性ポケットが，アルギニン残基あるいはリシン残基がそれぞれちょうど収まる形状をしている上，この2つの塩基性アミノ酸残基がポケットの底にあるアスパラギン残基と相互作用できる正電荷をもつためであると考えられている。セリンプロテアーゼであるトリプシンも同様にアルギニン残基またはリシン残基のC末端側を切断しやすいことがよく知られている(**図2.15**(a))。一方，セリンプロテアーゼであるキモトリプシンは，フェニルアラニン，トリプトファンあるいはチロシンなどの位置でペプチド鎖を切断するが，この場合には触媒部位の近くに疎水性ポケットが形成されており，ここに疎水性の側鎖が結合することによる(**図2.15**(b))。

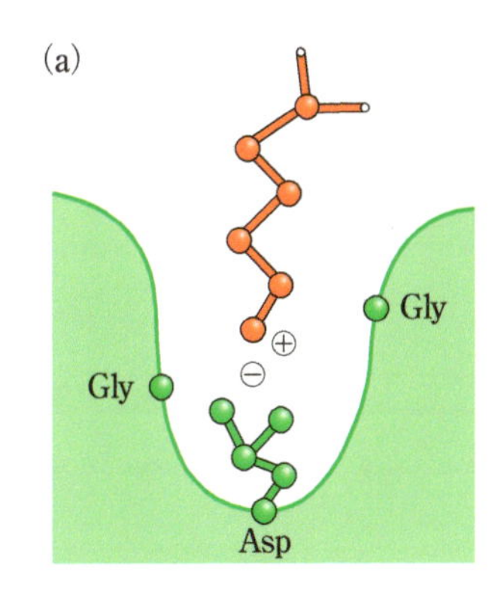


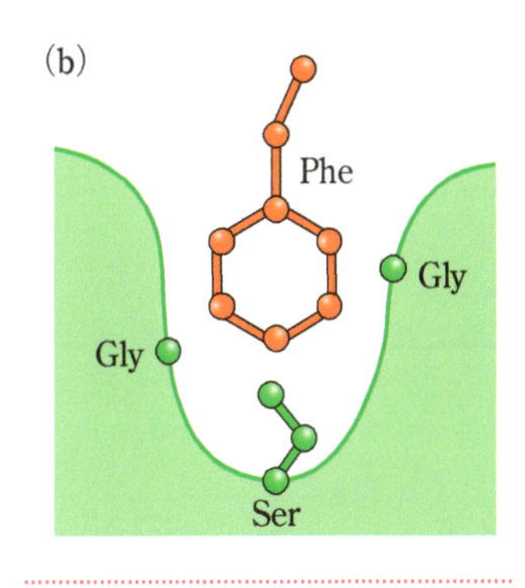


図2.15 | **トリプシン(a)およびキモトリプシン(b)の特異性ポケットの構造モデル**

## 2.2.2◇アロステリック酵素

アロステリック効果をもつ酵素を**アロステリック酵素**(allosteric enzyme)という。アロステリック酵素は，基質が結合する活性部位とは別に，触媒活性を変化させる調節部位をもっており，ここにアロステリックエフェクターとよばれる物質が結合することで酵素活性が高まる，または，阻害される(**図2.16**)。一連の酵素反応からなる代謝経路では，その代謝経路の最終生成物が代謝経路の最初のあるいは前半の反応を触媒する酵素に結合して，反応を阻害することにより，生成物の産生量を抑えている。このようなタイプの阻害を**フィードバック阻害**(feedback inhibition)という(**図2.17**)。

フィードバック阻害による調節を受けるアロステリック酵素としては，ホスホフルクトキナーゼやアスパラギン酸カルバモイルトランスフェラーゼ(アスパラギン酸カルバモイル転移酵素)が知られている

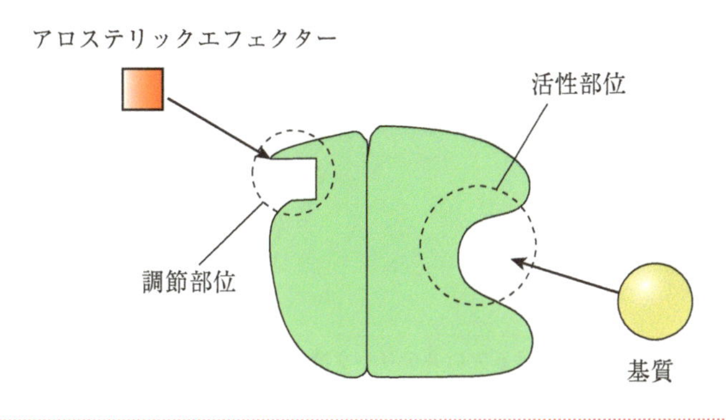


図2.16 | **アロステリック酵素**

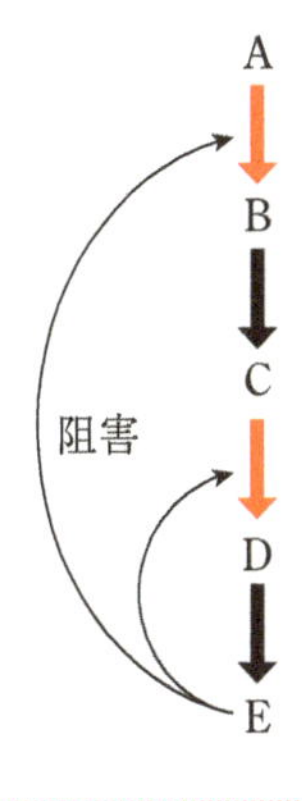


図2.17 | **フィードバック阻害**

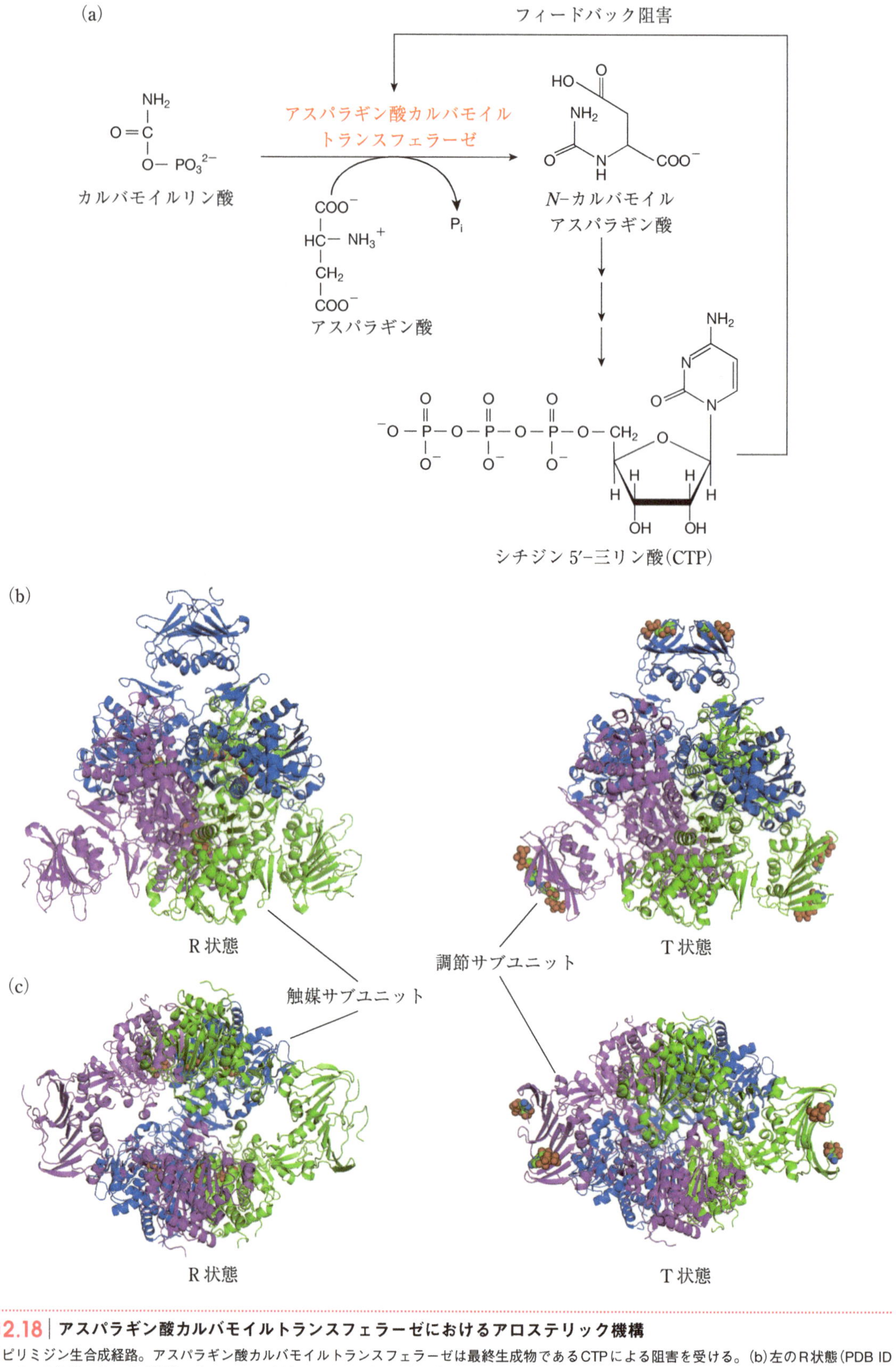

**図2.18 | アスパラギン酸カルバモイルトランスフェラーゼにおけるアロステリック機構**

(a)ピリミジン生合成経路。アスパラギン酸カルバモイルトランスフェラーゼは最終生成物であるCTPによる阻害を受ける。(b)左のR状態(PDB ID : 1D09)には基質アナログが触媒サブユニットに結合している。右のT状態(PDB ID : 4FYW)にはCTPが調節サブユニットに結合している。(c)は(b)の立体構造をそれぞれ90°回転させたもの。T状態の立体構造に対してR状態の立体構造は中央部分が開いており，構造が変化している様子がわかる。

(**図2.18**)。アスパラギン酸カルバモイルトランスフェラーゼは，ピリミジン合成経路の最初の酵素でカルバモイルリン酸とアスパラギン酸から*N*–カルバモイルアスパラギン酸への反応を触媒する(図2.18(a))。経路の最終産物の1つであるシチジン5′–三リン酸(CTP)は，この酵素と結合して反応を阻害する。大腸菌におけるこの酵素は三量体の触媒サブユニット2つと二量体の調節サブユニット3つからなる。分子全体が図2.18(b),(c)に示すR(relaxed：弛緩)状態とT(tense：緊張)状態とよばれる2通りのどちらかの状態を交互にとる。基質であるカルバモイルリン酸とアスパラギン酸は触媒サブユニットを構成する異なるドメインに結合する。T状態のタンパク質に基質が結合すると2つのドメインが近づくため酵素は活性をもつR状態となる。一方CTPは，T状態の調節サブユニットに優先的に結合して安定化し，R状態のタンパク質に結合した場合にはT状態へ構造変化する。CTPが調節サブユニットへ結合することによって触媒サブユニットどうしが接近する構造変化が起こり，活性部位を構成する残基どうしが離れて広がることで基質が遊離するため酵素は不活性となる。このようにリガンドの結合によって酵素の立体構造の変化が引き起こされ，これによって基質との親和性が変わるのがアロステリック酵素の特徴である。

### 2.2.3 ◇ リン酸化・脱リン酸化による酵素活性の調節

細胞内ではたらく酵素のうちの30%は，アミノ酸配列に含まれるセリン，トレオニン，チロシン残基のヒドロキシ基がリン酸化されることで，酵素活性の調節が行われると考えられている。プロテインキナーゼとよばれる酵素の作用によってこれらの残基にリン酸基が結合すると，負電荷や水素結合の形成によって酵素の立体構造に変化が生じ，結果として酵素活性が変化する。これは，別の酵素であるプロテインホスファターゼのはたらきで脱リン酸化されると元の構造に戻る(**図2.19**)。このようなリン酸化・脱リン酸化は修飾による酵素活性の調節の典型例である。なお、立体構造の大きな変化は，酵素活性の調節だけでなく，細胞内情報伝達などの際の細胞内での目印として利用される場合もある。

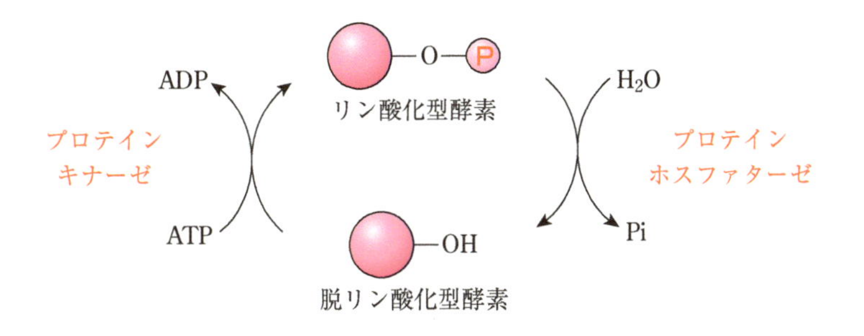


図2.19 | 酵素活性のリン酸化による調節

## 2.2.4◇補酵素・微量金属の役割

酵素には，活性を示すためにNADなどの補酵素とよばれる有機化合物や$Mg^{2+}$などの金属イオンを必要とするものが多数ある。こうした補酵素や金属イオンを総称して**補因子**(cofactor)とよび，その中でも，タンパク質と共有結合している補因子を**補欠分子族**(prosthetic group)とよぶ。アミノ酸の生合成に重要なアミノトランスフェラーゼ(アミノ基転移酵素)の補欠分子族であるピリドキサール5′-リン酸(PLP)は，活性部位にあるリシン残基のアミノ基と共有結合することで，基質から生成物へアミノ基を転移する役割を担っている。ここでは，アミノトランスフェラーゼの反応におけるPLPの役割について説明する。

アミノトランスフェラーゼは，基質であるアミノ酸から受け取ったアミノ基を2-オキソ酸に転移してアミノ酸を生成するアミノ酸代謝において重要な酵素である。酵素反応には，活性部位のリシン残基に共有結合したPLPが用いられる。基質アミノ酸のアミノ基をPLPのアルデヒド基で受け取って2-オキソ酸を生成し，別の2-オキソ酸を基質としてそのケト基にアミノ基を転移してアミノ酸を生成する。基質となるアミノ酸はさまざまで，アミノトランスフェラーゼは一次構造による分類から4つのグループに分けられている。

もっとも古くから研究されているアミノトランスフェラーゼは，アスパラギン酸アミノトランスフェラーゼ(AspAT)である。基質アスパラギン酸の$\alpha$-アミノ基をPLPに結合してピリドキサミンリン酸(PMP)と2-オキソ酸であるオキサロ酢酸を生成し，2-オキソグルタル酸($\alpha$-ケトグルタル酸)のケト基にアミノ基を転移してL-グルタミン酸を生じる反応を触媒する(**図2.20**)。**図2.21**(a)に立体構造を示す大腸菌のAspATの反応では，まずLys258の側鎖の$\varepsilon$-アミノ基とPLPのアルデヒド基が結合(シッフ塩基を形成)し，その周囲のTyr70の側鎖のヒドロキシ基がPLP

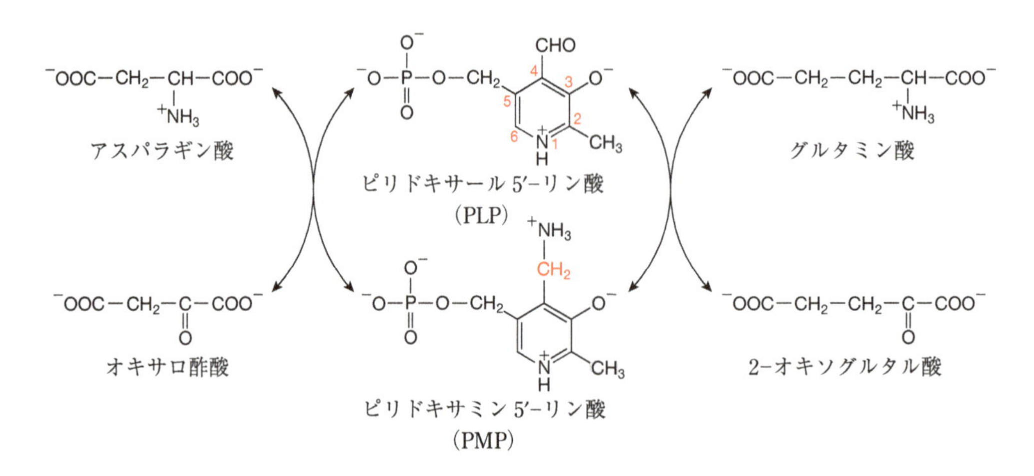


図2.20 | アスパラギン酸アミノトランスフェラーゼによるアミノ基転移反応の反応式

のリン酸基と，Tyr225の側鎖のヒドロキシ基がPLPのピリジン環のヒドロキシ基の$O^-$とそれぞれ水素結合を形成する。また，Asp222の側鎖のカルボキシ基がPLPのピリジン環のN原子との間でイオン結合を形成し，周囲にはAsn194，Trp140が囲む。基質アスパラギン酸の$\alpha$-$COO^-$がArg386と，$\varepsilon$-$COO^-$がArg292の側鎖のアミノ基とそれぞれイオン結合を形成し，PLPと結合していたLys258の$\varepsilon$-アミノ基と基質アスパラギン酸の$\alpha$-アミノ基との間でシッフ塩基交換反応が起こり，PLPにアミノ基がわたされてPMPが生じる(**図2.21**(b))。このときTyr70とArg292は二量体のもう1つのサブユニット由来の残基が使われている(**図2.21**(c))。

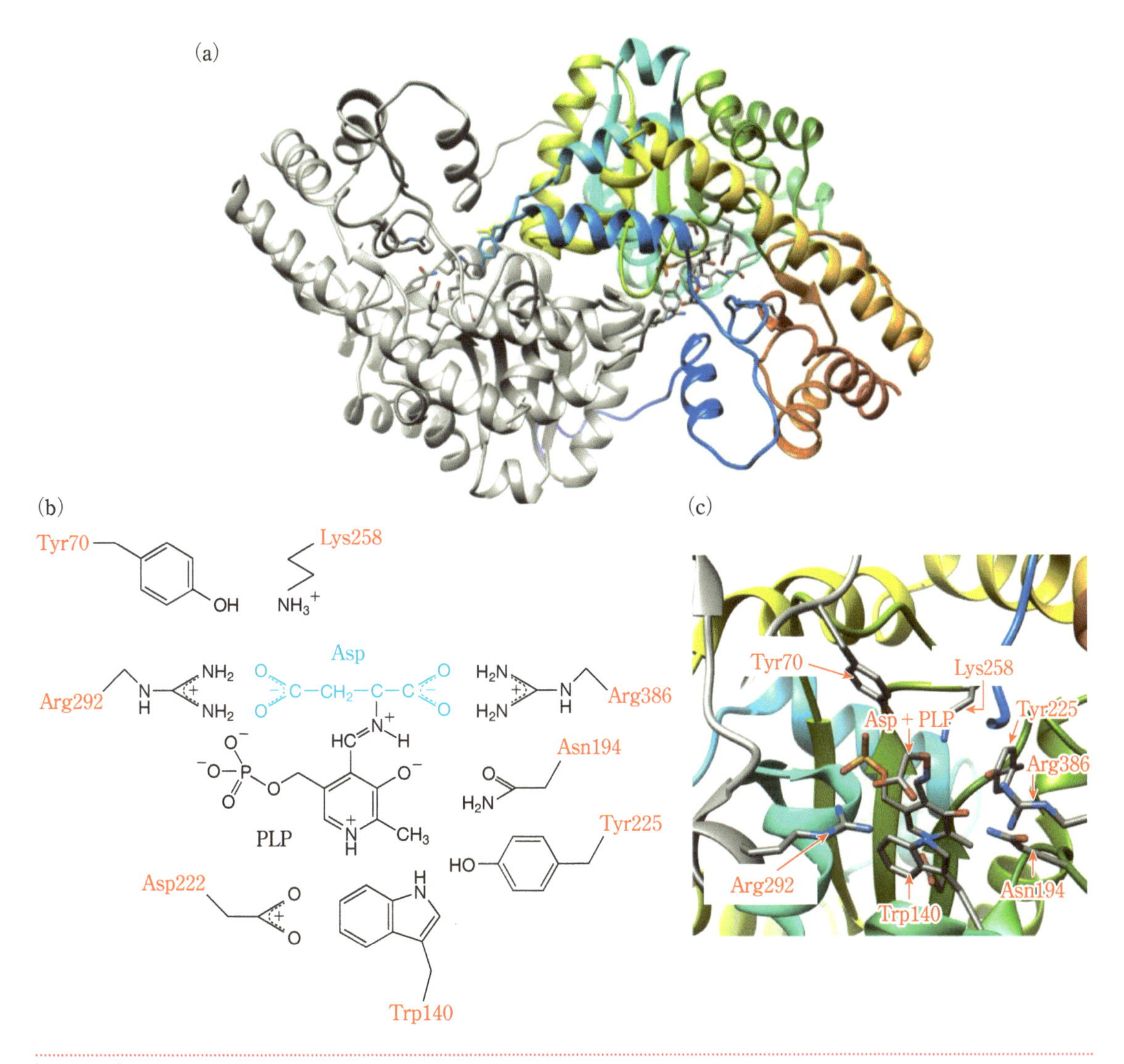


**図2.21 | アスパラギン酸アミノトランスフェラーゼの立体構造(PDB ID：1OXO)とその活性中心および触媒反応機構**

(a)アスパラギン酸アミノトランスフェラーゼの立体構造。活性部位のアミノ酸残基とPLPを棒モデルで表示した。(b)活性部位のアミノ酸残基とPLPの配置。(c)活性部位の拡大図。(d)触媒反応機構。基質アスパラギン酸からPLPにアミノ基が転移し2-オキソグルタル酸とPMPを生じる反応機構。逆向きに反応が進行することで2-オキソグルタル酸とPMPからグルタミン酸とPLPを生じる。

[M. D. Toney, *Arch. Biochem. Biophys.*, **15**, 119 (2015)を改変]

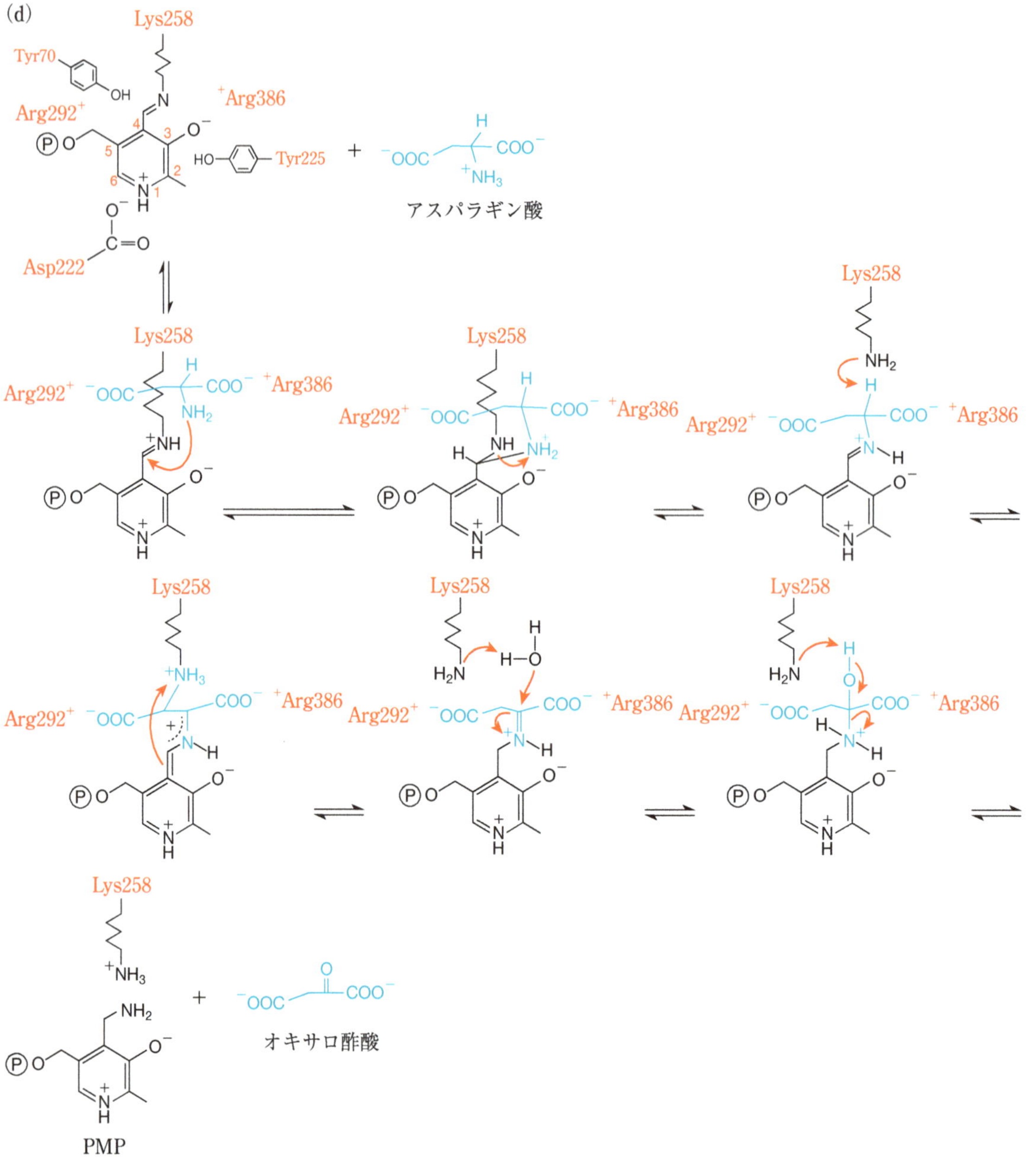

図2.21 | アスパラギン酸アミノトランスフェラーゼの構造とその活性中心および触媒反応機構(つづき)

同じグループのアミノトランスフェラーゼである芳香族アミノ酸アミノトランスフェラーゼ(AroAT)やアラニンアミノトランスフェラーゼ(AlaAT)でも活性部位のアミノ酸残基が類似していることがわかっている。AroATでは基質アミノ酸の側鎖が入る部分に空間的な余裕があるために，かさ高い芳香族アミノ酸を基質にできる。また，芳香族アミノ酸に加えて，疎水性アミノ酸から親水性アミノ酸まで，幅広い基質を認識できる多基質性アミノトランスフェラーゼが温泉などに棲息する好熱菌から見つかっている。

## 2.3 ◆ タンパク質と他の分子との相互作用

タンパク質の多くは，他の分子と相互作用することで機能を発揮する。シグナル伝達に関わるタンパク質では，低分子がメッセンジャー（情報伝達物質）となり，その情報を受け取ったタンパク質は，さらに下流へと情報を伝達するために次のタンパク質と相互作用する。獲得免疫ではたらく抗体は，低分子である抗原を特異的に認識する。繊維状タンパク質のような細胞内で構造体を形成するタンパク質は，上述のようにタンパク質どうしで高分子化する。また，代謝に関わる酵素は，単体で機能する場合もあるが，近年の大規模解析などの技術の進展により，複合体を形成して機能するものが多数あることがわかってきた。転写因子は，DNAと相互作用することで遺伝子の発現を制御する役割をもつ。タンパク質による核酸（DNA, RNA）の認識については第3章で説明し，ここではタンパク質と低分子との相互作用およびタンパク質–タンパク質間相互作用について説明する。

### 2.3.1 ◇ タンパク質と低分子の相互作用

多くの酵素は，活性部位において低分子化合物と特異的に結合する。**図2.22**は，プリンヌクレオチド（AMPやGMP）生合成系の酵素の1つであるグリシンアミドリボヌクレオチド合成酵素（遺伝子名からPurDとよばれる）と3つの基質との結合を示している。多くの水素結合と疎水性相互作用によって3つの基質が認識されている。

特定のタンパク質と結合して，その機能を阻害する医薬品も多い。

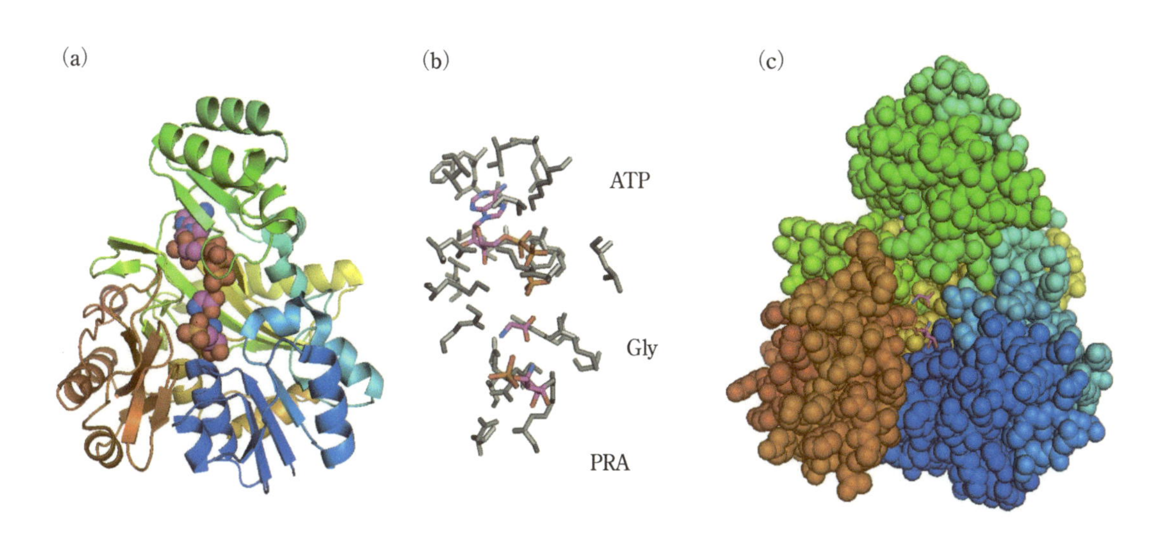


**図2.22 | グリシンアミドリボヌクレオチド合成酵素（PurD）の立体構造の(a)リボンモデル，(b)棒モデル（活性部位），(c)空間充填モデルによる表示**

立体構造は好熱菌のPurD（PDB ID：2YW2）に基質（ATP, Gly, リボシルアミン5–リン酸（PRA））を入れたモデル構造。(a)基質のみ空間充填モデルで表示した。(b)3つの基質に色を付け，活性部位のアミノ酸はグレーで表示した。(c)基質のみ棒モデルで表示した。

図2.23(a)，(b)はインフルエンザウイルスのタンパク質と医薬品(タミフル®)との結合を示している。また，図2.23(c)は，エイズの原因ウイルスであるHIV-1がもつプロテアーゼとその阻害剤との結合を示している。この阻害剤は酵素の立体構造に基づいて設計されており，実際の医薬品開発の出発点となった。

細胞への情報伝達を行うGタンパク質共役型受容体(G-protein-

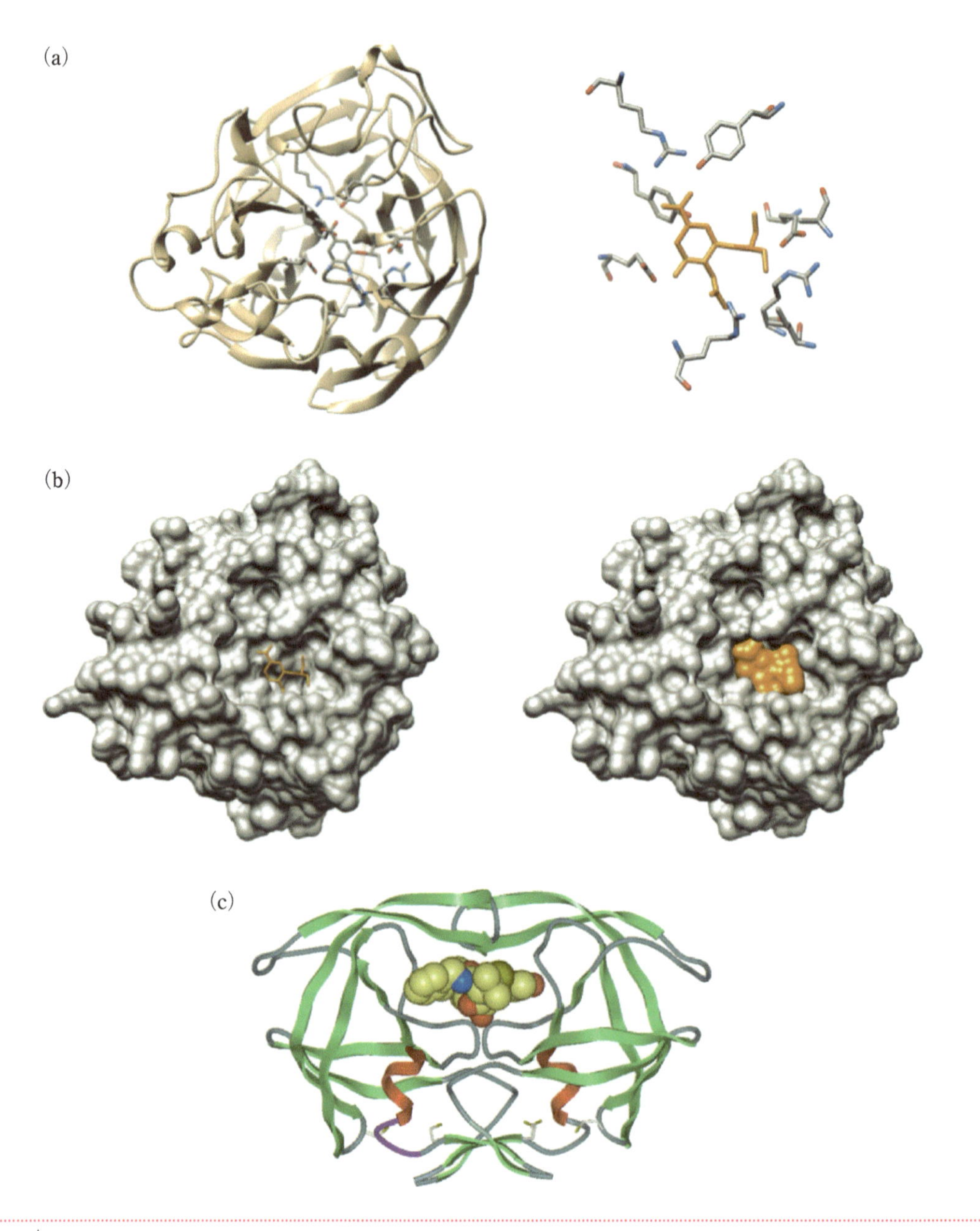


図2.23 | インフルエンザウイルスのタンパク質(ノイラミニダーゼ)とタミフルの複合体の立体構造(PDB ID：2HT7)の(a)リボンモデルと活性部位の棒モデル，(b)空間充填モデルによる表示，(c)HIV-1のプロテアーゼと阻害剤の複合体の立体構造(PDB ID：1KZK)のリボンモデル

(a)は活性部位に位置するアミノ酸残基とオセルタミビル(商品名タミフル®)を棒モデルで示し右図に活性部位を拡大表記した。(b)左図はタミフルを棒モデルで示し，右図は空間充填モデルで示した。ノイラミニダーゼが形成する活性部位のくぼみにタミフルが入り込んでいる様子がわかる。

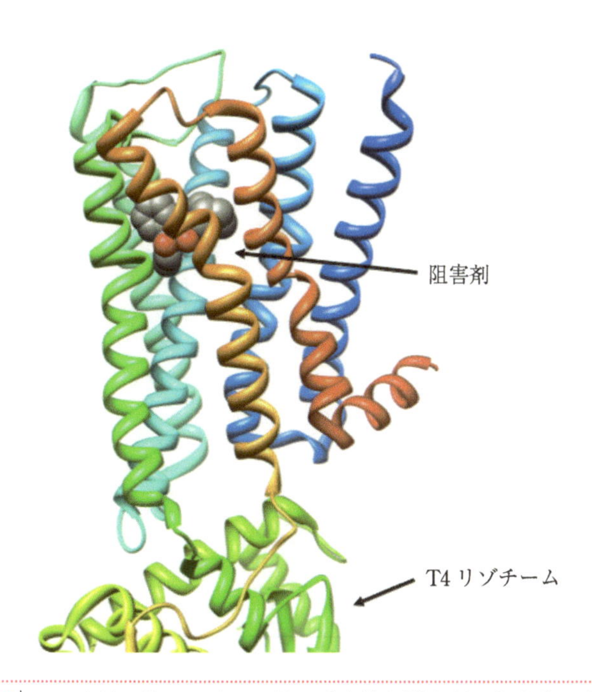


| 図2.24 | **ムスカリン性アセチルコリン受容体と阻害剤の複合体の立体構造(PDB ID : 3UON)**

可溶性が高いT4リゾチームとの融合タンパク質として膜タンパク質で可溶化しにくいムスカリン性アセチルコリン受容体のX線結晶構造が明らかとなっている。この受容体にはアミノ酸配列や組織の分布が異なるM1からM5のサブファミリーがあり，図は心臓や平滑筋に存在するサブタイプM2の立体構造である。

coupled receptor, GPCR)は，7回膜貫通型の膜タンパク質で，ヒトゲノム中に800種類以上の遺伝子が存在することが知られている。GPCRはさまざまな生命現象に関係しているため，近年，創薬のターゲットとして注目されている。ムスカリン性アセチルコリン受容体とよばれるGPCRは，アルツハイマー病，パーキンソン病，統合失調症，肥満，糖尿病などに関連している*14。**図2.24**は，ムスカリン性アセチルコリン受容体と阻害剤の結合を示している。

## 2.3.2◇タンパク質と他の分子の相互作用：抗原ー抗体反応を例として

抗体は免疫グロブリン(immunoglobulin, Ig)ともよばれるタンパク質で，獲得免疫においてB細胞により産生される。生体にとっての異物である抗原を特異的に認識し，除去する役割をもつ。血中の抗体のうち大部分を占めるのはIgGであり，この他にIgA, IgM, IgD, IgEがある。すべての抗体はこれら5つのクラス*15に分けられ，基本構造や体内でのはたらきが異なる。IgGは，2本の重鎖(heavy chain : H鎖)と2本の軽鎖(light chain : L鎖)によって構成される。H鎖を構成するポリペプチドの分子量は約55,000，L鎖のそれは約24,000である。両鎖のN末端側のドメインは，抗体分子ごとに(認識する抗原分子ごとに)アミノ酸配列

*14　ムスカリンはキノコなどに含まれる副交感神経作用物質でアセチルコリンの代わりに受容体に結合することで痙攣などを引き起こす。このような受容体はムスカリン性アセチルコリン受容体とよばれる。この受容体は副交感神経の末端で放出されるアセチルコリンを受容して効果器の活動を制御する。

*15　抗体は，重鎖のアミノ酸配列の違いによって哺乳類では5種類のクラスに分けられる。クラスごとに性質や役割が異なる。またIgMは五量体構造，IgAは二量体構造をとり，それ以外は単量体ではたらく。

(a)

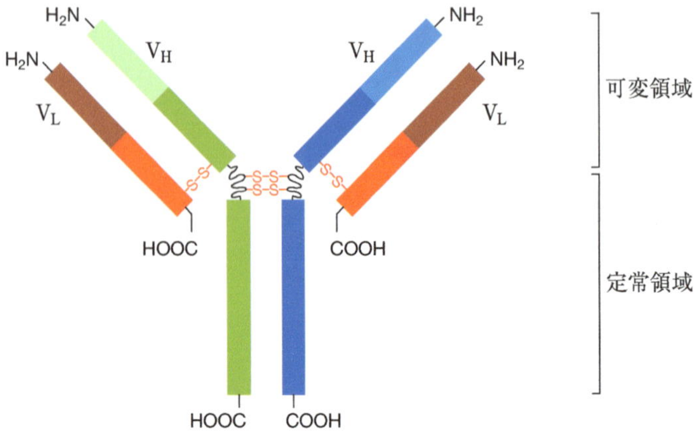

(b)

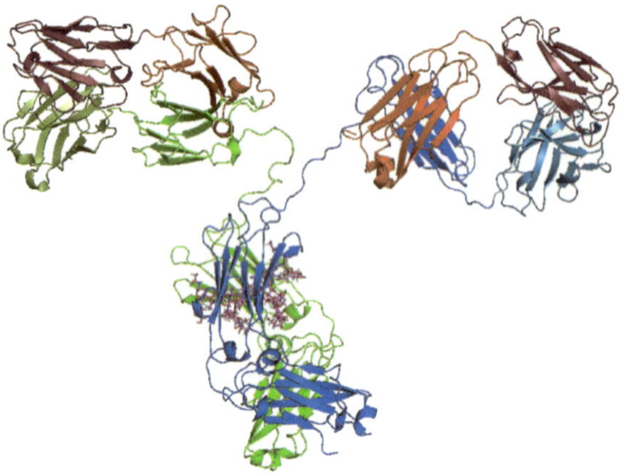

図2.25 | 免疫グロブリン(IgG)の構造(PDB ID : 1IGT)
(a)模式図ではIgGの2本の軽鎖を赤色，2本の重鎖を緑色と青色で示し，それぞれ可変領域と定常領域の色調を変えている。(b)立体構造では模式図と色を合わせて表示した。重鎖の定常領域には棒モデルで示した糖鎖が結合しており立体構造の安定化に寄与している。

が異なる**可変領域**(variable region)となっており，それぞれ$V_H$と$V_L$とよばれる。それ以外の領域のアミノ酸配列は保存されており，**定常領域**(constant region)とよばれる。定常領域は，7本の$\beta$ストランドからなる逆平行$\beta$シートが2層に対向した免疫グロブリンフォールドとよばれる構造を形成している。可変領域は9本の$\beta$ストランドの逆平行$\beta$シートからなり，定常領域の構造に2本の$\beta$ストランドが追加された構造となっている(**図2.25**)。

$V_H$と$V_L$の中でも特にアミノ酸配列の変化が大きい領域が存在し，超可変領域(hyper variable region)あるいは相補性決定領域(complementarity determining region, CDR)とよばれる。この部分が抗原を特異的に認識し，結合する部位である。この構造は$\beta$ストランドを連結する3つのループからなり，超可変ループともよばれる。膨大な種類の抗原に対して，異なるアミノ酸配列からなる多様な抗体を生み出すしくみを明らかにしたのは利根川 進であり，この功績に対して1987年にノーベル生理学・医学賞が授与された。

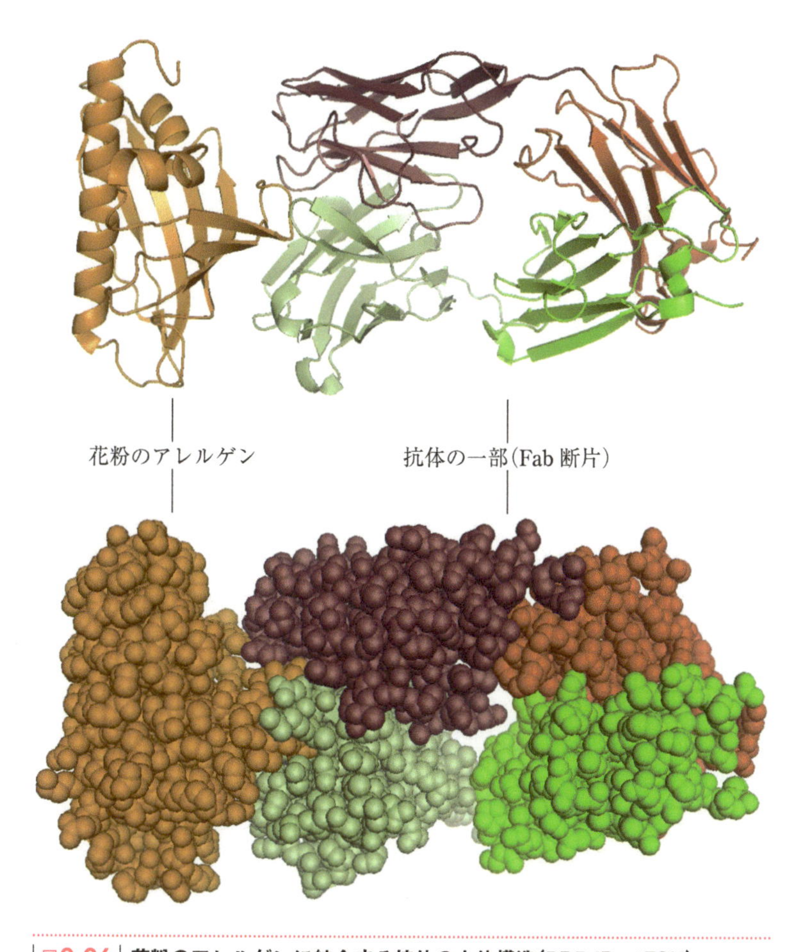


図2.26 | **花粉のアレルゲンに結合する抗体の立体構造(PDB ID : 1FSK)**
上：リボンモデル，下：空間充填モデル。Fab断片はIgGをタンパク質分解酵素パパインで切断したときに生じたもののうち，N末端側を含む断片のこと。

これまでに解析された多数の抗原–抗体複合体の立体構造から，抗体による抗原認識の特異性を生んでいるのは，複数のアミノ酸残基による疎水性相互作用，水素結合，電荷をもった残基どうしの静電相互作用といった多数の非共有結合であることが明らかになっている。アミノ酸残基だけでは十分に認識できない抗原と抗体の間の隙間を埋めるように水分子が配置し，水素結合を形成して認識に関与していることもわかっている。**図2.26**に花粉のアレルゲンと結合する抗体の立体構造を示す。

## 2.3.3 ◇ タンパク質–タンパク質間相互作用

上述の四次構造は複数のポリペプチドからなるタンパク質が会合することで形成された1つの機能をもつタンパク質であるが，ここでは異なる機能をもつタンパク質どうしが会合するタンパク質–タンパク質間相互作用について取り上げる。

タンパク質とタンパク質との相互作用は，基本的には四次構造などのサブユニット間の境界面にはたらく力，すなわちタンパク質内部の残基間相互作用(疎水性相互作用，静電相互作用，ファンデルワールス力)と同じである。タンパク質分子間はランダムに会合するのではなく，特異的に相互作用し，固有の構造体を生じる。

タンパク質—タンパク質間相互作用には，安定で比較的強力に相互作用している場合と一過性で微弱に相互作用している場合とがある。相互作用するタンパク質の解析方法としては，安定で強力な相互作用の場合，免疫沈降法*16やプルダウンアッセイ*17などが有効である。一過性で微弱な相互作用の場合，相互作用するタンパク質どうしを共有結合で架橋して解析する方法や表面プラズモン共鳴法*18による解析が有効である。相互作用の強弱は，主に相互作用に関与するアミノ酸残基どうしの結合の強度や接する面積およびそれらの数による。相互作用の前後のギブズ自由エネルギー変化$\Delta G$は，結合が強いほどより大きな負の値をとる。分子間の結合には必ず熱の出入りが生じることから，その発熱量もしくは吸熱量を定量することで分子間の相互作用の強さを測定する，ITC (isothermal titration calorimetry)という分析法も用いられる。

＊16　免疫沈降(immunoprecipitation, IP)法：抗原抗体反応を利用して目的タンパク質を得る方法。抗体を固定化したビーズと，抗原となる目的タンパク質を含む溶液とを混合し，目的タンパク質と抗体を結合させた後に遠心分離によりビーズを沈降，洗浄，ビーズから溶出させて目的タンパク質を得る。

＊17　プルダウンアッセイ：目的タンパク質をタグ融合タンパク質として発現し，タグと親和性のある分子との結合を利用して得る方法。例えばGST（グルタチオン*S*-トランスフェラーゼ)をタグとした融合タンパク質では，これと親和性のあるグルタチオンを固定化したビーズと混合し，GSTタグとグルタチオンを結合させた後に遠心分離によりビーズを沈降，洗浄，ビーズから溶出させて目的タンパク質を得る。

＊18　表面プラズモン共鳴(surface plasmon resonance, SPR)法：片方の分子を固定化したセンサーチップ上に相互作用を調べたいもう1つの分子を送液し，相互作用した場合に生じる微少な質量変化から結合の強さなどを解析する方法。センサーチップ上への入射光に対して相互作用が起きている部分では反射光の屈折率変化が生じる現象を利用し，これを検出する。

Column

## タンパク質の一生「合成，フォールディング，局在，分解」

タンパク質は，ゲノムDNA上の遺伝情報がmRNAの塩基配列情報に転写され，巨大なRNA–タンパク質複合体のリボソーム上で翻訳されてアミノ酸配列に変換されることにより合成される。タンパク質の合成はその生物の生育・発生段階や生育環境の条件などに応じて常に調節されている。ゲノムDNA上の遺伝子すべてから常にタンパク質が作られているわけではなく，また作られる量もさまざまである。細胞ごとにも違いがある。この調節を主として行っているものは転写因子とよばれるDNAに結合するタンパク質や小さなRNA分子である。

合成されたポリペプチドは，リボソームから出てくると直ちに，自発的あるいはシャペロンの助けにより折りたたまれて特定の立体構造を形成する。また，誤って折りたたまれたタンパク質を修正するシャペロンタンパク質も用意されている。遺伝子の変異や翻訳の誤りなどで不完全なタンパク質が合成されて正しく折りたたまれない場合にはプロテアソームとよばれるプロテアーゼ活性をもつ巨大なタンパク質複合体で分解される。実験室で大腸菌を利用して他種生物由来のタンパク質を大量に合成させる場合，折りたたみが不完全なために本来タンパク質の内部となるはずの疎水性アミノ酸からなる領域が露出することなどが原因で凝集体タンパク質を形成することがある。これを正しい立体構造にするには，誤った水素結合や疎水性相互作用を弱めて一度凝集体タンパク質を解きほぐすために変性剤とよばれる尿素などで処理をし，再び正しい立体構造を形成させる必要がある。

いくつかのタンパク質は，翻訳後の切断(プロセシング)や，さまざまな化学修飾などの翻訳後修飾を受けることで機能を発揮する成熟タンパク質となる。翻訳後修飾には酵素のリン酸化のような活性の調節に関わるものの他に，ヒストンのメチル化，アセチル化など遺伝子発現の制御に関わるものもある。また，リポイル化とよばれる脂質分子の結合は，細胞膜や細胞小器官の膜への局在にはたらく。さらにタンパク質によってはN末端にシグナル配列をもつものがあり，この目印が細胞外や細胞小器官へ輸送されるための移行シグナルとなっている。

細胞中のタンパク質は，定常的に合成と分解を繰り返して代謝回転している。不要となったタンパク質はユビキチンとよばれる目印のタンパク質が付けられてプロテアソームに運ばれて分解される。真核生物ではリソソームとよばれる細胞小器官もタンパク質分解に重要な役割を果たしている。2016年にノーベル生理学・医学賞を受賞した大隅良典らが解明したオートファジーとよばれるリソソームが行う機構は，飢餓時にタンパク質を分解してアミノ酸を得たり，機能不全となったタンパク質が分解処理されて病気になることを防ぐ役割を担うことが明らかにされ生命活動にとても重要である。

タンパク質の触媒としてのはたらきだけでなく，このようなタンパク質の一生(合成，フォールディング，局在，分解)の理解にも構造生物学による立体構造の情報がとても大きく貢献した。

## ❖ 演習問題

【1】酵素反応において，タンパク質のアミノ酸残基の果たす役割について簡潔に説明せよ。

【2】タンパク質の構造に関する次の問いに答えよ。

（i）一次構造について説明せよ。

（ii）基本的な2つの二次構造について説明せよ。

（iii）モチーフとドメインの違いについて説明せよ。

（iv）三次構造と四次構造の違いについて説明せよ。

【3】タンパク質の構造安定化に寄与する相互作用をあげ，それぞれ説明せよ。

【4】アロステリック酵素では，基質以外に別の化合物が結合し，その機能が制御される。これについて，次の問いに答えよ。

（i）基質以外で，酵素に結合してその機能を制御する化合物は何と呼ばれるか。また，その制御のしくみについて簡潔に説明せよ。

（ii）アロステリック酵素は二量体や四量体などの多量体であることが多い。この理由について簡潔に説明せよ。

（iii）アロステリック酵素におけるT状態とR状態の違いについて説明せよ。

第3章

# 核酸の構造と機能

スイスの医師ミーシャ(Johannes Friedrich Miescher)は，1869年に細胞の核の中に核酸を発見し，ヌクレインと命名した。その後，ヌクレインは**核酸**(nucleic acid)とよばれるようになり，また核酸塩基やリボース，デオキシリボースなどの構成成分が同定されていった。1964年にホーリー(Robert William Holley)らによってアラニンtRNAの塩基配列が決定されており，これが核酸の塩基配列決定の最初の成果である。その後，1970年代に，X線結晶構造解析によって酵母フェニルアラニンtRNAの立体構造が決定された。

やがてDNAが遺伝情報を保持する物質であり，RNAはメッセンジャーRNAとして遺伝情報を伝達する物質であるということが明らかにされたが，1980年代になるとリボザイムが発見され，RNAが触媒機能をもつことが示された。その後，RNA干渉*1やCRISPR現象*2などRNAの新しい機能が次々と明らかにされており，さらには細胞内に大量のノンコーディングRNA(後述)が存在することも示されている。

1954年にワトソン(James Dewey Watson)とクリック(Francis Harry Compton Crick)がDNAの二重らせん構造のモデルを発表してから半世紀以上が経ち，核酸のさまざまな立体構造が明らかとなっている。本章では，核酸(DNAとRNA)の構造と機能について概説する。

*1 RNA干渉：真核生物において，二本鎖RNAがいくつかのタンパク質と複合体を形成し，相同な塩基配列をもつメッセンジャーRNAと特異的に対合して切断することによって，遺伝子の発現を抑える現象。

*2 CRISPR現象：真正細菌や古細菌において，clustered regularly interspaced short palindromic repeats(CRISPR)とよばれるDNA領域から転写されるcrRNAがCasとよばれるタンパク質と複合体を形成し，相同な配列をもつDNAを切断することによって，遺伝子の発現を抑える現象。

## 3.1 ◆ DNAとRNAの基本構造

### 3.1.1 ◇ ヌクレオチドの構造

DNAおよびRNAは，**ヌクレオチド**(nucleotide)とよばれるモノマー単位の重合体である。ヌクレオチドは，塩基，糖(リボース)およびリン酸からなる(**図3.1**)。また，塩基と糖の部分は**ヌクレオシド**(nucleoside)という。塩基と糖はグリコシド結合によりつながっている。糖の2′位がCHOHのものは**リボヌクレオチド**(ribonucleic acid)といい，RNAの構成要素である。一方，糖の2′位が$CH_2$のものは**デオキシリボヌクレオチド**(deoxyribonucleic acid)といい，DNAの構成要素である。ヌクレオチドの生合成では，リボースが原料となっており，リボヌクレオチドからデオキシリボヌクレオチドが合成される。この2′位のOH基は，RNAの化学的性質および立体構造に大きな影響を与えている。例えば，

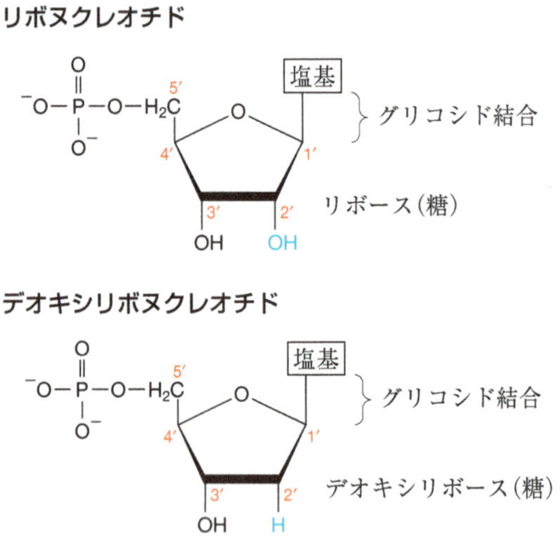

リボヌクレオチド

デオキシリボヌクレオチド

図3.1 | ヌクレオチドの化学構造

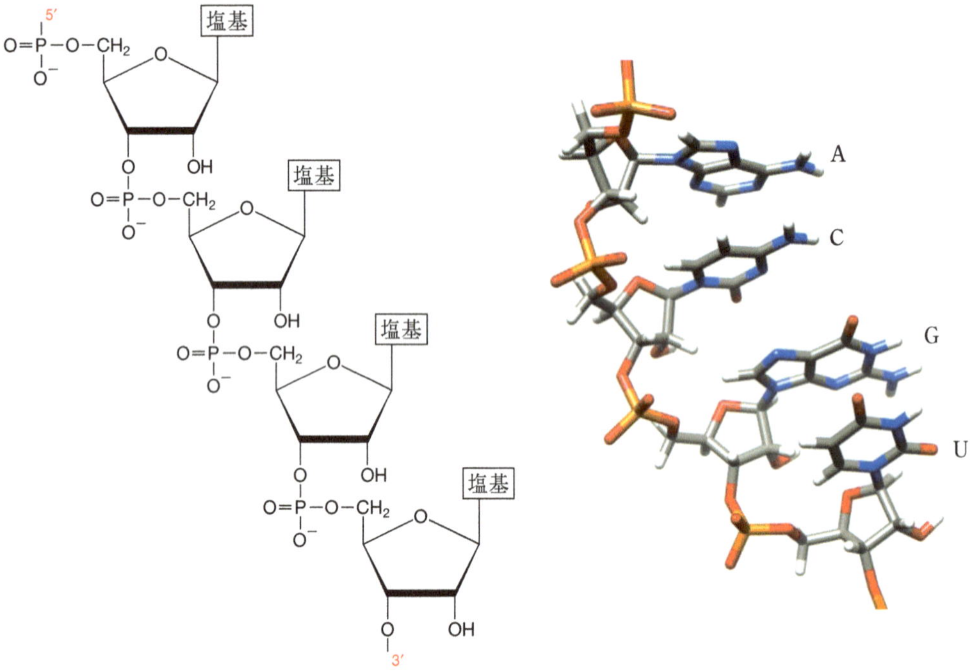

図3.2 | リン酸ジエステル結合

アルカリ条件下などでは2′位の酸素がリン酸ジエステル結合のP原子を求核攻撃するため，RNAは切断されやすい。また，RNAが二重らせん構造を形成する際に，DNAの場合とは異なりA型らせんのみを形成するのは，2′位のOHの立体障害のためである(3.1.2項参照)。ポリヌクレオチドでは，ヌクレオチドの3′位と5′位がリン酸ジエステル結合によってつながっており，5′位が末端となっている側を5′末端，3′位が末端となっている側を3′末端とよぶ(**図3.2**)。転写反応ではヌクレオチド三

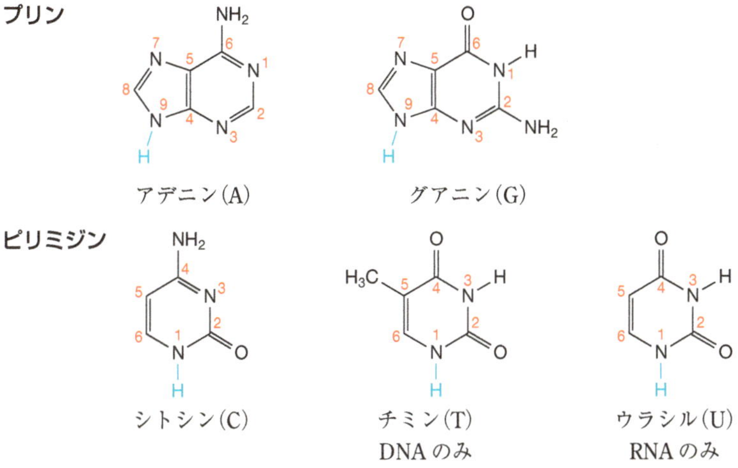

プリン
アデニン(A)
グアニン(G)
ピリミジン
シトシン(C)
チミン(T)
DNAのみ
ウラシル(U)
RNAのみ

**図3.3 | 塩基の化学構造**
ヌクレオチド，ヌクレオシドでは青色のHのところにリボースが結合する。

(a)
(b)
シトシン(C)
グアニン(G)
アデニン(A)
チミン(T)
アデニン(A)
ウラシル(U)
N9
(プリン塩基)
C1′
C1′
N1
(ピリミジン塩基)

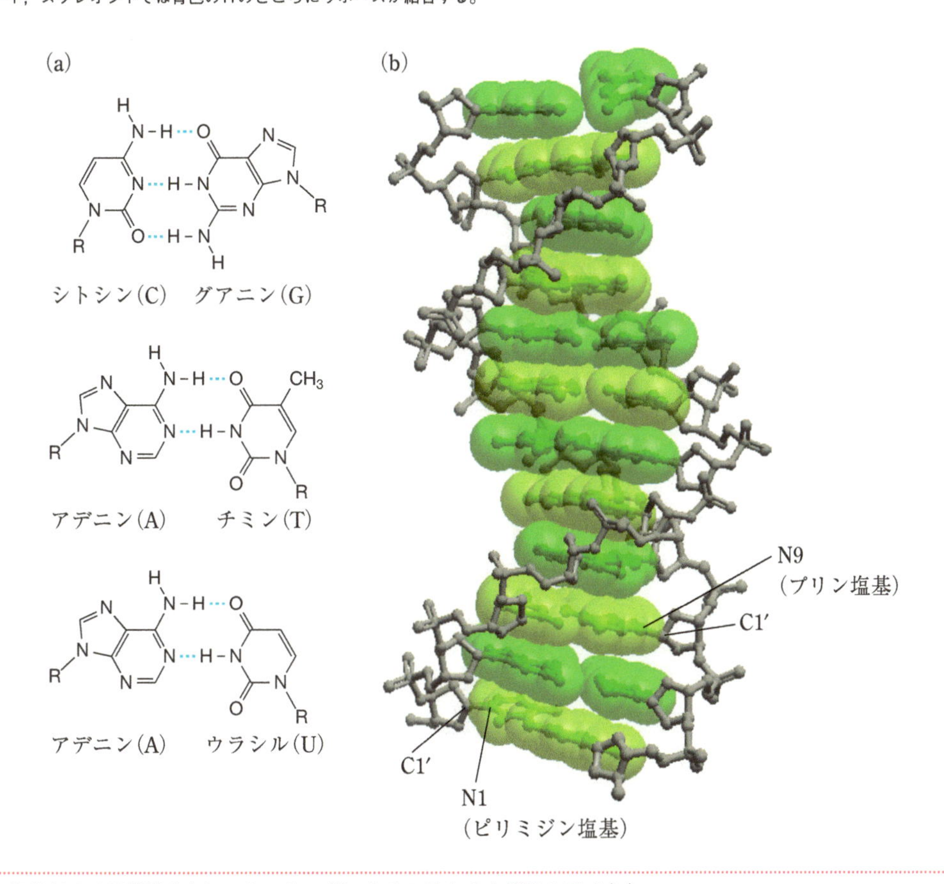

**図3.4 | 塩基対の分子構造(a)とスタッキングによる二重らせん構造の形成(b)**
(a)の青色の点線は水素結合を表す。-Rはリボースにつながっていることを表す。

リン酸(NTP)が原料となるため，転写されてできるRNAの5′末端には三リン酸が存在し，3′末端はOHとなる。ただし，プロセシングを受けて生じたRNAの場合には，末端の状態は一リン酸あるいはOHなどさまざまである。

DNAを構成する塩基は，「A（アデニン），C（シトシン），G（グアニン）とT（チミン）」の4種類だが，RNAではTの代わりにU（ウラシル）が用いられ，「A，C，G，U」の4種類となる（**図3.3**）。AおよびGはプリン塩基とよばれ，C，T，Uはピリミジン塩基とよばれる。

4つの塩基は，「AとU（A–U）」または「AとT（A–T）」および「GとC（G–C）」間での水素結合により，ワトソン－クリック型の塩基対（base pair）を形成する（**図3.4**（a））。相補的な配列をもつ2本のポリヌクレオチドの塩基は互いに塩基対を形成し，さらに塩基対が平行に重なってスタッキングすることにより，二重らせん構造を形成する（**図3.4**（b））。G–C塩基対およびA–T塩基対においてリボースの1′位の炭素原子（C1′）間の距離は，それぞれ1.072 nmおよび1.044 nmとほぼ同じである。また，C1′間をつなぐ直線に対するグリコシド結合（プリンヌクレオチドではC1′–N9（プリン塩基の9位の窒素原子），ピリミジンヌクレオチドではC1′–N1（ピリミジン塩基の1位の窒素原子））のなす角も54～57°の範囲でほぼそろっており，二重らせん構造において，G–C，C–G，A–T，T–Aのどの塩基対が組み込まれても，主鎖の構造にほとんど影響を与えない。

ヌクレオチドの構造は，糖とリン酸の各結合のねじれ角によって決まり，これらには$\alpha$～$\zeta$[*3]の記号が付けられている（**図3.5**）。また，糖と塩基をつなぐグリコシド結合のねじれ角には$\chi$[*4]の記号が付けられている。糖のフラノース環は平面ではなく，C2′が塩基と同じ方向に跳ね上がっているC2′-*endo*形，あるいはC3′が塩基と同じ方向に跳ね上がっているC3′-*endo*形をとる。こうしたフラノース環のコンホメーションを

＊3　$\zeta$はツェータと読む。

＊4　$\chi$はカイと読む。

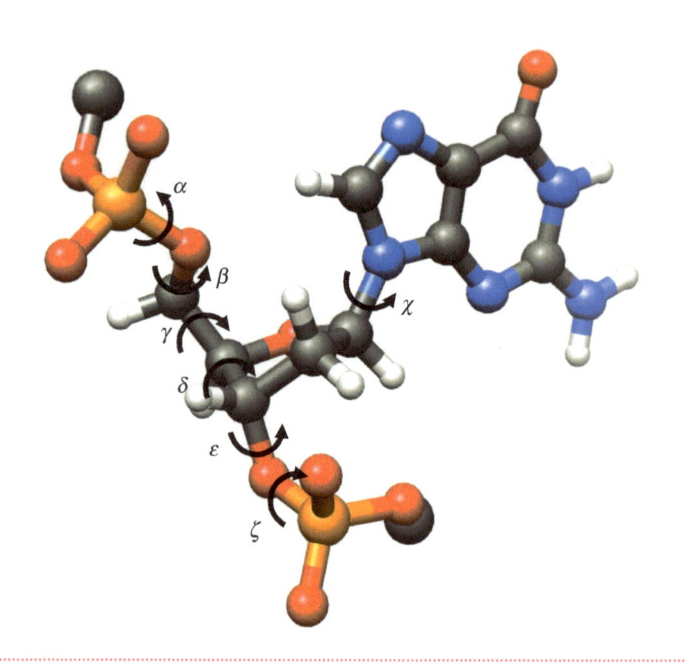


図3.5 | 核酸の結合の回転角

**パッカリング**(puckering)という(**図3.6**)。上述のねじれ角$\delta$(C5′–C4′–C3′–O3′)は糖のパッカリングを反映する。なお，その前後のねじれ角$\gamma$，$\varepsilon$および$\chi$は糖のパッカリングに影響され，それぞれ特定の範囲に限定される。一方，グリコシド結合のまわりのコンホメーションは*anti*形および*syn*形の2つに大別することができる(**図3.7**)。プリン塩基ではその6員環部が，ピリミジン塩基ではその酸素原子が，糖から遠くなったときが*anti*形であり，糖に近づいたときが*syn*形である。

ヌクレオチドは，酵素反応によってメチル化，脱アミノ化などのさまざまな修飾を受けることがある。DNAにおいてはゲノムの機能制御に関係し，また，RNAにおいてはその構造や機能に多様性が生み出されている。特に，tRNAには数多くの修飾ヌクレオチドが存在している(3.5節参照)。

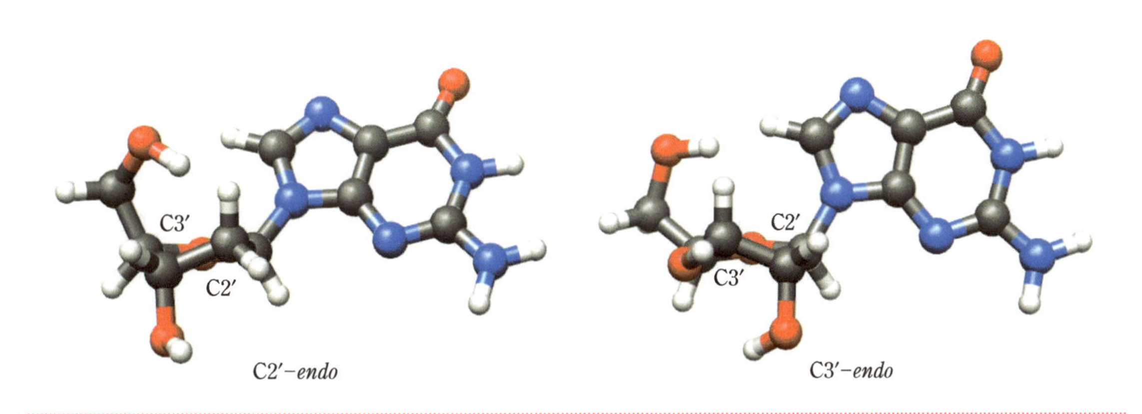


図3.6 | **ヌクレオチドにおけるパッカリング**

Column

## ヌクレオチドの生合成

すべての細胞は，ヌクレオチドの生合成系をもっている。この経路は，基本的にすべての生物で共通であり，生命進化の初期の段階で成立したと考えられる。プリンヌクレオチドは，リボースを土台に，低分子化合物を順次付加し，プリン環を作り上げる。10段階の反応でイノシン酸(IMP)が合成され，そこで経路が分岐し，AMPおよびGMPがそれぞれ2段階で合成される。一方，ピリミジンヌクレオチドの生合成においては，まずピリミジン環(オロト酸＝ウラシル6-カルボン酸)が合成されてから，リボースを付加し，オロチジンーリン酸(OMP)とする。OMPからUMPが合成され，さらにCMPが合成される。DNAの材料であるデオキシリボヌクレオチドは，AMPやCMPなどのリボヌクレオチドから合成される。なお，TMPはdUMPのメチル化によって合成される。

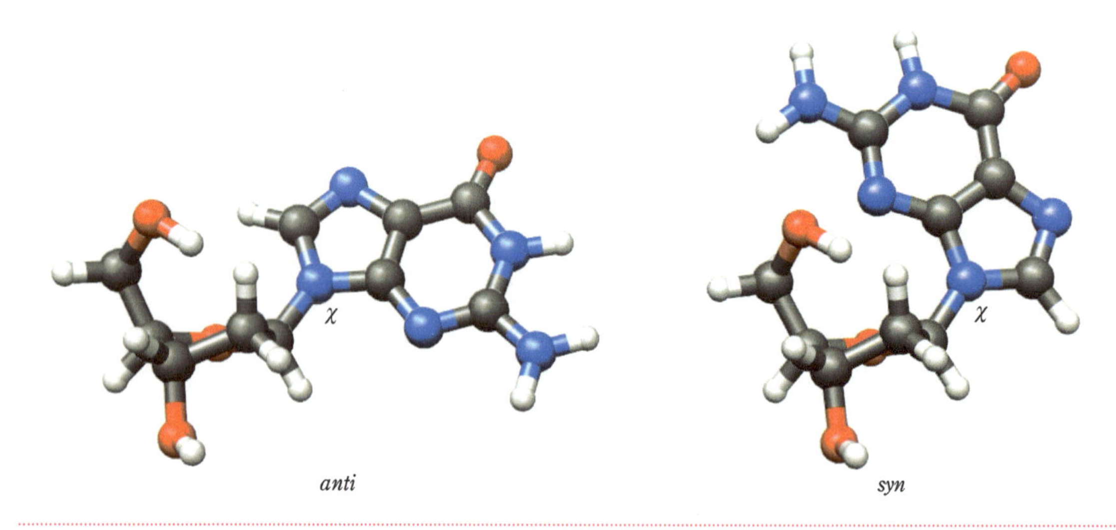


| 図3.7 | グリコシド結合における *anti* と *syn*

### 3.1.2 ◇ 二重らせん構造

DNAはA型，B型およびZ型などの二重らせん構造を形成することができるが，主にB型を形成している(**図3.8**)。一方，RNAは，2′位の酸素原子の立体障害のため二重らせん構造としてはA型のみを形成する。また，DNAとRNAがそれぞれ1本ずつ集まって形成される二重らせん構造も，RNA鎖の2′位のOHの立体障害のためにA型となる。A型とB型の二重らせんでは，ヌクレオチドのグリコシド結合はすべて*anti*形となっているが，パッカリングについては，A型ではC3′-*endo*形，B型ではC2′-*endo*形となっている。らせん1巻きのピッチは，A型では2.46 nm，B型では3.32 nmであり，その1巻きに含まれる塩基対の数は，A型で約11，B型で約10である。そのため，A型はB型に比べて太く短いらせん構造となる。二重らせん構造には，大きな溝と小さな溝があり，それぞれ**主溝**(major groove)と**副溝**(minor groove)とよばれる(図3.8)。A型らせんでは主溝が狭く深く，B型らせんでは主溝が広く浅い。また，いずれにおいても親水性のリン酸基はらせんの外側を向いているが，塩基対はらせんの内側を向いている。

A型とB型は右巻きの二重らせんであるが，Z型は左巻きの二重らせんである。プリン残基とピリミジン残基を交互に含むDNAは，塩濃度の低い条件下ではB型構造であるが，塩濃度が高い条件下ではZ型構造を形成することが知られている。Z型構造のらせん1巻きのピッチは4.56 nmであり，その1巻きに含まれる塩基対の数は約12である。Z型DNAでは，プリン残基のグリコシド結合は*syn*形となっており，ピリミジン残基のそれは*anti*形となっており，*syn*形と*anti*形が交互に現れるので，ジグザグな外観をもつ(**図3.9**)。細胞内にどのくらいZ型DNAが存在しているかは明らかではないが，CGの繰り返し配列のC残基がメチル化されるとZ型を形成しやすくなり，遺伝子発現に影響を与えると

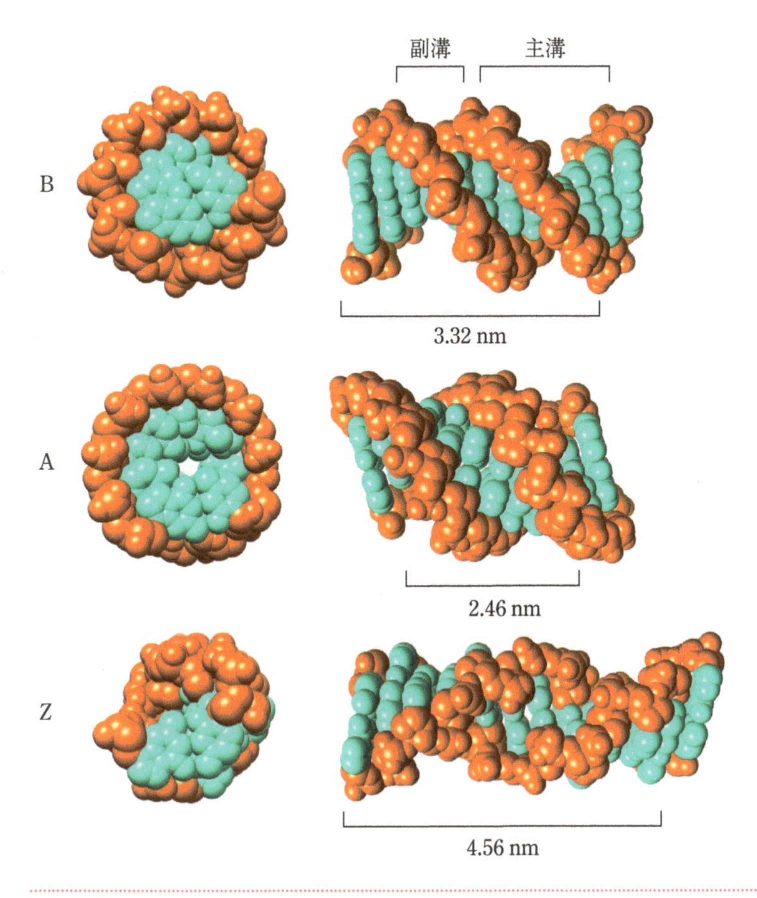


図3.8 | **DNAにみられる3種類の二重らせん構造**

B型およびA型の構造は自己相補的な配列CGCGTTAACGCGのもの。一方，Z型の構造は自己相補的な配列CGCGCGCGCGCGのもの。いずれも12塩基対からなる。また，Z型の構造はPDBに登録されている6塩基対の構造（PDB ID：2DCG）から作成した。画像はいずれもUCSF Chimeraによって作成した。

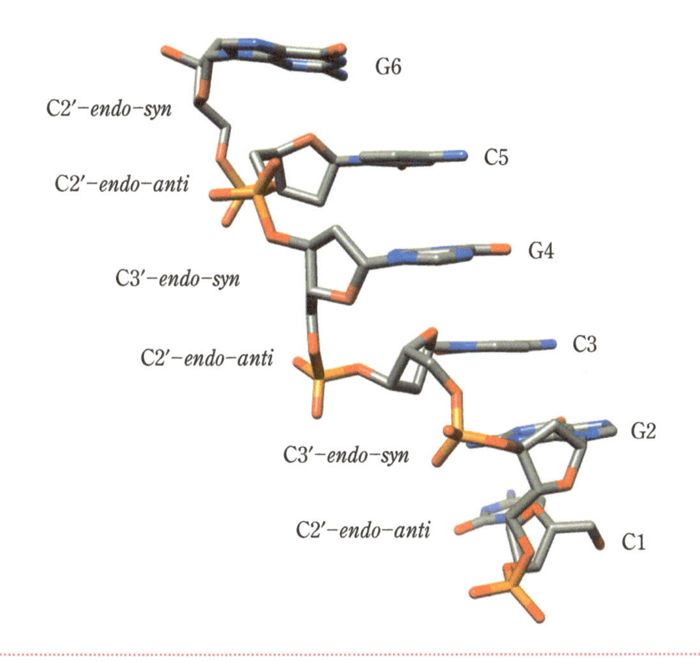


図3.9 | **Z型DNAにおけるパッカリング**

＊5　二本鎖RNA編集酵素：二本鎖の核酸に結合し，塩基配列を変えるような反応を行う酵素。二本鎖RNAのアデノシン塩基の6位のアミノ基を脱離させ，水分子を付加してイノシンを生成する。このような現象は，RNA編集とよばれる。なお，ADAR1は，Z型DNAに結合するドメインをもつ。

考えられている。また，Z型DNAと特異的に結合する酵素として二本鎖RNA編集酵素＊5であるアデノシンデアミナーゼ1(ADAR1)が知られている。

### 3.1.3◇三重らせん構造

B型二重らせん構造の主溝にもう1本の鎖を結合させると，三重らせん構造を形成させることができる(**図3.10**)。ポリプリン鎖とポリピリミジン鎖からなる二本鎖DNAには，3本目の鎖(ポリプリンまたはポリピリミジン)が結合して，安定な三重らせん構造を形成することが知られている。三重らせん構造では，塩基対の代わりに3つの塩基で平面(base triple)を形成することになる。多くの遺伝子ではその前後にプリンとピリミジンが連続する領域が見つかっており，この領域の二重らせんの一部がほどけて，他のポリプリン－ポリピリミジン領域と相互作用して三重らせん構造を形成し，その遺伝子の発現を調節しているという可能性がある。また，こうした考え方に基づいて3本目の人工核酸を用いて遺伝子発現を制御する方法も開発されている。

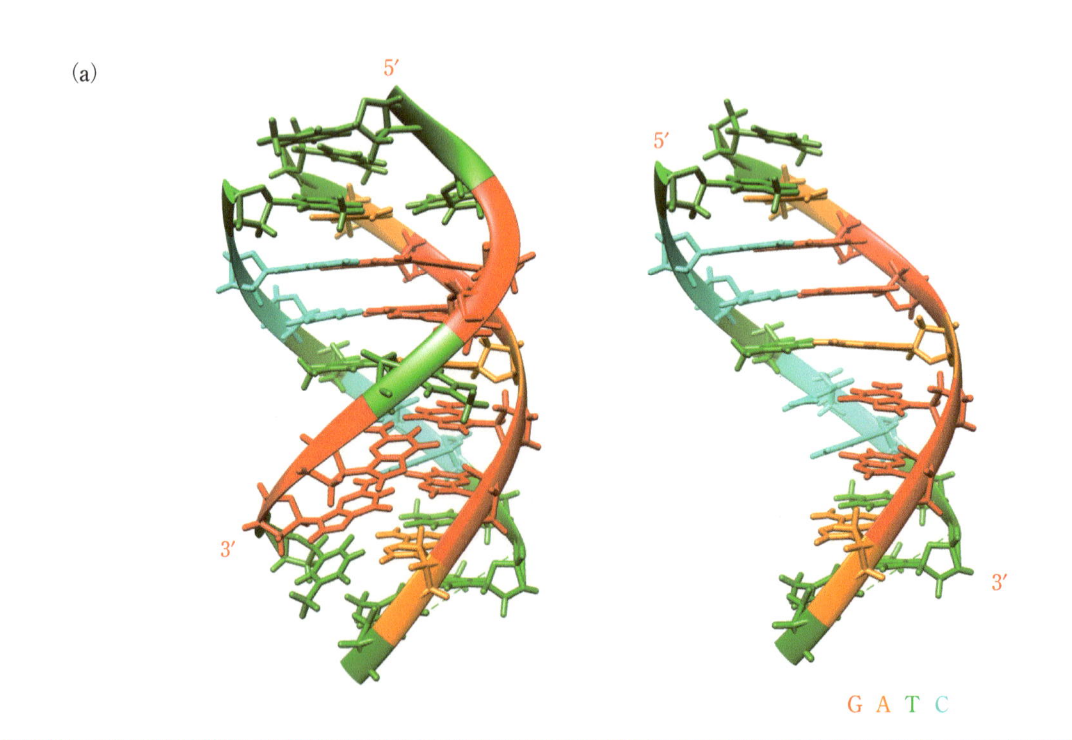


**図3.10 | 三重らせん構造**
(a)左は三重らせん構造(PDB ID：134D)，右は二重らせん構造。右の二重らせん構造の主溝に3本目の鎖が結合している。

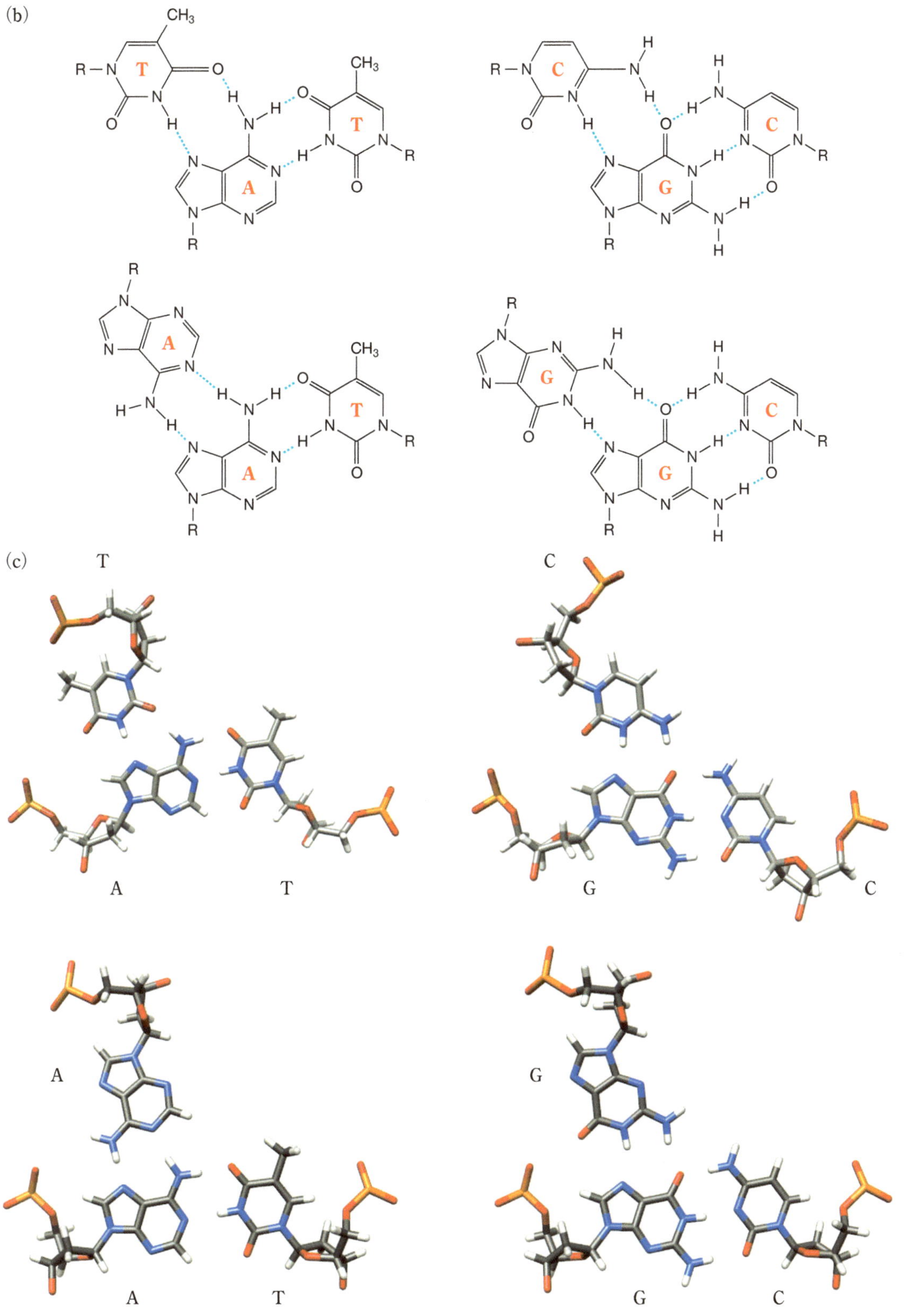

(b)

(c)

図3.10 | 三重らせん構造(つづき)

(b) base triple (T–A–T, C–G–C, A–A–T, G–G–C)の化学構造。(c)三重らせん構造におけるbase tripleの分子モデル。ワトソン−クリック型A–T塩基対にTまたはAが結合しているものおよびワトソン−クリック型G–C塩基対にCまたはGが結合しているもの。

### 3.1.4◇四重らせん構造

グアニン(G)残基が連続した配列をもったDNAおよびRNAは，四重らせん構造(G-quadruplex)を形成することが知られている。この構造では，4つのGが水素結合によって平面構造(**Gカルテット構造**)を形成している(**図3.11**)。脊椎動物の染色体の末端には，テロメアとよばれるTTAGGGという塩基配列が繰り返した構造がある。この配列を4回繰り返した $d(TTAGGG)_4$ は3組のGカルテット構造を形成する。また，$d(TTAGGG)_4$ の相補鎖である $d(CCCTAA)_4$ もi-motifという四重らせん構造を形成する(**図3.12**)。i-motifでは，C塩基とプロトン化したC塩基($C^+$)が $C-C^+$ 塩基対を形成しており，$C^+-C$ 塩基対と $C-C^+$ 塩基対が交互に積み重なった四重らせん構造をとる。$C-C^+$ 塩基対が交互にインターカレーション(intercalation, 3.4.3項参照)しているため，i-motifと命名された。

(a)

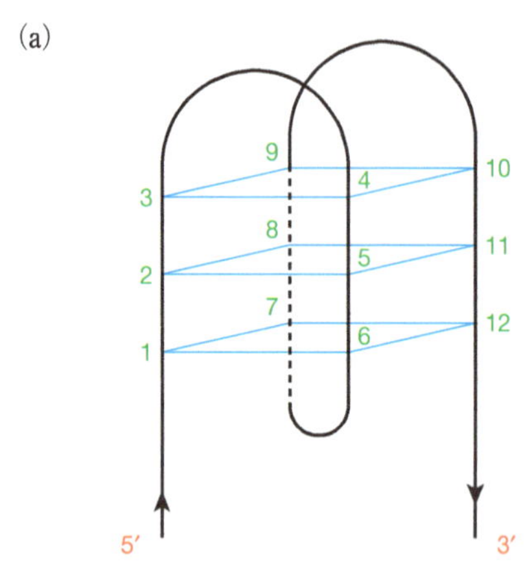


(b)

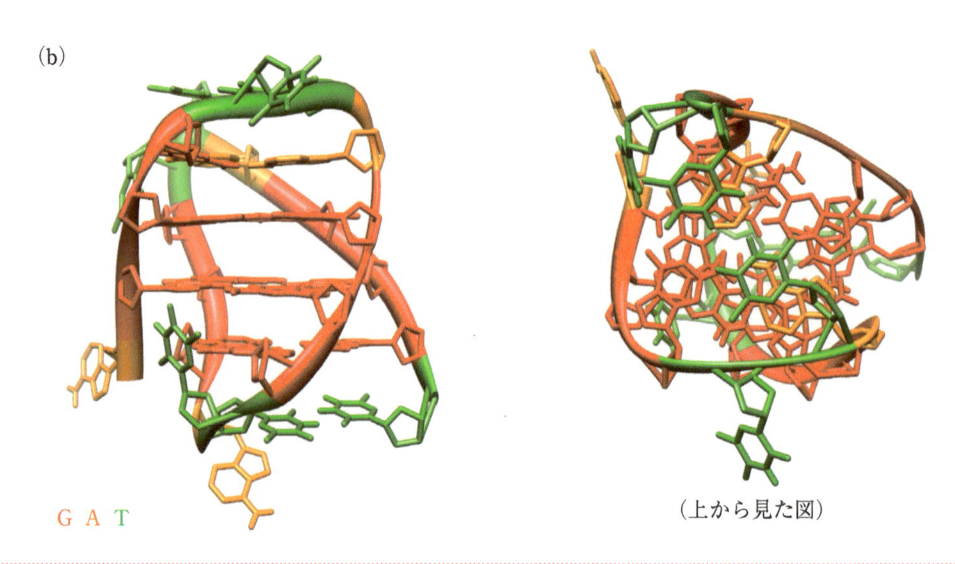


**図3.11 | Gカルテット構造**

(a)テロメアDNAの塩基配列と四重らせん構造の模式図，(b)テロメアDNAの立体構造(PDB ID：2KKA)。

図3.11 | **Gカルテット構造(つづき)**

(c) Gカルテットの化学構造，(d) Gカルテット構造の分子モデル。

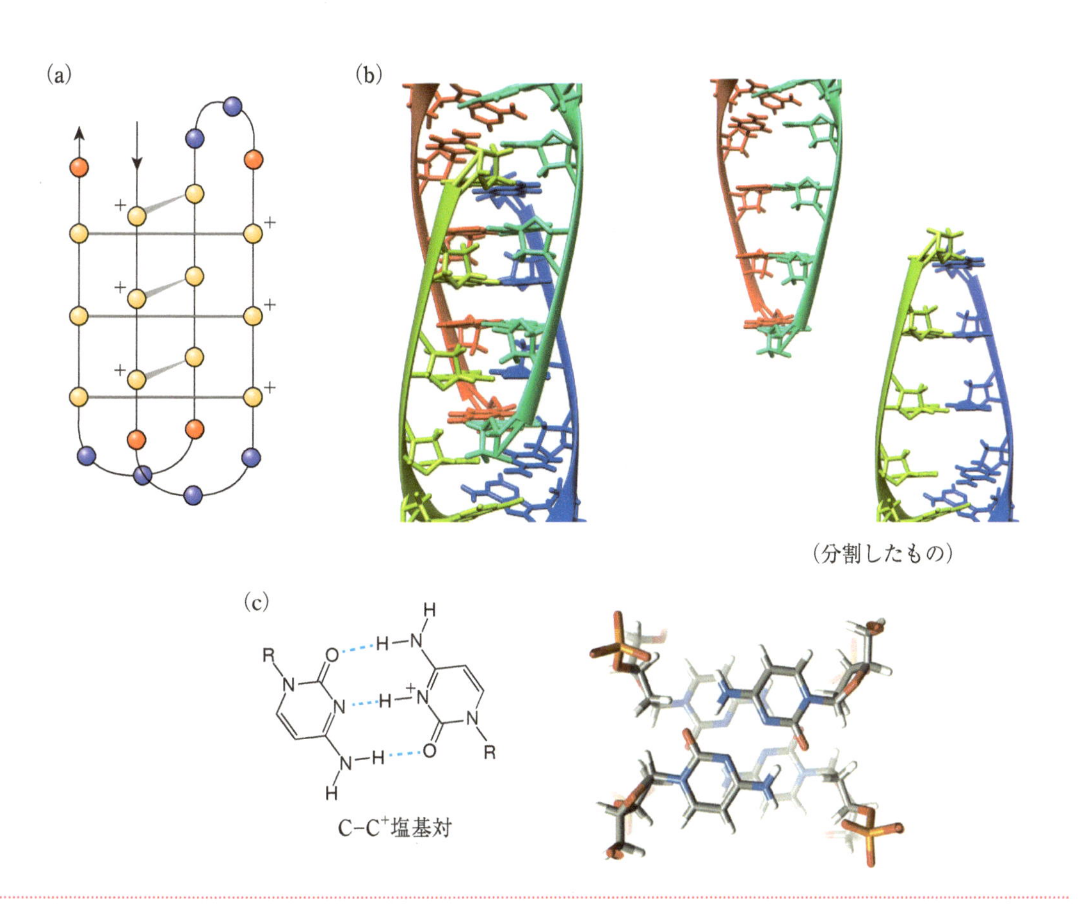


図3.12 | **i-motif**

(a) d (CCCTAA)$_4$によるi-motifの模式図。クリーム色はC，赤はT，紫はAを表す。(b) d (AACCCC)$_4$によるi-motifの立体構造(PDB ID：1YBL)。(c) C-C$^+$塩基対の化学構造と分子モデル。

### 3.1.5 ◇ 核酸の構造形成に関する熱力学

核酸の高次構造の基本は，水素結合に基づく塩基対形成と塩基間のスタッキングである。塩基対は，N–H…NあるいはN–H…Oの水素結合（点線が水素結合を示している）によって安定化されており，1つの水素結合形成によるエンタルピー変化は−2～−3 kcal/mol程度である。G–C塩基対とA–T（A–U）塩基対では，水素結合の数がそれぞれ3個と2個であるため，A–T（A–U）塩基対に比べてG–C塩基対のほうがより安定である。なお，塩基対形成のエントロピー変化は−11～−16 e.u.程度[*6]であると見積もられている。すなわち，塩基対の形成はエントロピー的には水素結合1つの安定化を打ち消す程度に不利であるが，2つ以上の水素結合を形成すれば安定化に寄与する。

＊6　e.u.はエントロピーの単位。cal/Kを意味する。

核酸塩基のスタッキングとは，塩基がファンデルワールス距離（約3.4 Å）で平行に積み重なることをいう。ジヌクレオチド（ApAなど）のスタッキングのエンタルピー変化は−7～−8 kcal/mol程度，エントロピー変化は−25～−30 e.u.程度と見積もられている。スタッキングの強さは，プリン−プリンがもっとも強く，次がプリン−ピリミジンで，ピリミジン−ピリミジンがもっとも弱い。水溶液中において，スタッキングは，疎水性相互作用やロンドン分散力[*7]によって安定化されていると考えられている。

＊7　ロンドン分散力：分子の互いの接近によって誘起される電気双極子どうしの相互作用。

## 3.2 ◆ RNAの構造の多様性

メッセンジャーRNA（mRNA）やノンコーディングRNA（non-coding RNA, ncRNA：非コードRNA）[*8]は一本鎖であるが，部分的に折りたたまって特定の構造を形成することが知られている。また，転移RNA

＊8　1990年代後半からのゲノムプロジェクトによって，多くのノンコーディングRNAが見つかっている。遺伝子の発現の制御など，さまざまな機能をもつ。tRNAやrRNAもノンコーディングRNAである。

**Column**

### 核酸の熱安定性解析

温度を上昇させると，生体高分子の立体構造は壊れる。この現象を変性や融解といい，温度変化による構造変化を示した曲線を融解曲線という。また，この融解の中点を融解温度（melting temperature, $T_m$）という。二本鎖の核酸の場合は，温度を上げると二本鎖がほどけて一本鎖になるが，温度を変えて260 nmの紫外吸収をモニターすることにより，$T_m$を調べることができる。これは，二本鎖がほどけて一本鎖になることによってモル吸光係数が増大する濃色効果を利用した方法であり，$T_m$においては一本鎖のものと二本鎖のものの占める割合が等しくなる。

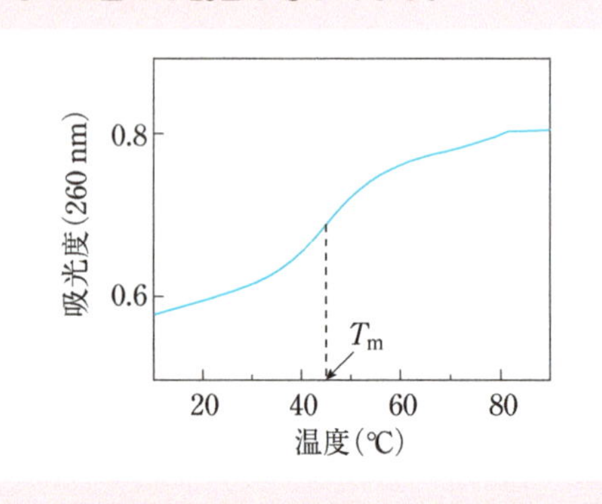


図 | 核酸の熱融解曲線

(tRNA)やリボソームRNA(rRNA)は，安定な立体構造を形成して機能している。なお，細胞内外にはRNA分解酵素が存在するため，RNAはDNAに比べて分解されやすいという性質をもつ。

### 3.2.1◇ワトソン–クリック型以外の塩基対

細胞内において，DNAは基本的に二本鎖として存在するのに対し，RNAは一本鎖として作られて，さまざまな立体構造を形成する。構造形成の際にRNAは，ワトソン–クリック型の塩基対だけではなく，さまざまな塩基対を形成することが知られている(**図3.13**)。例えば，Aと

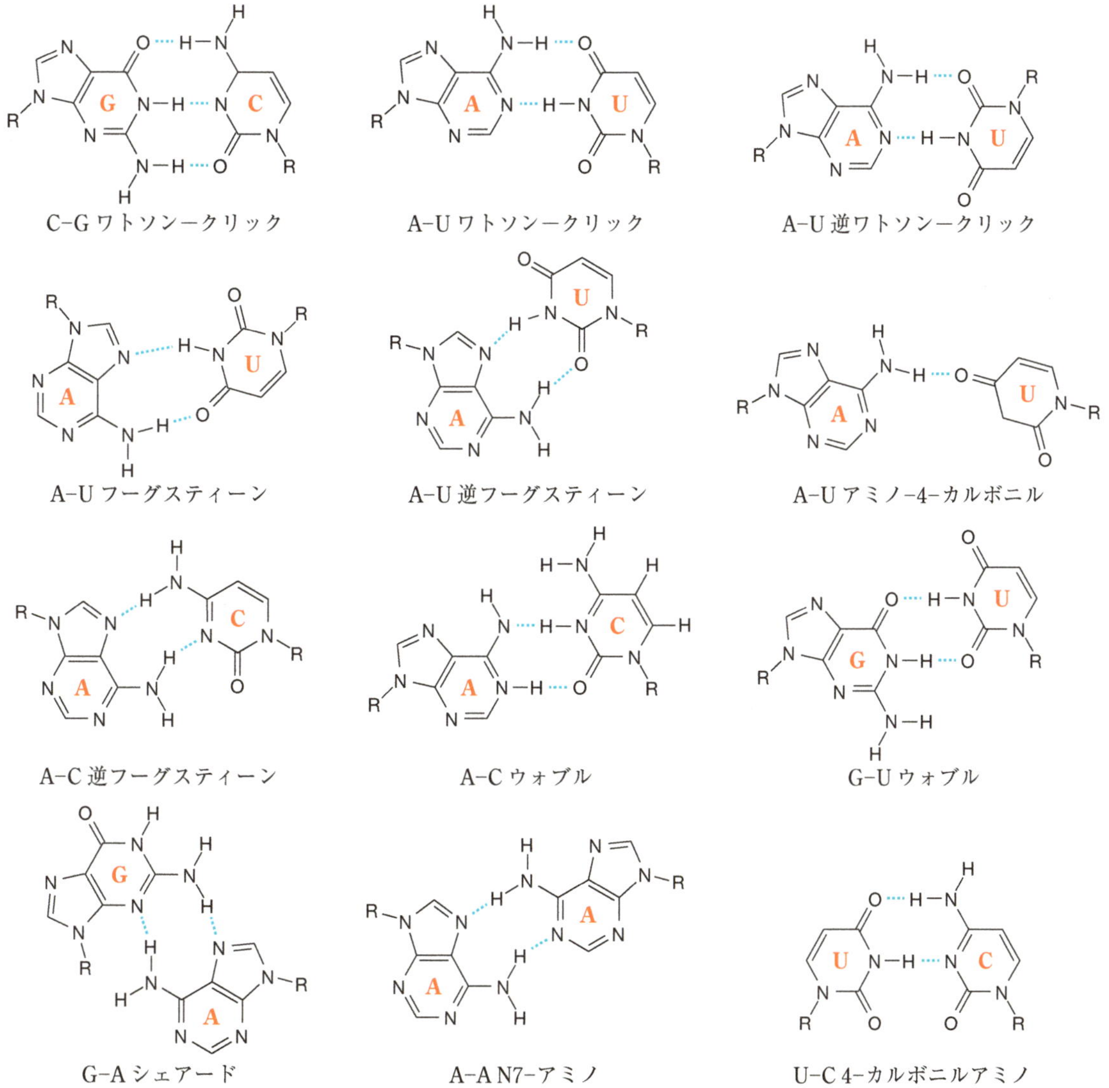

C–G ワトソン–クリック　A–U ワトソン–クリック　A–U 逆ワトソン–クリック

A–U フーグスティーン　A–U 逆フーグスティーン　A–U アミノ–4–カルボニル

A–C 逆フーグスティーン　A–C ウォブル　G–U ウォブル

G–A シェアード　A–A N7–アミノ　U–C 4–カルボニルアミノ

**図3.13 | さまざまな塩基対**

ワトソン–クリック型のA–U塩基対，G–C塩基対の他にさまざまな塩基対があり，その一部の例を示す。G–Uウォブル(Wobble)型は，ワトソン–クリック型の次に頻繁にみられる。G–Aシェアード(sheared)型も頻繁にみられ，GNRAテトラループ(図3.17)のGとAは，この形の塩基対である。ワトソン–クリック型以外(逆ワトソン–クリック型，フーグスティーン型，逆フーグスティーン型)のA–U塩基対もあれば，1本の水素結合で形成される塩基対(アミノ–4–カルボニル)もある。A–C塩基対(ウォブル型，逆フーグスティーン型)もあれば，プリン塩基どうしのA–A塩基対，ピリミジン塩基どうしのU–C塩基対もある。

Uの塩基対については，ワトソン−クリック型塩基対のほかに，逆ワトソン−クリック型，フーグスティーン(Hoogsteen)型，逆フーグスティーン型という3つの塩基対も形成できる。また，G−U塩基対やG−A塩基対は，さまざまな機能性RNAで見つかっている。G−U塩基対は，ワトソン−クリック型塩基対と比較的近い配置であるため，RNAのステム中に頻繁に見つかる。また，G−A塩基対では2つのリボース間の距離が近いため，ループの接続部分など，特徴的な構造にみられることが多い。そのほか，さまざまな塩基対形成が可能であるが，それぞれリボース間の位置関係が異なっており，このことが多様な立体構造の形成を可能にしていると考えられる。

### 3.2.2 ◇ RNAの二次構造

RNAの二次構造には，連続した塩基対からなる**ステム**(stem)とそれをつなぐ**ループ**(loop)がある(**図3.14**)。ステムはA型の二重らせん構造を形成するが，ループ部分はさまざまな構造を形成する。ループがヘアピンのような構造をつくる場合をステムループ(ヘアピンループ)，ステムとステムに挟まれている場合を内部ループ，RNA二重らせん構造の片方の鎖がループをつくっている場合をバルジループ，複数のステムと

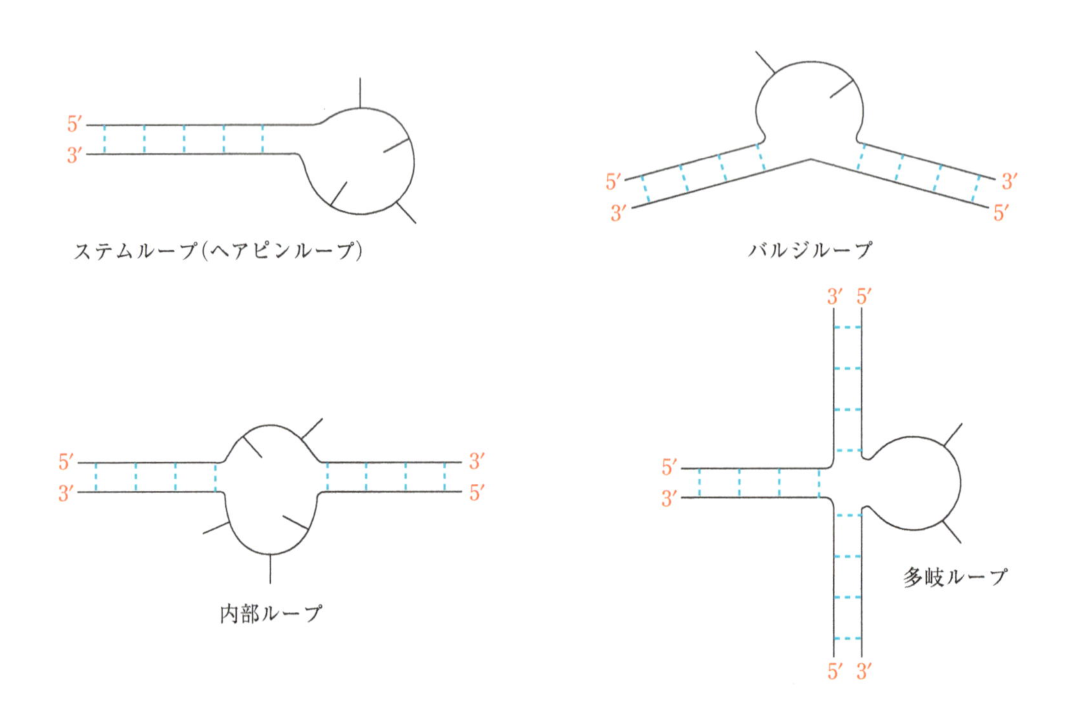


図3.14 **RNAの二次構造**

青い破線は塩基対を形成していることを表す。

[D. W. Mount著，岡崎康司，坊農秀雅 監訳，バイオインフォマティクス−ゲノム解析から機能解析へ，メディカル・サイエンス・インターナショナル(2002)，pp.216−217より改変]

つながっているループを多岐ループ(または多重ループ)という。リボソームの小サブユニットを構成する非常に大きなRNAである16S rRNAの二次構造を図示すると**図3.15**のようになる。二次構造はRNAの立体構造を考える上で重要であるため，二次構造を予測するさまざまなプロ

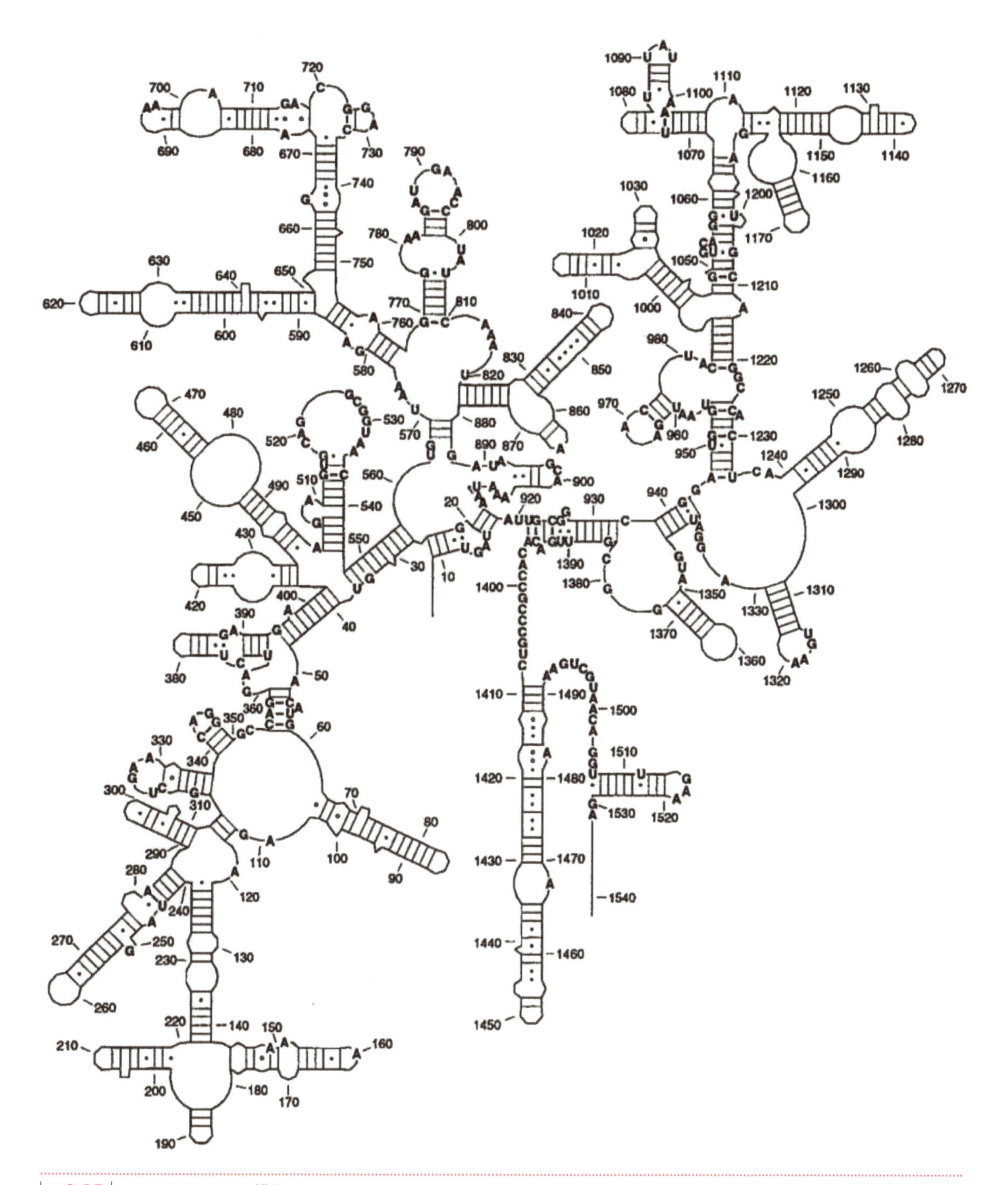

**図3.15 | 16S rRNAの二次構造**

線はワトソン−クリック型塩基対，点は非ワトソン−クリック型塩基対を表す。

[H. F. Noller (R. W. Simons, M. Grunberg-Manago eds.), "RNA structure and function", in *Ribosomal RNA*, Cold Spring Harbor Laboratory Press, New York (1998), pp.253-278]

グラムが開発されており，webで利用可能となっている(第5章参照)。

また，通常は二次構造に含まれないが，シュードノット構造も機能性RNAによくみられる構造である(**図3.16**)。シュードノット構造は，ヘアピンループのループ部分と一本鎖の部分が塩基対を形成することによってつくられ，結び目ではないが結び目のようにみえるので，シュードノット(偽結び)とよばれている。

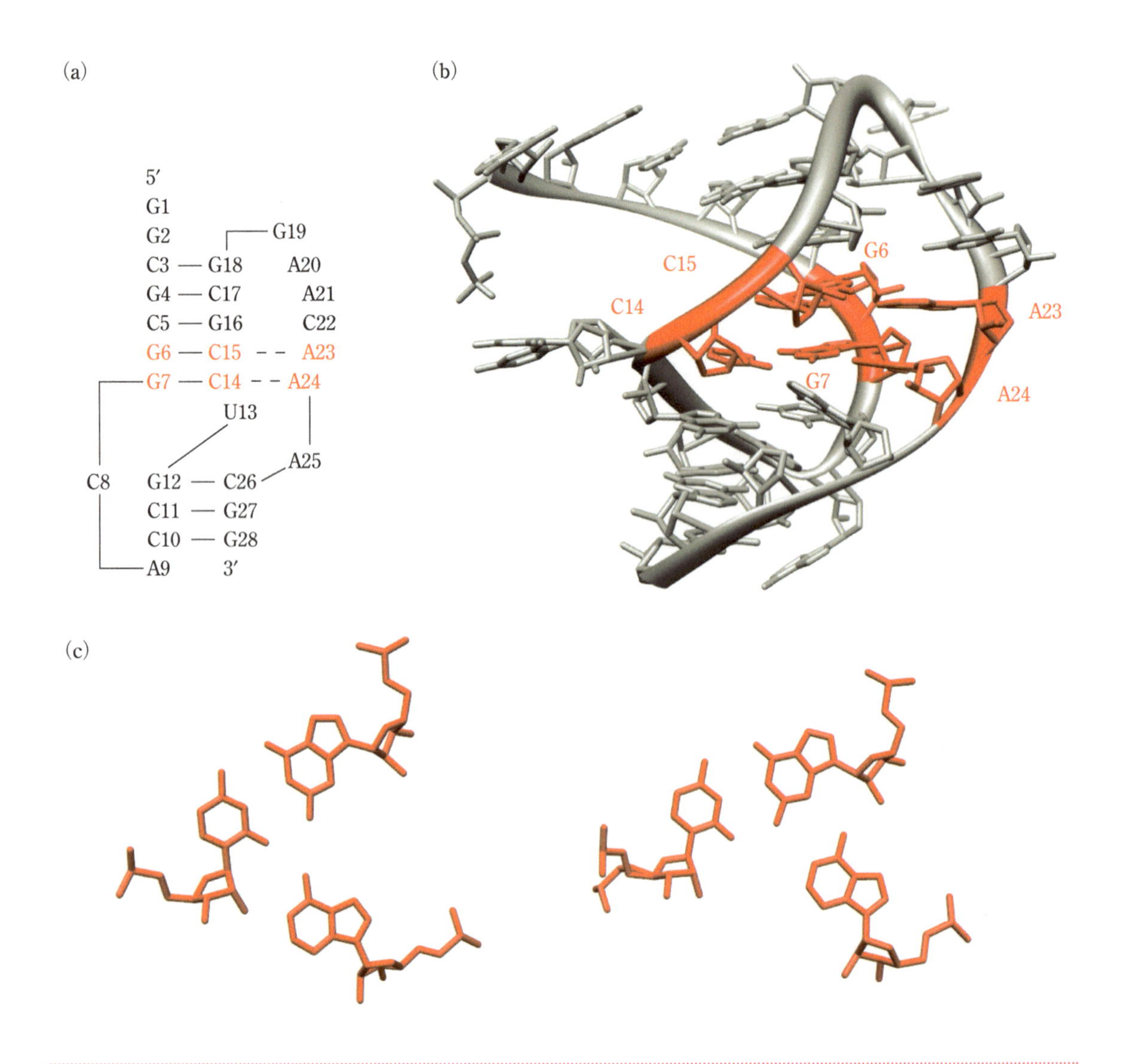


**図3.16 シュードノット構造(PDB ID : 437D)**

(a)二次構造，(b)立体構造，(c)分子モデル。赤い部分は，シュードノット構造にみられるbase triple。G6–C15–A23とG7–C14–A24のスタッキングにより構造が安定化している。

[E. Westhof, V. Fritsch, *Structure*, **8**, R55-R65 (2000)]

### 3.2.3◇RNAの構造モチーフ

RNAの構造モチーフは，ヘアピンループモチーフ，内部ループモチーフ，および相互作用モチーフに大きく分けられる。

ヘアピンループモチーフにはヘアピンループが4つの残基からなるテトラループや，5つの残基からなるペンタループがある。もっともよく知られているのは，UNCG（NはA, U, G, Cのいずれか）テトラループとGNRA（Rはプリン残基）テトラループである（**図3.17**）*9。これらのテト

*9 NはA, U, G, Cのいずれか，Rはプリン塩基AまたはG，Yはピリミジン塩基UまたはCを示す。

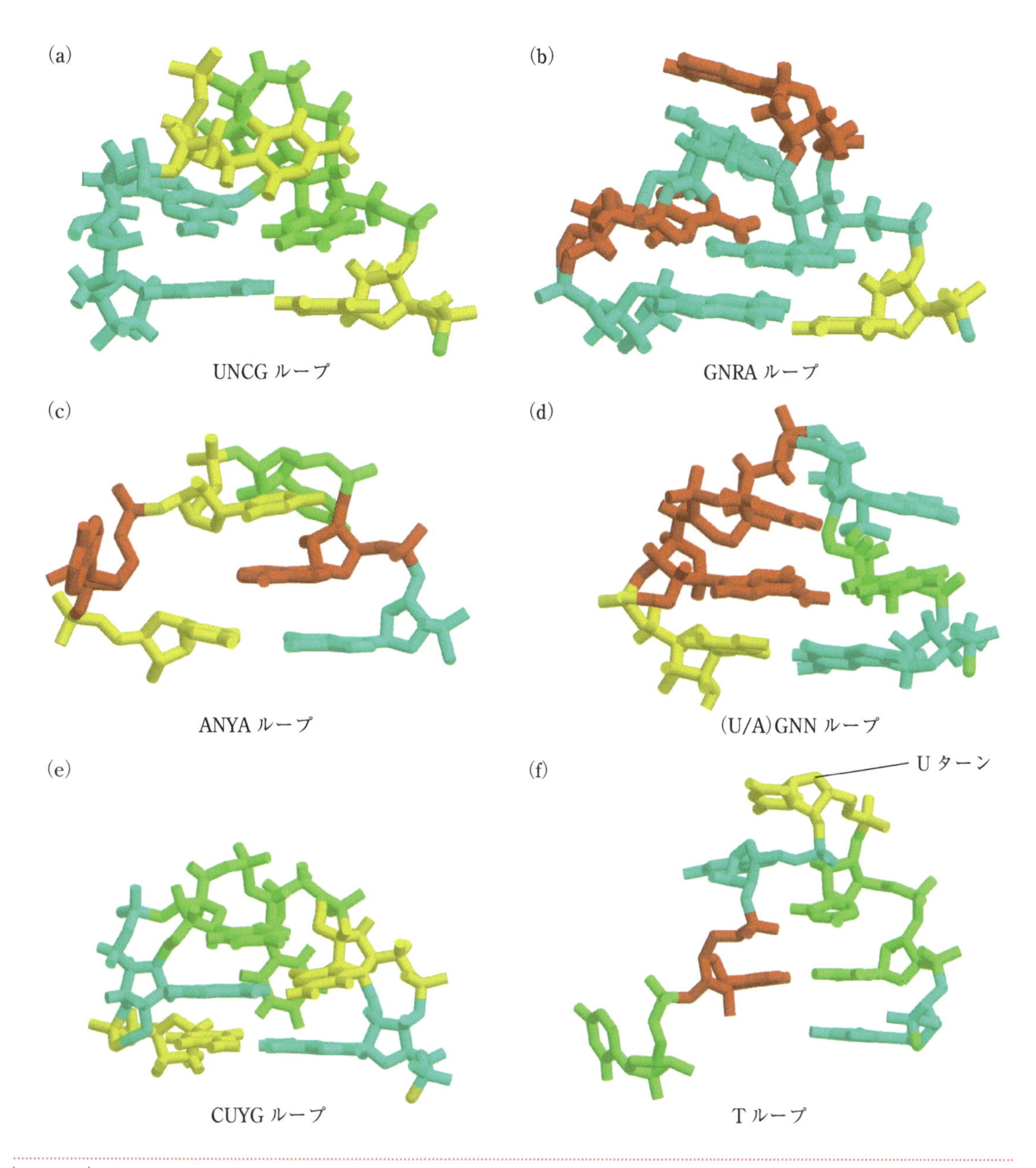


**図3.17 | ヘアピンループモチーフ**

(a) UNCGループ（UUCG, PDB ID : 1C0O）。(b) GNRAループ（GAGA, PDB ID : 1ZIG）。(c) ANYAループ（AUCA, PDB ID : 7MSF）。(d) (U/A) GNNループ（UGAA, PDB ID : 1AFX）。(e) CUYGループ（CUUG, PDB ID : 1RNG）。(f) Tループ。酵母フェニルアラニンtRNAのTループ（PDB ID : 1ENZ）。青はG，赤はA，黄はC，緑はUを表す。

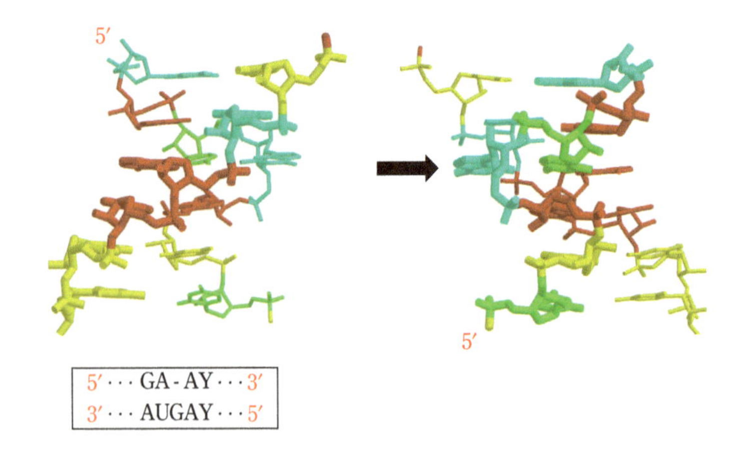


(b) バクテリアループE

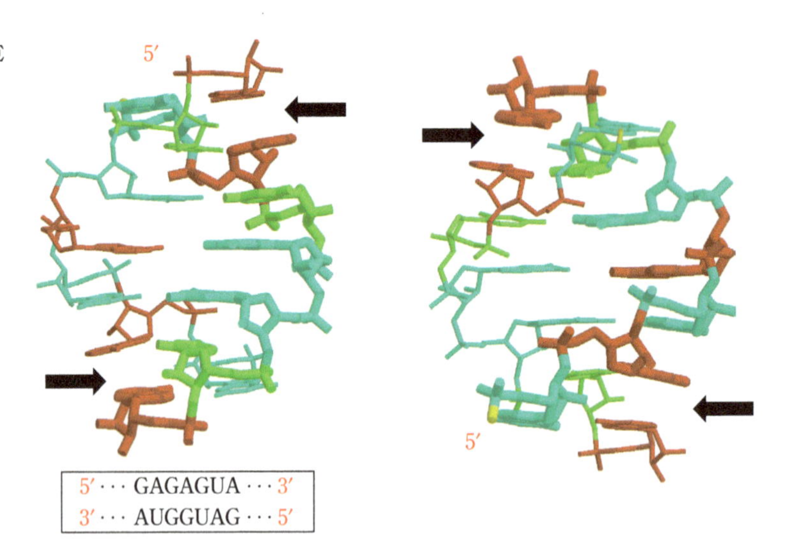


(c) キンクターン

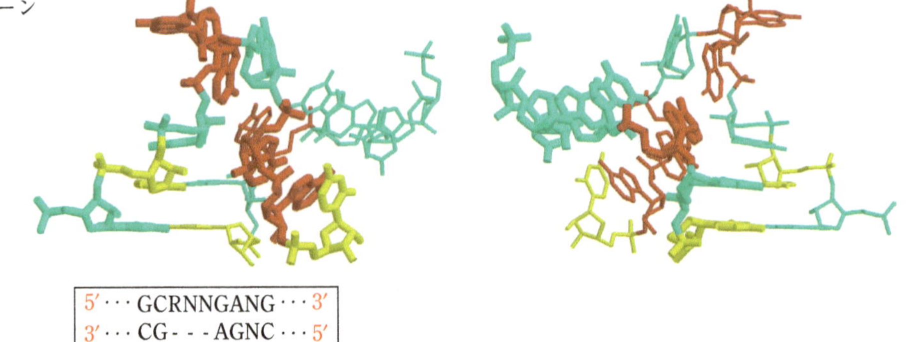


**図3.18 | 内部ループモチーフ**

(a) バルジG (cGAACc/uCAGUAg) 矢印はバルジのG。このGを含む鎖はS字型となり，S–ターンとよばれる (PDB ID : 1Q93)。
(b) バクテリアループE (GAGAGUA/GAUGGUA)。大腸菌5S RNAのループE。矢印は鎖間の塩基のスタッキングを示す (PDB ID : 354D)。
(c) キンクターン (GCGAAGAAC/GGGAGC)。内部ループGAAの位置で折れ曲がっている (PDB ID : 1S72)。

(d) 逆キンクターン

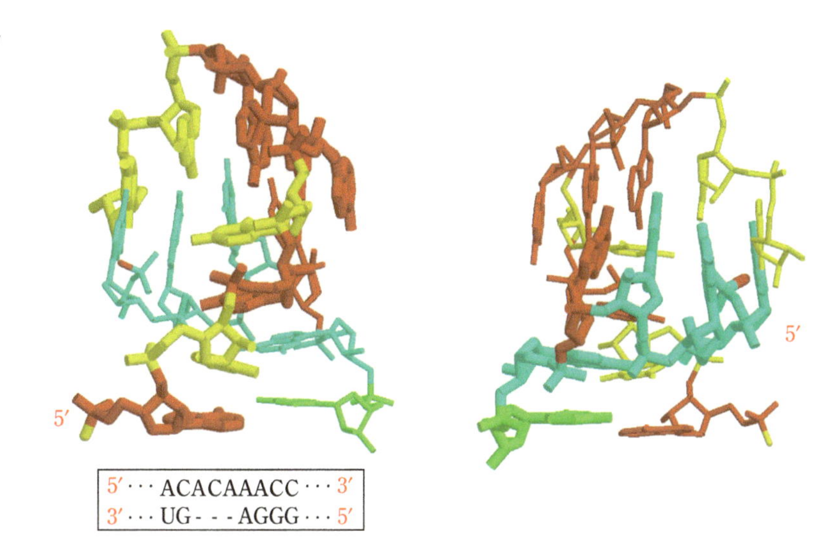


(e) フックターン

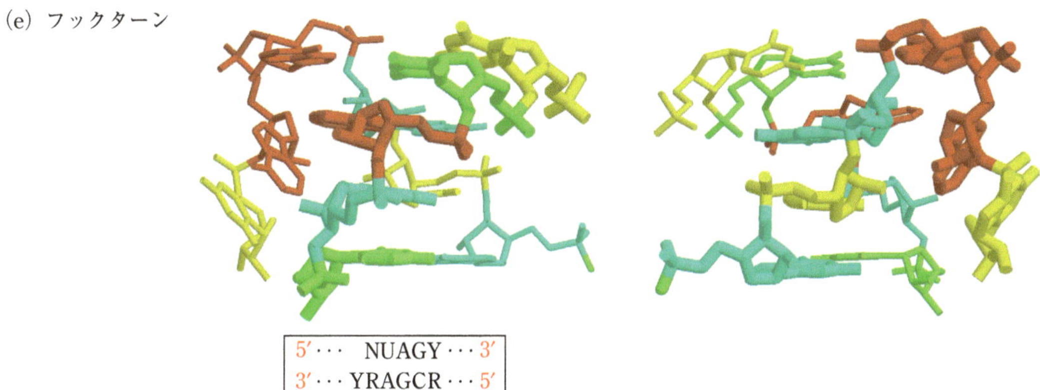


(f) C−ループ

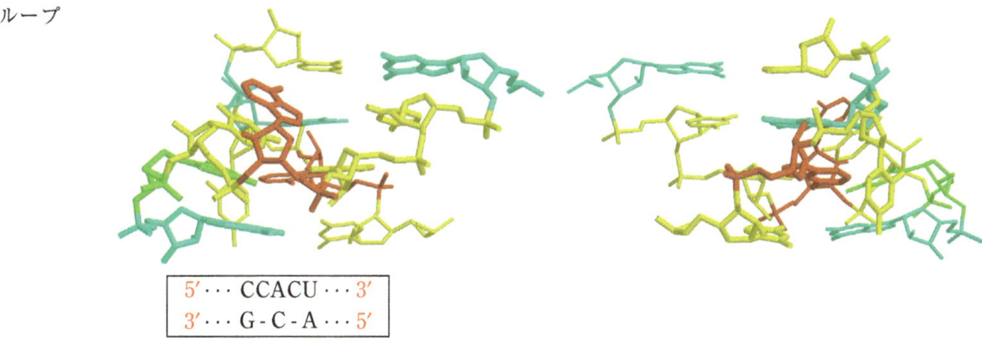


図3.18 | **内部ループモチーフ(つづき)**

(d)逆キンクターン(ACACAAACC/GGGAGU)。内部ループACAの位置で折れ曲がっている(PDB ID : 1U6B)。
(e)フックターン(CUAGU/GCGAAC)。長い鎖の3′末端のACがフックのように折り返り，短い鎖のリボースと相互作用している(PDB ID : 1MHK)。
(f)Cループ(gCCACUg/cACGc)。長い鎖の内部ループの2つのCはC–G塩基対およびU–A塩基対とbase tripleをつくる(PDB ID : 1FFK)。
青はG，赤はA，黄はC，緑はUを表す。2本の鎖の片方を太くしてある。右の図は左の図を180°回転したもの。なお，構造はモチーフ外のヌクレオチドも含む。枠内はコンセンサス配列(共通配列)を表す。

ラループモチーフは，非常に安定な立体構造を形成し，さまざまな機能性RNAにみられる。このほかにも，ANYA（Yはピリミジン残基）テトラループ，（U/A）GNNテトラループ，CUYGテトラループなどは安定な立体構造を形成する。これらのテトラループでは，1番目と4番目の塩基が塩基対を形成する。また，ペンタループモチーフとしては，Tループモチーフ*10が知られている。Tループは，1番目と5番目が塩基対を形成し，主鎖が鋭く曲がるUターン構造をもつ。U-ターン構造は，GNRAテトラループやtRNAのアンチコドンループにもみられる。

*10 Tループの名はtRNAのTループがこの構造となることに由来する。

内部ループモチーフとしては，バルジGモチーフ，キンクターンモチーフ，逆キンクターンモチーフ，フックターンモチーフ，バクテリアループEモチーフ，Cループモチーフなどが知られている（**図3.18**）。バルジGモチーフにおける主鎖のターン構造は，バルジアウト（バルジループの塩基が外側を向いている）したGを含む鎖の主鎖の構造がS字のカーブを描くため，Sターンとよばれる。キンクターンと逆キンクターンモチーフでは，らせん軸がモチーフの部分で鋭く折れ曲がる。古細菌のリボソームタンパク質L7Aeは，キンクターンモチーフを特異的に認識するタンパク質として知られている。

相互作用モチーフとしては，tRNAのL字型構造の形成に重要なDループとTループの相互作用が有名である（**図3.19**（a））。また，キッシングループモチーフも知られている。これは，ヘアピンループとヘアピンループの塩基配列が相補的な場合に形成されるモチーフで，HIV-1のゲノムRNAにおける二量体化開始部位の立体構造などにみられる（**図3.19**（b））。また，GNRAテトラループとテトラループ受容体の相互作用も有名であり，この場合はGNRAループの塩基とテトラループ受容体の内部ループの塩基が相互作用している（**図3.19**（c））。そのほか，アデニン塩基がRNAステムの副溝（minor groove）と相互作用するAマイナーモチーフ（**図3.19**（d））やリボースとリボースで相互作用するリボースジッパー（**図3.19**（e））とよばれる構造モチーフもある。

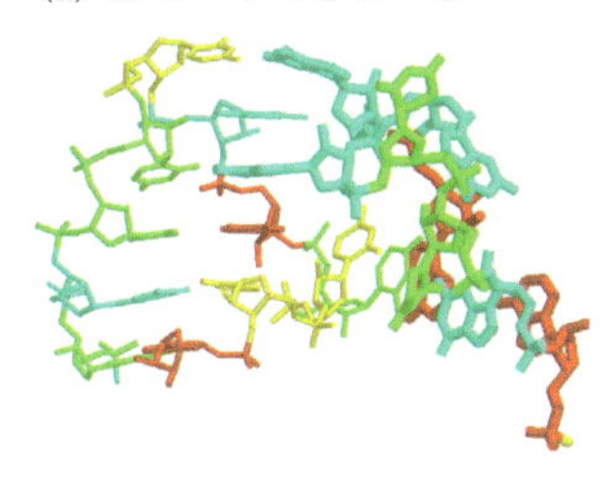

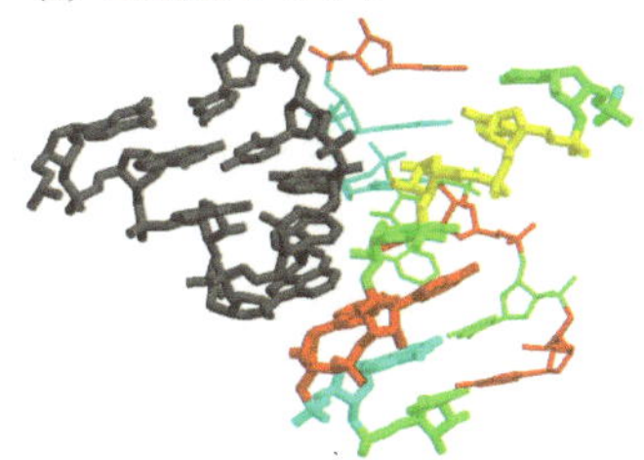

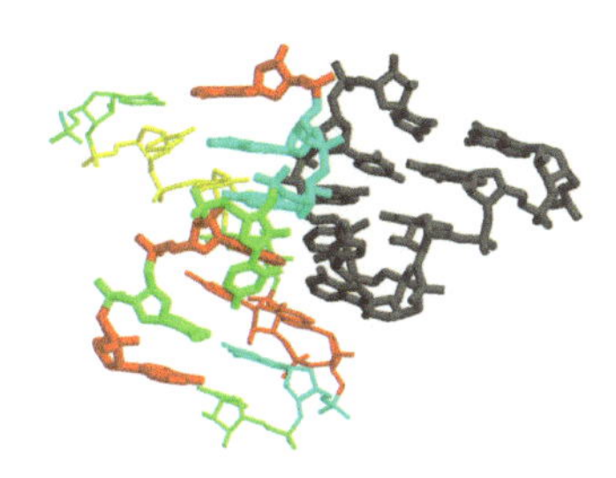

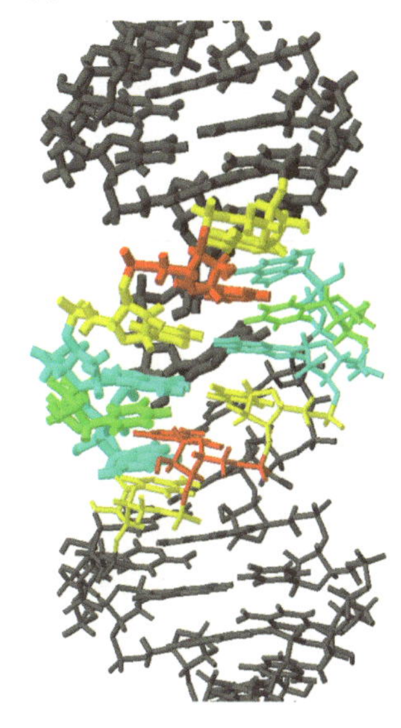


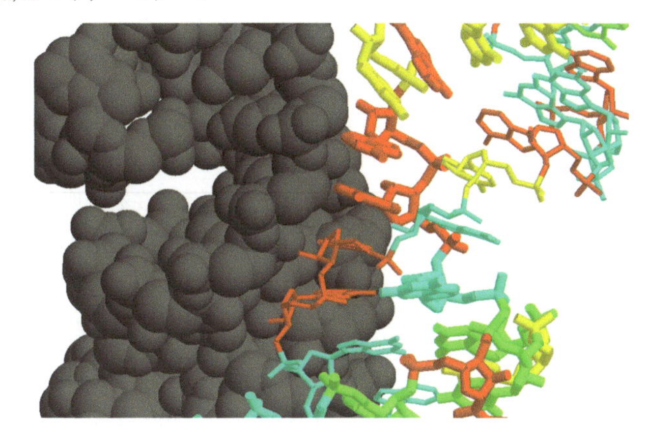


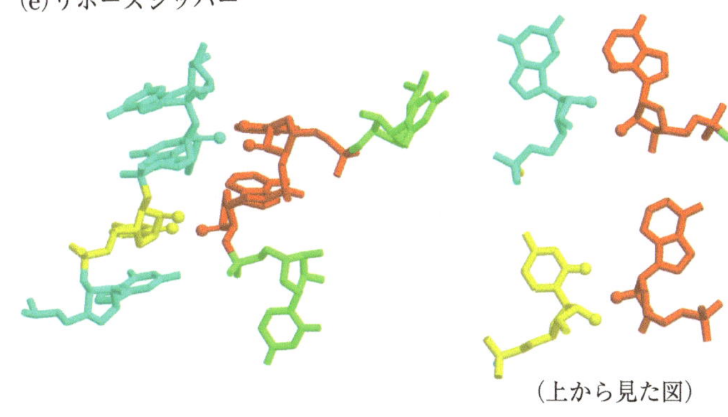


**図3.19 | 相互作用モチーフ**

(a) DループとTループ。Dループを太い棒，Tループを細い棒で表した(PDB ID : 1EHZ)。
(b) キッシングループモチーフ。2つの鎖の太さを変え，分子間の塩基対のみ色を付けた(PDB ID : 2D1B)。
(c) GNRAレセプター。グループIイントロンの部分構造。GAAAテトラループ(グレー)がGAAAレセプター(カラー)と相互作用し，base tripleを形成して安定化している(PDB ID : 1GID)。(c)の右側の図は左側の図を180°回転させたもの。
(d) Aマイナーモチーフ。23S rRNAのhelix68(棒モデル)とhelix75(空間充填モデル，グレー)helix68のA残基がhelix75の副溝と相互作用している(PDB ID : 1FFK)。
(e) リボースジッパー。グループIイントロンに含まれるもの。水素結合に関わる原子を球で表す(PDB ID : 1RNG)。
青はG，赤はA，黄はC，緑はUを表す。

## 3.3 ◆ RNA酵素の構造と機能

本章の冒頭で述べたように，1980年代初めにチェック（Thomas Robert Cech）とアルトマン（Sidney Altman）らによって酵素機能をもつRNA，**リボザイム**（ribozyme）が発見され，二人には1989年にノーベル化学賞が与えられた。この発見は，RNAがセントラルドグマの中でDNAの遺伝情報からタンパク質を作る際の中間物質であり，酵素活性をもつのはタンパク質のみであるという当時の常識を覆すものであった。

### 3.3.1 ◇ グループIイントロン

*11　テトラヒメナ：単細胞真核生物で，繊毛虫の一種。水中に生息する。

チェックらは，テトラヒメナ*11のrRNAの前駆体におけるイントロンの切り出し反応（自己スプライシング反応）はタンパク質を必要とせず，GTPと$Mg^{2+}$が存在すれば進行することを明らかにすることによりリボザイムの存在を証明した。このイントロンはグループIイントロンとよばれる。グループIイントロンの自己スプライシング反応は，2つのスプライス部位でのリン酸ジエステル結合の連続的エステル交換反応による（**図3.20**）。第1段階では，遊離GTPの3′位のOH基が，5′側のエクソンの3′末端リン酸基を求核攻撃して切断し，イントロンの5′末端に結合する。第2段階では，切断されたエクソンの3′末端のリボースにある3′位のOH基がイントロンの3′末端のリン酸基を求核攻撃してイントロンを切り出し，エクソンどうしが連結される。テトラヒメナのグループIイントロンは，P1～P9の9つのステム構造をもつが，そのうち活性部位であるP3～P9の立体構造が明らかとなっている（**図3.21**）。図に示すように，この構造ではP5bのGAAAテトラループとP6aのテトラループ受容体が相互作用しており，グループIイントロンの立体構造形成に重要であることがわかる。また，P4–P6の領域にP8–P3–P7の領

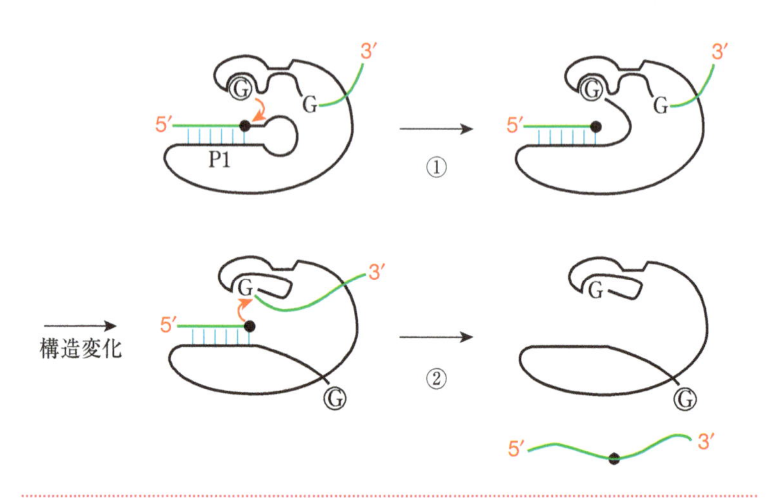


図3.20　グループIイントロンの反応様式

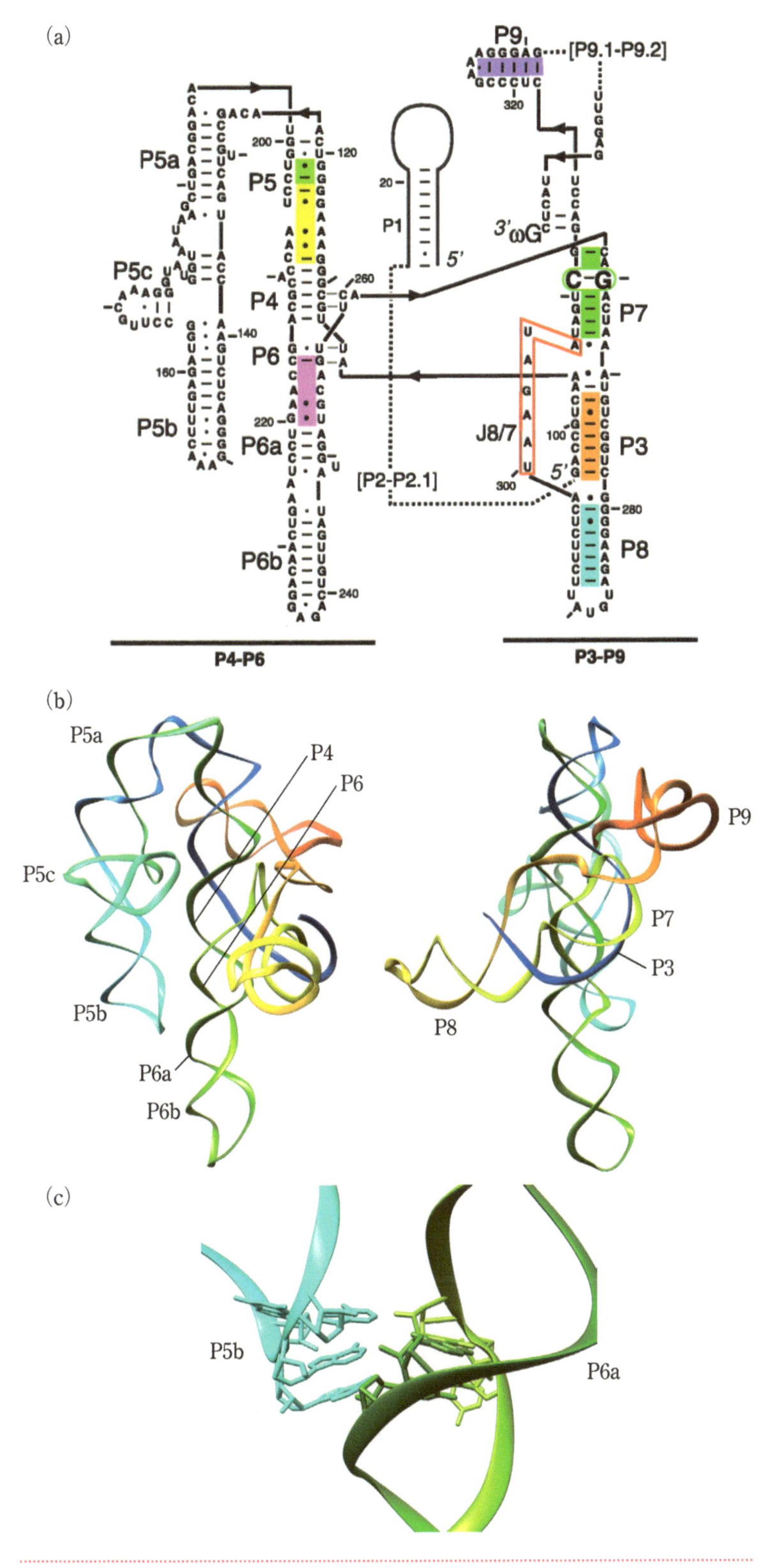


**図3.21 | グループIイントロンの二次構造(a), 活性部位の部分構造(b)(c)(PDB ID : 1GRZ)**

(b)の上側左の構造を90°回転すると右の構造になる。(c)はGAAAテトラループとテトラループ受容体が相互作用している部分の拡大図。

[B. L. Golden *et al.*, *Science*, **282**, 259–264 (1998)より改変]

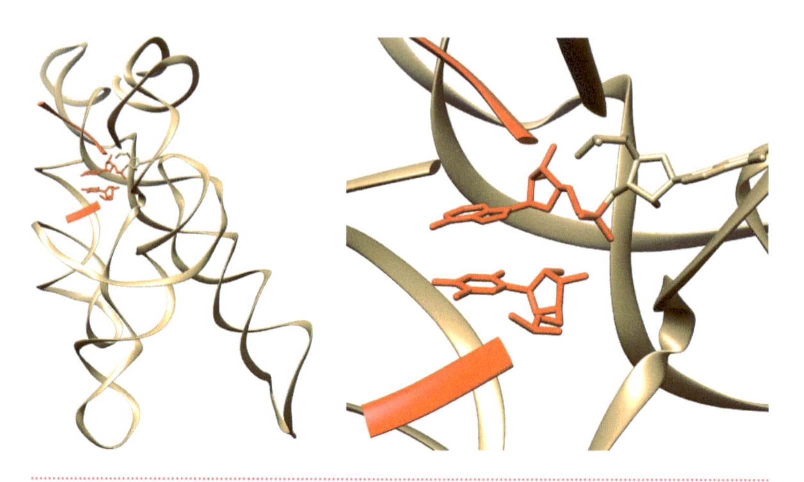

図3.22 | グループIイントロンによるエクソンとエクソンの連結(PDB ID : IU6B)

連結部を赤で示している。

域が巻き付くように相互作用していることもわかる。

これまでにグループIイントロンのさまざまな立体構造が明らかとなっているが，スプライシング反応を行っている途中をとらえた構造も報告されている(**図3.22**)。反応部位を拡大した図を見ると，5′側エクソンの3′末端(下赤)の3′位のヒドロキシ基のO原子が，3′側エクソンの5′末端(上赤)にあるリン酸基のP原子を求核攻撃できる位置にあることがわかる。求核攻撃により結合が形成されると，エクソンはつなぎ合わされる。

関連する機能性RNAであるグループIIイントロンの立体構造も決定されている。

## 3.3.2 ◇ RNase P RNA

tRNAは前駆体として転写された後，5′末端の切断や3′末端のCCA付加などのプロセシングを経て成熟することが知られている。この5′末端の切断を行うRNase Pは，RNAとタンパク質の複合体であり，その切断活性はRNA成分(RNase P RNAまたはM1 RNA)がもっている(**図3.23**)。RNase Pはすべての生物がもっていると考えられている。

## 3.3.3 ◇ snoRNA

低分子核小体RNA(small nucleolar RNA, snoRNA)は，rRNAや低分子核内RNA(small nuclear RNA, snRNA)の転写後修飾に必要なRNAである。box C/D型とbox H/ACA型の2種類が知られており(**図3.24**)，それぞれ2′-*O*-メチル化およびシュードウリジル化を行っている。これらのRNAは，ターゲットのRNAと相補的な配列をもち，修飾する位置の決定に関与しており，その部分の立体構造が決定されている。

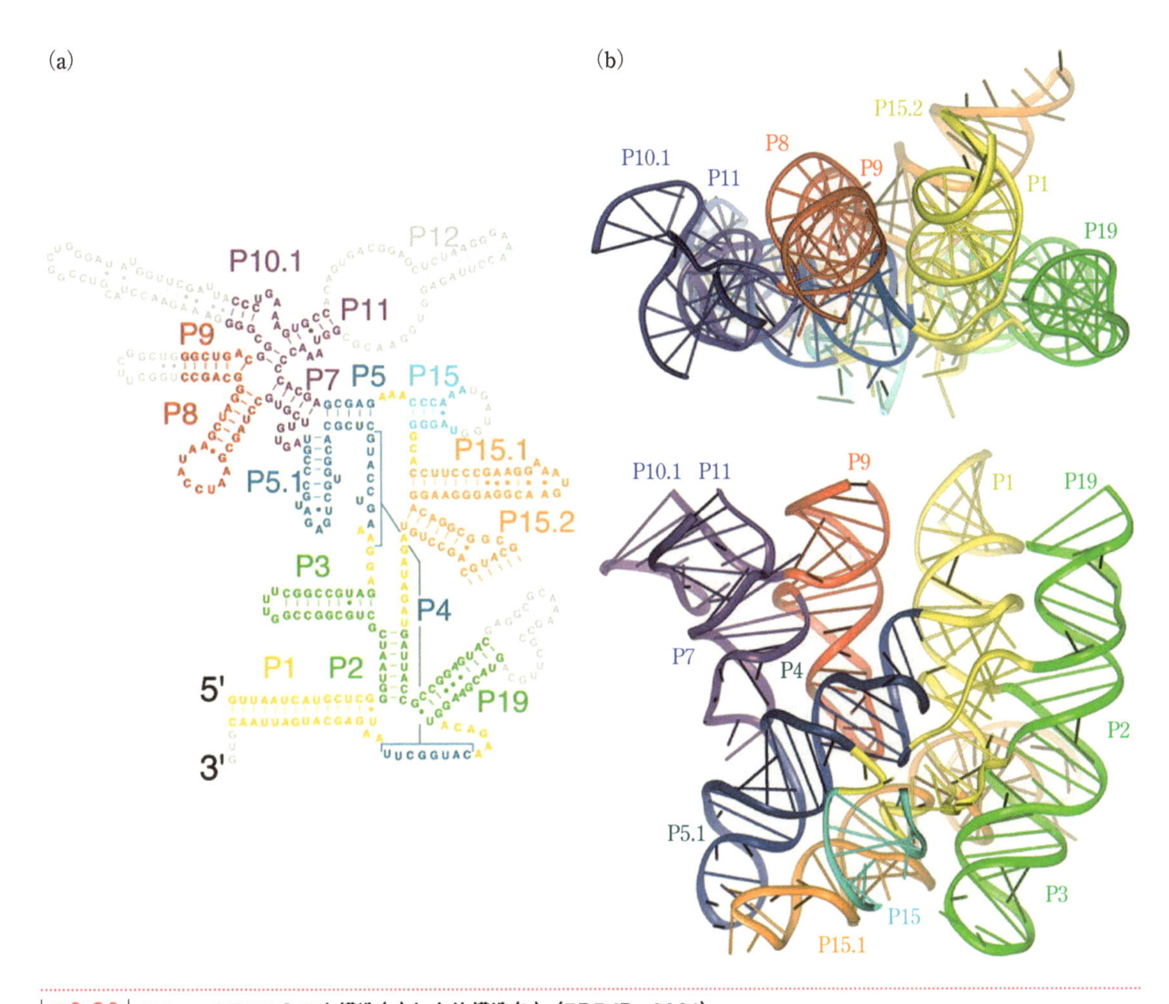




| 図3.23 | **RNase P RNAの二次構造(a)と立体構造(b)(PDB ID : 2A64)**

(a)と(b)の同じ色の部分が対応している。

[A. V. Kazantsev *et al.*, *Proc. Natl. Acad. Sci. USA*, **102**, 13392–13397(2005)]

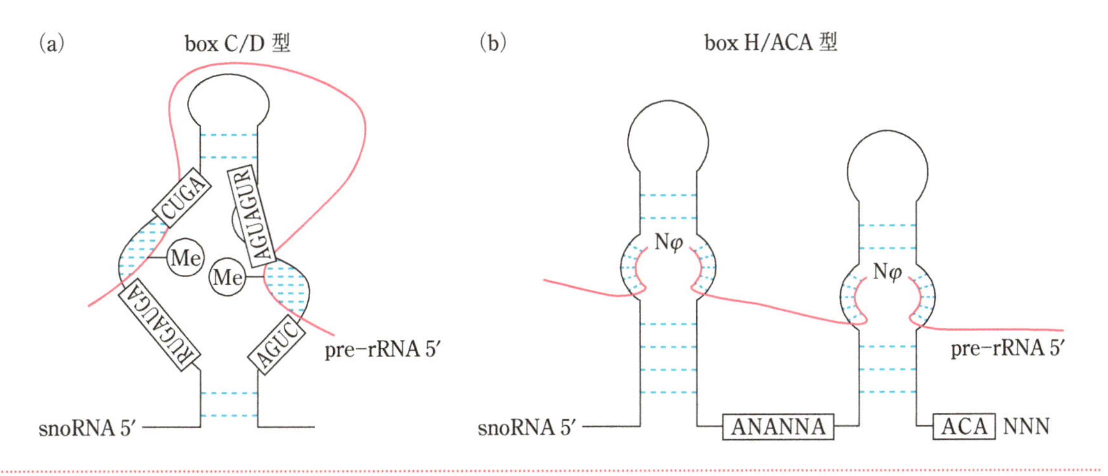


| 図3.24 | **低分子核小体RNA(snoRNA)の構造およびターゲットRNAとの相互作用部位の立体構造**

(a) box C/D snoRNAの模式図。(b) box H/ACA snoRNAの模式図。

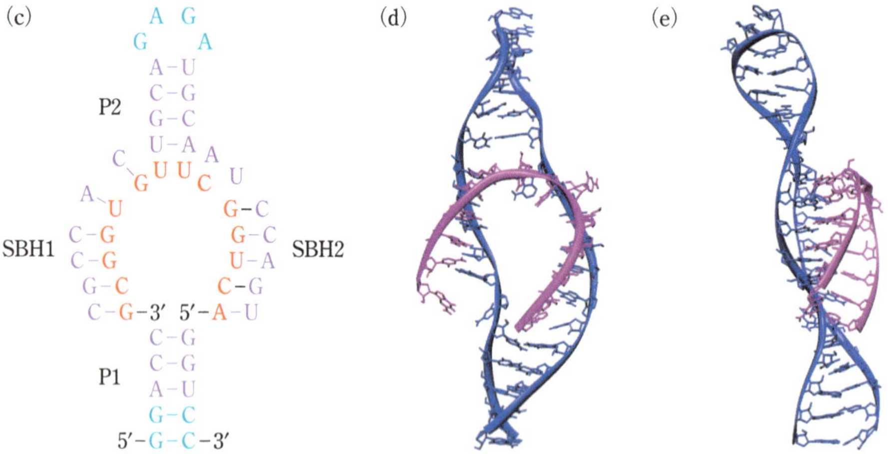

(c) (d) (e)

P2

SBH1 SBH2

P1

図3.24 | 低分子核小体RNA(snoRNA)の構造およびターゲットRNAとの相互作用部位の立体構造(つづき)

(c) box H/ACA snoRNAの一部とpre-rRNAの一部の相互作用,(d) box H/ACA snoRNAの一部とpre-rRNAの一部の複合体の立体構造。(e)は(d)を90°回転させたもの(PDB ID : 2PCW)。
[J. Hong *et al.*, *Mol. Cell.*, **26**, 205-215 (2007)]

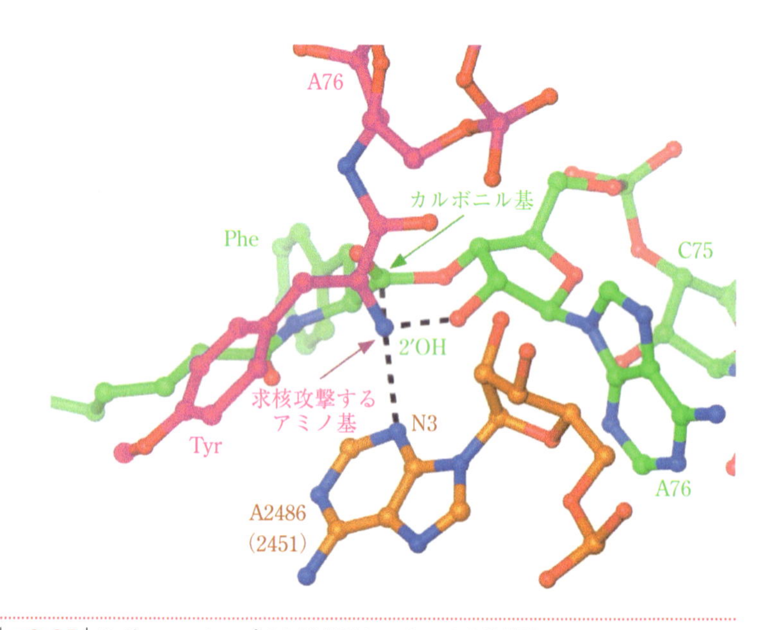


図3.25 | リボソームのペプチド鎖転移センターの立体構造

A2486は*H. marismortui*の23S rRNAの番号,カッコ内の2451は大腸菌での番号。
[P. B. Moore, T. A. Steitz, *RNA*, **9**, 155-159 (2003)を改変]

## 3.3.4◇リボソーム

リボソームもRNA(rRNA)とタンパク質の複合体であるが,その機能は主としてRNAが担っていると考えられている。例えば,ペプチド結合を形成する部位であるペプチド鎖転移センター(PTC)はRNAによって形成されていることがX線結晶構造解析によって明らかにされている(**図3.25**)。このことは,リボソームもリボザイムであることを示している。

*12 ハンマーヘッドリボザイム:二次構造の形が金槌の形に似ているためにこの名前がついているが,実際の立体構造は金槌の形とは異なっている。基質となるRNAとステムを形成する部分の塩基配列を変えることによって,基質を変えることができるため,RNA工学の道具としても利用されている。

### 3.3.5 ◇ ウイルスなどに由来するリボザイム

ウイロイド(viroid)は，RNAのみからなるウイルスである。300～600塩基の一本鎖環状RNAがウイルスそのものであり，このRNAはタンパク質をコードせず，細胞に感染して複製を行う。ハンマーヘッドリボザイム*12は，ウイロイドが自分自身のRNAを切断する機能領域に由来するものである(**図3.26**)。

D型肝炎ウイルス(HDV)は，殻に包まれたRNAウイルスで，一本鎖環状RNAゲノム(1,700 nt)をもつ。HDVはB型肝炎ウイルス(HBV)のサテライトウイルス*13で，HBVが感染した細胞にのみ感染する。このウイルスからもRNAを切断するリボザイムが見つかっており，HDVリボザイムとよばれている(**図3.27**)。なお，HDVリボザイムの結晶構造は，U1Aタンパク質*14のRNA結合ドメインとの共結晶として解析されている。

タバコ輪点ウイルスのサテライトRNA*15は359塩基からなる一本鎖RNAで，タバコ輪点ウイルスのコートタンパク質に包まれて存在している。このRNAからヘアピンリボザイムとよばれるリボザイムが見出されている(**図3.28**)。ヘアピンリボザイムについては，その反応機構の解析も行われている(**図3.29**)。

＊13　サテライトウイルス：通常のウイルスは，それ単独で宿主細胞に感染して増殖するが，サテライトウイルスはある特定のウイルスが感染している細胞でのみ増殖が可能である。植物ウイルスに対するサテライトウイルスが数多く知られている。

＊14　U1Aタンパク質：真核生物におけるpre-mRNAのスプライシングの際にはたらく因子の1つ。RNA認識に関わるRRMとよばれるモチーフをもつ。RNAのX線結晶構造解析においては，RNA側にU1AのRNA結合ドメインが結合する配列を付加しておくことによって，RNA–タンパク質複合体を形成させ，これによって結晶化を行う手法が用いられることがある。

＊15　サテライトRNA：コピー可能であり，自身のコートタンパク質の遺伝子をもたないものをいう。

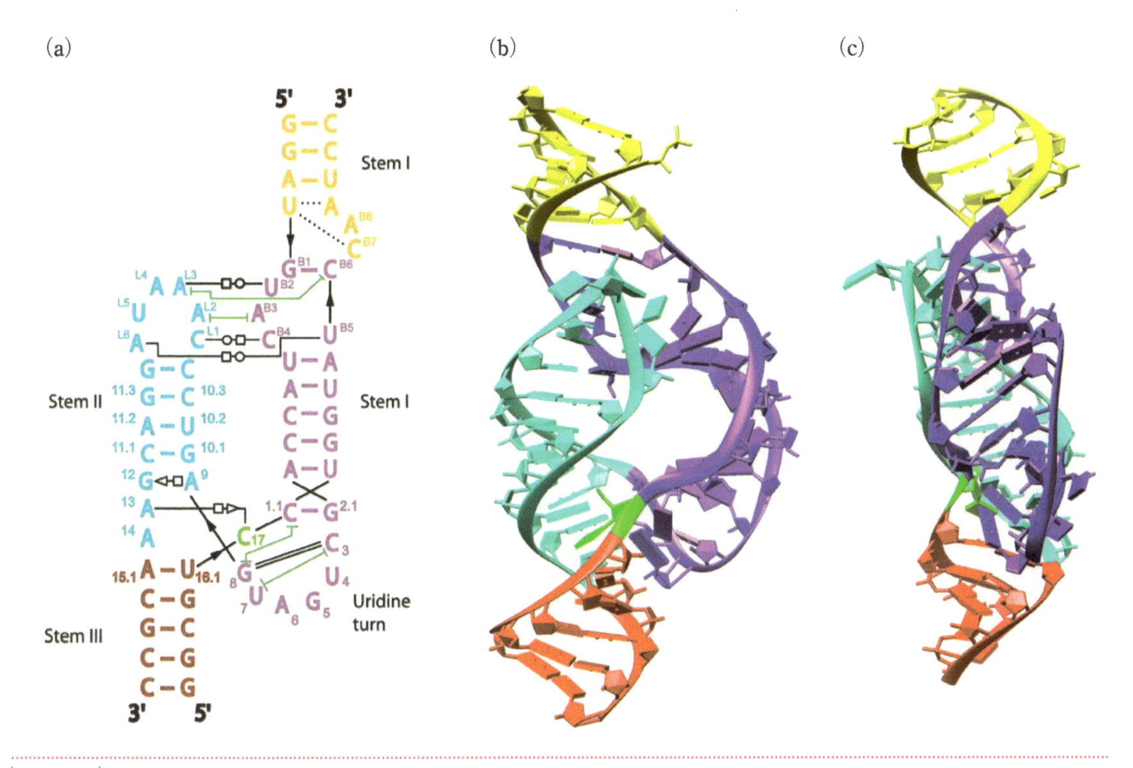


**図3.26** | **ハンマーヘッドリボザイム**

(a)ハンマーヘッド型リボザイムの二次構造。緑色のC17とC1.1の間で切断が起こる。(b)ハンマーヘッド型リボザイムの立体構造。(c)は(b)を90°回転させたもの(PDB ID：2GOZ)。
[M. Martick, W. G. Scott, *Cell*, **126**, 309–320 (2006)]

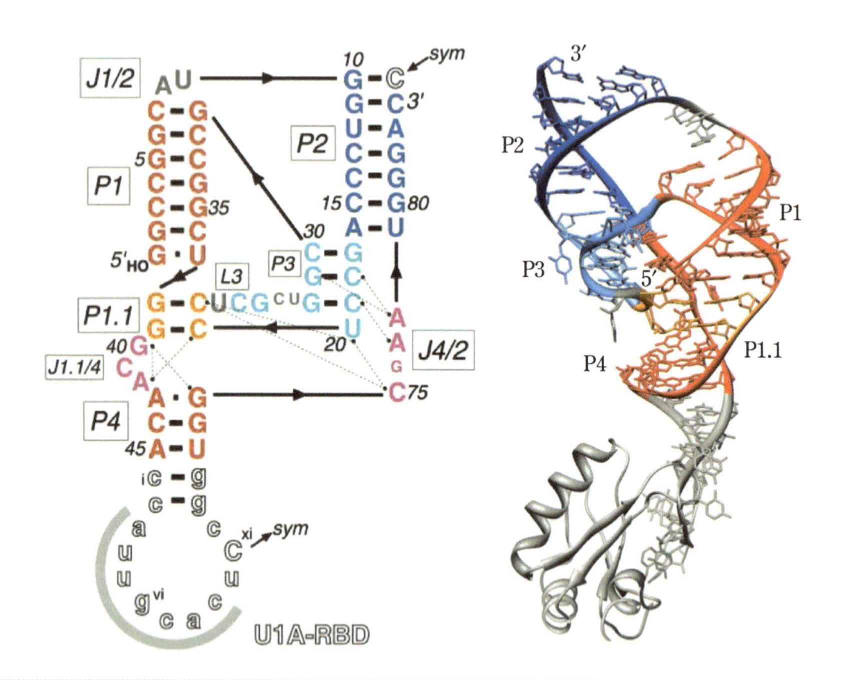


図3.27 | HDVリボザイムの二次構造と立体構造

結晶化のため，U1Aタンパク質とその認識配列を付加して構造解析している(PDB ID : 1DRZ)。
[A. R. Ferré-D'Amaré *et al.*, *Nature*, **395**, 567–574 (1998)]

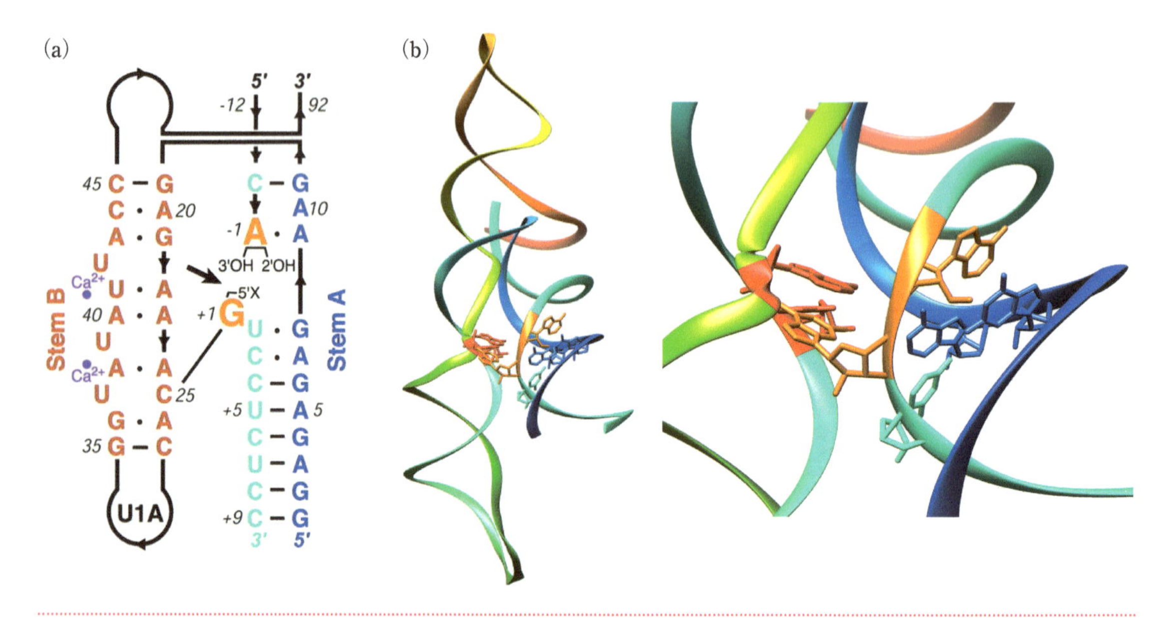


図3.28 | ヘアピンリボザイムの二次構造(a)と立体構造(b) (PDB ID : 1M5K)

(b)はA38を赤で，切断部位のG+1とA−1をオレンジで，G8およびA9を青で示している。
[P. B. Rupert *et al.*, *Science*, **298**, 1421–1424 (2002) を改変]

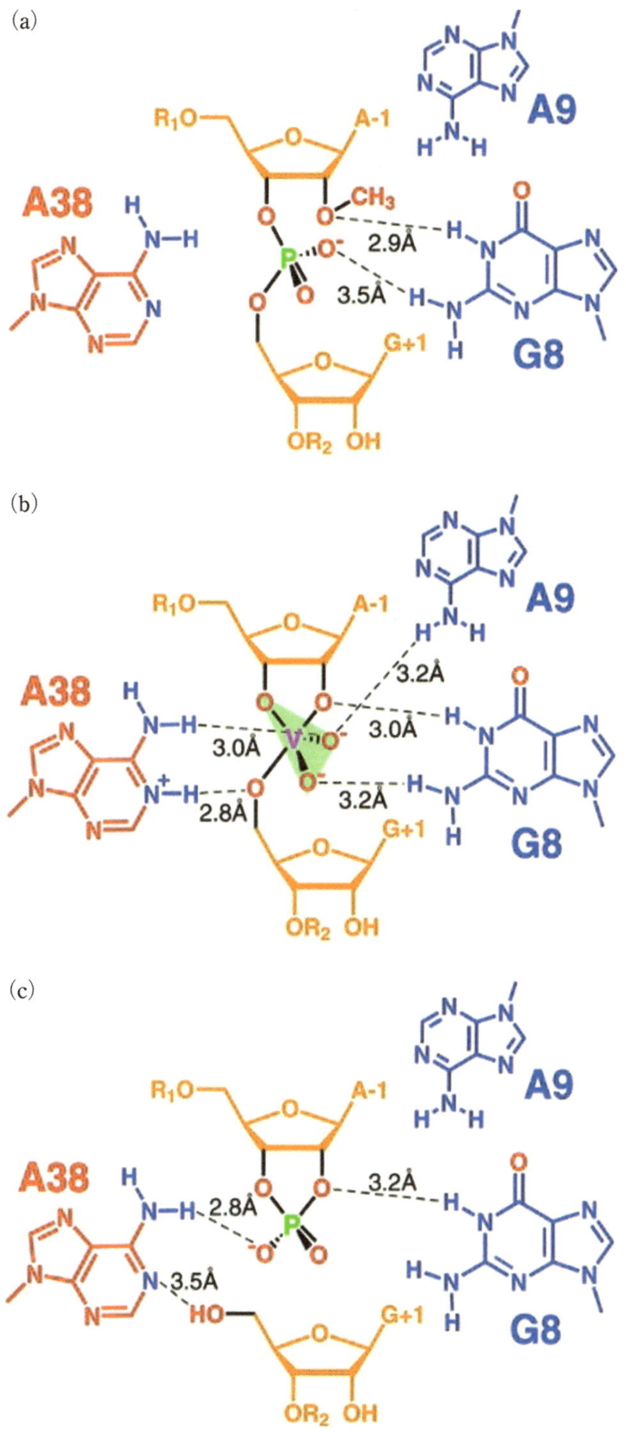

(a)

(b)

(c)

図3.29 | ヘアピンリボザイムの反応機構

(a) 反応前の状態, (b) リン原子の位置にバナジウムが入った反応中間体様の状態, (c) 反応後の状態。
[P. B. Rupert *et al.*, *Science*, **298**, 1421–1424 (2002) より改変]

## 3.4 ◆ 核酸と他の分子との相互作用

DNA結合タンパク質やRNA結合タンパク質は，それぞれDNAとRNAに結合して遺伝子発現の制御などのさまざまな生命現象に関わっている。3.1.2項で述べたように，二重らせん構造としては，DNAは主にB型，RNAはA型を形成するが，それらの特徴的な立体構造が，タンパク質との相互作用の違いをもたらしている。

### 3.4.1 ◇ DNAとタンパク質の相互作用

遺伝子発現の制御などに関わる多くのDNA結合タンパク質では，$\alpha$ヘリックス部分がB型らせんの広くて浅い主溝に結合し，DNAの塩基部分を認識している（**図3.30**）。DNA結合モチーフとして有名なホメオボックス（ホメオドメイン）は，ショウジョウバエの形態形成などに関わるタンパク質であり，ヘリックス・ターン・ヘリックス（HTH）構造の塩基性の$\alpha$ヘリックスによりDNAに結合している。HTHは，ラクトースオペロンの転写調節因子である*lac*リプレッサーなどにもみられる。塩基性ヘリックス・ループ・ヘリックス（bHLH）でも塩基性の$\alpha$ヘリックスがDNAに結合している。MyoDは筋肉の分化に関わっている。塩基性ロイシンジッパー（b/zip）では，2本の$\alpha$ヘリックスがロイシンの疎水性相互作用によって二量体化しており，塩基性部分でDNAと結合している。GCN4はアミノ酸の合成に関わっている。ジンクフィンガーもDNA結合タンパク質によくみられる構造であり，転写調節因子であるZIF268タンパク質では2つのシステイン（C）残基と2つのヒスチジン（H）残基に亜鉛イオンが結合している。DNAの組換えに関わるRuvAは，ヘリックス・ヘアピン・ヘリックスとよばれる構造をもつ。そのDNAとの相互作用はHTHとは異なり，ループ部分のグリシンの主鎖のアミド基がDNAの副溝と相互作用している。リシン残基も相互作用に寄与している。造血に関わるMybリピートは，HTHが連続した構造である。インターフェロン調節因子はウイングドヘリックスという構造をもつ。これもHTHの仲間であるが，翼のような構造をもつ。

また，DNAの副溝側と相互作用するタンパク質もある。転写因子の1つであるTATA結合タンパク質は，DNAのATに富んだ領域（TATAボックス）に副溝側から結合してDNAを折り曲げることが知られている（**図3.31**）。ATに富んだ領域が柔らかく折れ曲がることを利用して，TATA結合タンパク質はTATAボックス*16に結合する，すなわちTATA結合タンパク質はDNAの柔らかさを認識して結合していると考えることができる。

*16　TATAボックス：真核生物などにおいて転写開始点の上流にある配列。

### 3.4.2 ◇ RNAとタンパク質の相互作用

RNAはA型の二重らせん構造をとるが，その主溝は狭くて深いので，

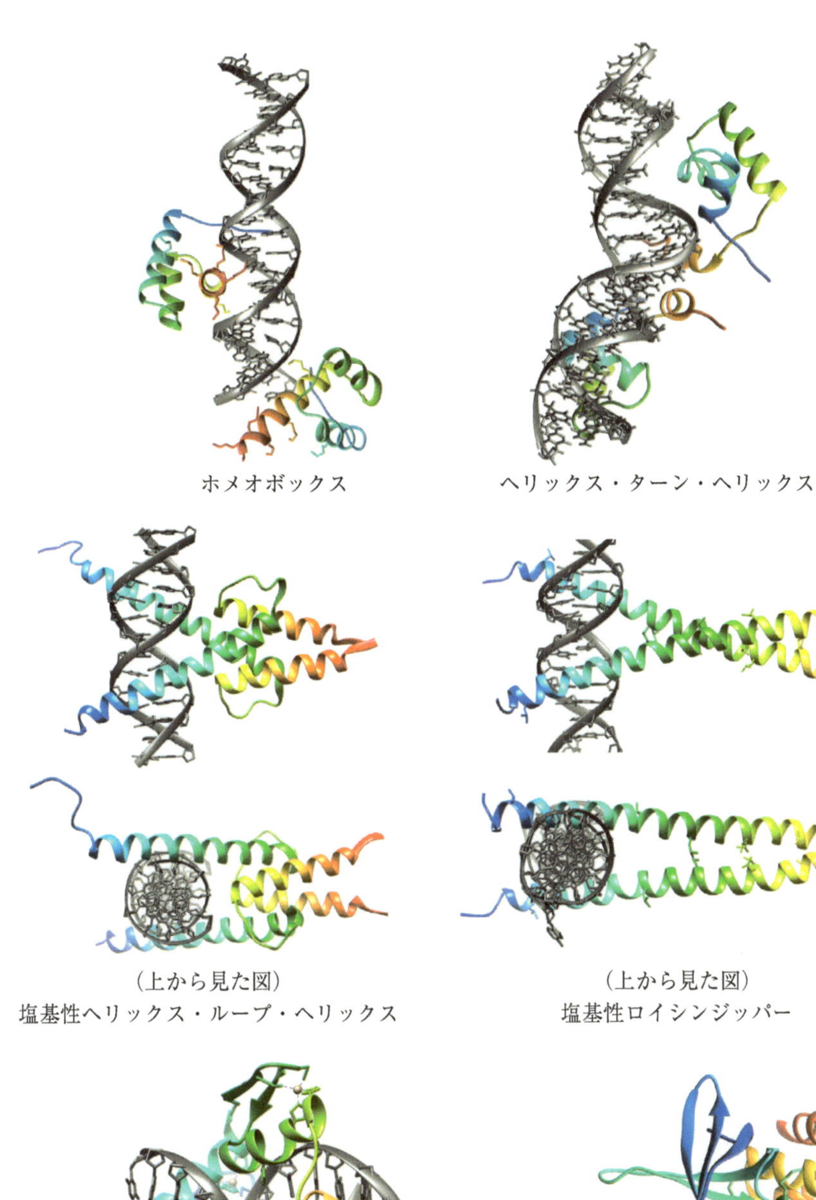


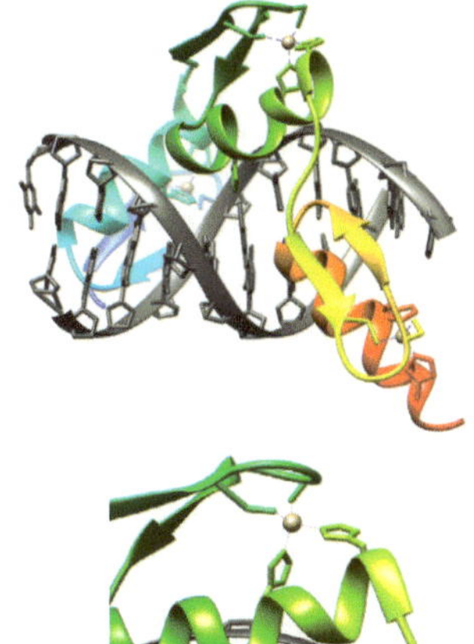

（亜鉛イオン結合部位の拡大図）
ジンクフィンガー

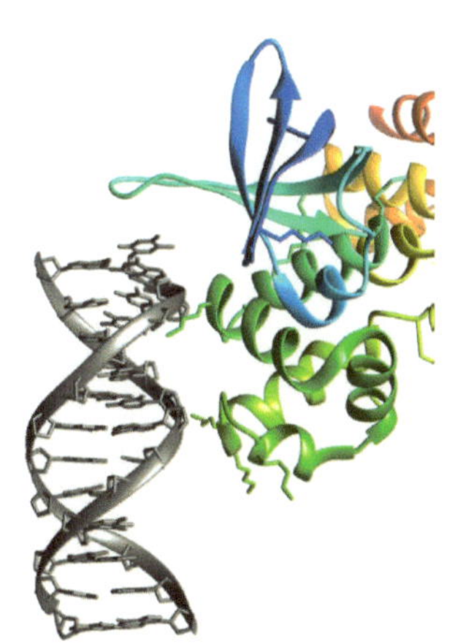

ヘリックス・ヘアピン・ヘリックス

**図3.30 DNAとDNA結合タンパク質**

ホメオボックスはEngrailedタンパク質–DNA複合体（PDB ID：1HDD），ヘリックス・ターン・ヘリックスは*lac*リプレッサー HP62–DNA複合体（PDB ID：1CJG），塩基性ヘリックス・ループ・ヘリックスはMyoD bHLHドメイン–DNA複合体（PDB ID：1MDY），塩基性ロイシンジッパーはGCN4–DNA複合体（PDB ID：1YSA，ロイシン残基を表示）。ジンクフィンガーはZIF268–DNA複合体（PDB ID：1ZAA，亜鉛イオンと結合するシステインとヒスチジンを拡大）。ヘリックス・ヘアピン・ヘリックスはRuvA–DNA複合体（PDB ID：1C7Y，リシン残基を表示）。

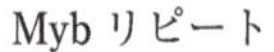


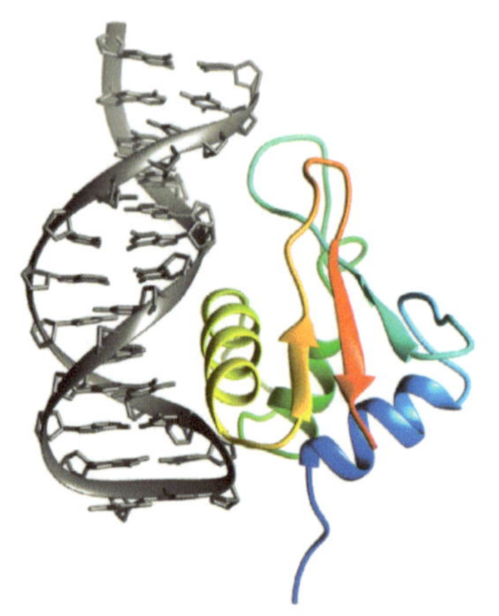

ウイングドヘリックス／フォークヘッド

| 図3.30 | **DNAとDNA結合タンパク質(つづき)**

Mybリピートは Myb DNA結合ドメイン—DNA複合体(PDB ID : 1MSE)，ウイングドヘリックス/フォークヘッドはインターフェロン調節因子－DNA複合体(PDB ID : 1IF1)

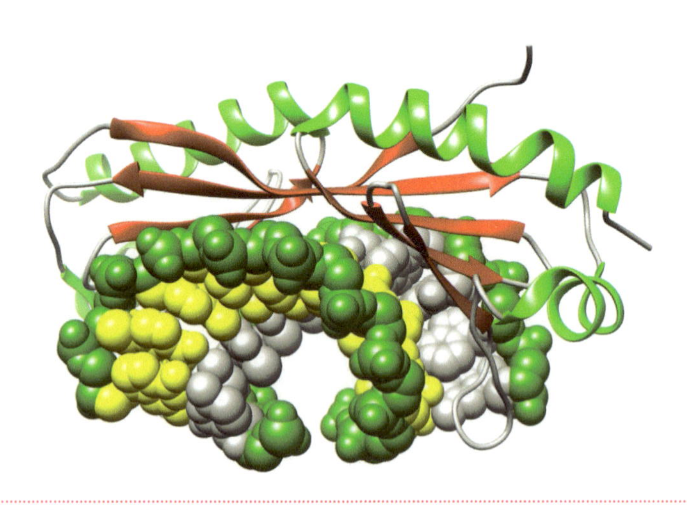

| 図3.31 | **DNAの副溝に結合するDNA結合タンパク質(TATA結合タンパク質, PDB ID : 1TGH)**

DNAを空間充填モデルで，タンパク質をリボンモデルで表す。

αヘリックスは結合することができない。二本鎖RNA結合タンパク質のRNA結合ドメインは，RNAのリン酸骨格と相互作用し，ほとんど塩基を認識していない(**図3.32**)。しかし，RNAのステムの間にバルジや内部ループがあると，その部分のA型らせんが崩れる。バルジや内部ループの部分の主溝は，広がることもあれば狭くなることもある。HIV-1のRevタンパク質*17におけるRNA結合部位は，アルギニンに富んだαヘリックス構造(アルギニンリッチモチーフという)であり，HIV-1のゲノムRNAのRev応答領域(Rev responsive element, RRE)とよばれる領域の主溝が広がった内部ループ部分に結合することが明らかとなっている(**図3.33**)。また，進化分子工学*18の手法によって，Revタンパク質に結合する人工RNA(RNAアプタマーとよぶ)およびRREに結合する人工

*17　Revタンパク質：核外輸送シグナルおよび核内移行シグナルをもち，HIV-1のゲノムRNAの核外輸送を担う。

*18　進化分子工学：意図的に分子を設計するのではなく，ランダムな配列等から特定の機能をもつ分子を選び出すことによって特定の機能をもつ分子を創成する方法。核酸については，systematic evolution of ligands by exponential enrichment(SELEX)とよばれる方法がよく用いられる。

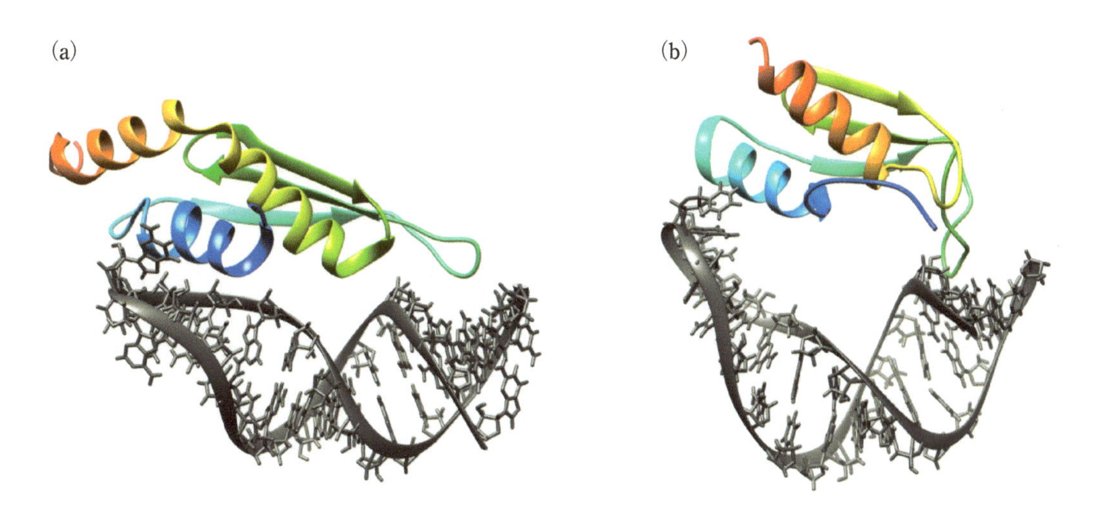


図3.32 | 二本鎖RNA結合タンパク質

(a) *S. cerevisiae*のRNase IIIの二本鎖RNA結合ドメインとAAGUテトラループヘアピンの複合体(PDB ID : 2LBS)。(b) DrosphilaのStaufenの二本鎖RNA結合ドメインとRNAヘアピンの複合体(PDB ID : 1EKZ)。

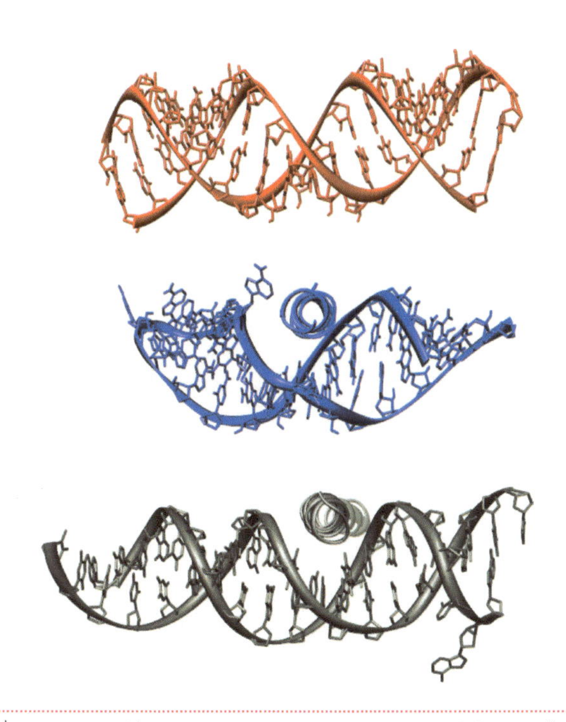

図3.33 | RevのアルギニンリッチモチーフによるRNAの内部ループの認識

(a) RNAのA型らせん構造。(b) RevとRREの複合体(PDB ID : 1ETG)。(c) ロイシンジッパーの1つのヘリックスとDNAの複合体(PDB ID : 1YSA)。

ペプチド（ペプチドアプタマーとよぶ）が作られており，それらの複合体の立体構造も明らかとなっている（**図3.34**）。これらのRNAアプタマーやペプチドアプタマーは，それぞれRREやRevとは異なる様式でRevやRREと相互作用しており，あるRNAが複数のタンパク質と相互作用ができること，またあるタンパク質が複数のRNAと相互作用できることを示している。

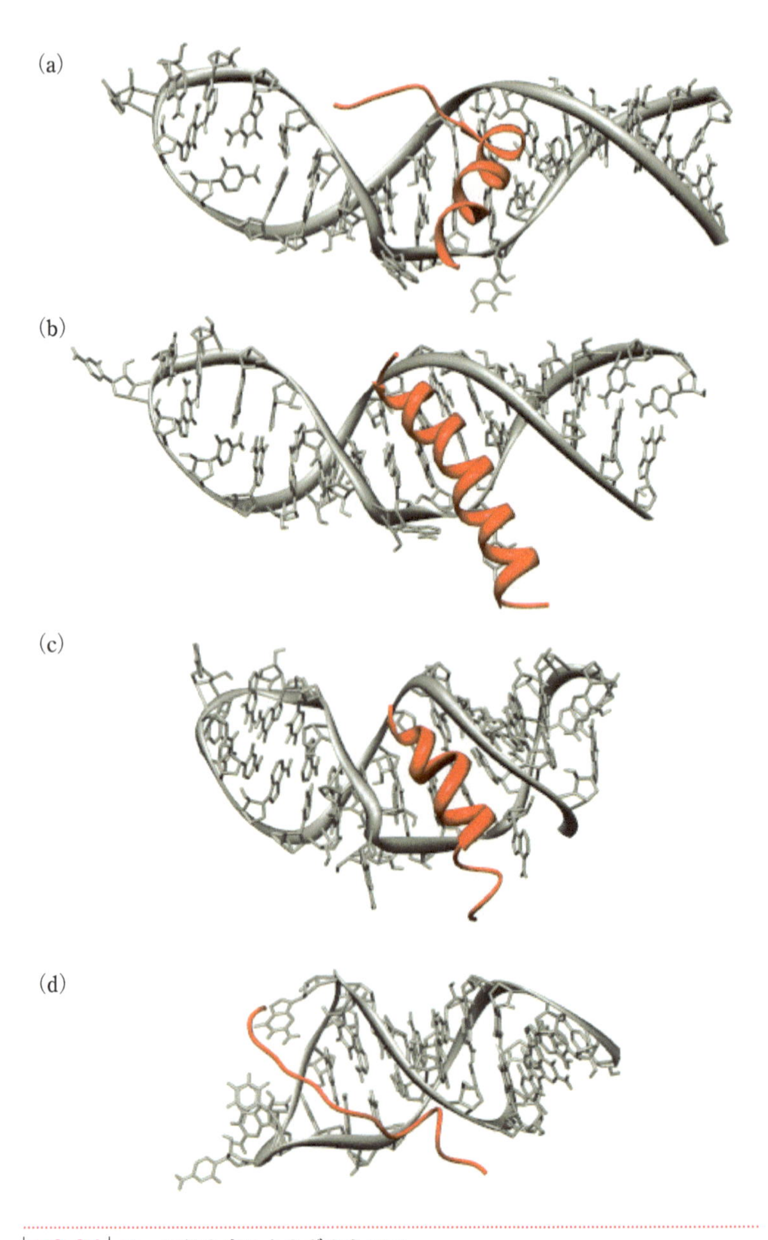


図3.34 | **Revに結合するさまざまなRNA**
(a) ペプチドアプタマーとRREの複合体（PDB ID：1I9F）。(b) RevとRREの複合体（PDB ID：1ETG）。(c) Revとアプタマー Iの複合体（PDB ID：1ULL）。(d) Revとアプタマー IIの複合体（PDB ID：484D）。

Column

## アプタマー

　標的分子に対して強く結合する核酸やペプチドをアプタマーという。進化分子工学の手法を用いてアプタマーを人工的に作製することが可能となっている。アプタマーは，標的分子を認識する特徴的な立体構造を形成しており，核酸ではRNAの場合もあればDNAの場合もある。自然界のDNAは基本的に二重らせん構造であるが，DNAアプタマーはRNAのようにさまざまな立体構造を形成することが明らかとなっている。DNAの場合も，さまざまな立体構造を形成するために，非ワトソン–クリック型の塩基対が形成されている。

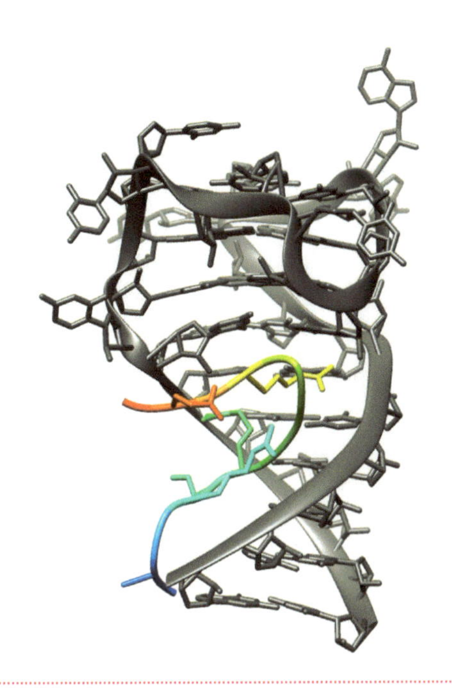

図3.35 ｜ **FMRPタンパク質のRGGドメイン（PDB ID：5DE8）**
アミノ酸配列はARGDGRRRGGGGRGQGGR。

　RNA結合モチーフとしては，二本鎖RNA結合ドメイン，アルギニンリッチモチーフのほかに，アルギニンとグリシンに富んだRGGドメイン，hnRNP K相同ドメイン（hnRNP K homologyドメイン，KHドメイン）*19，RNA認識モチーフ（RNA recognition motif，RRM）が有名である。脆弱X症候群*20の原因となっている脆弱X精神遅滞タンパク質（fragile X mental retardation protein，FMRP）のRGGドメインは，FMRPのmRNAにあるGカルテット構造と結合することが明らかとなっている（**図3.35**）。KHドメインとRRMは一本鎖RNAに結合する。KHドメインは，$\beta1$–$\alpha1$–$\alpha2$–$\beta2$–$\beta3$–$\alpha3$の共通したトポロジーをもち，$\alpha1$と$\alpha2$の間にGXXGループとよばれるループをもつことが特徴である（**図3.36**）。RNAは主に$\alpha1$，$\alpha2$およびGXXGループに結合する。一方，RRMは$\beta1$–

＊19　hnRNP K：核内に存在し，pre-mRNAのプロセシングなどに関与するRNA–タンパク質複合体であるheterogeneous nuclear ribonucleoproteins（hnRNPs）の1つ。hnRNP Kは，クロマチンの修飾やスプライシングに関与していると考えられている。

＊20　脆弱X症候群：ヒトにおいて，X染色体に存在する*FMR1*遺伝子の異常により発症する難病である。*FMR1*遺伝子に存在する3塩基（CGG）繰り返し配列が延長するために発症する。トリプレットリピート病の1つである。

$\alpha$1–$\beta$2–$\beta$3–$\alpha$2–$\beta$4からなる2つのドメインをもち，それらのドメインの$\beta$シート構造でRNAを認識する(**図3.37**)。さまざまなRRMとRNAの複合体の立体構造が明らかになっているが，それらのRNA認識様式は同じではない。

タンパク質とRNAの相互作用においては，タンパク質との結合によってRNAが立体構造を変化させる(induced fit，誘導適合)例も数多く報告されている(**図3.38**)。これは，固く安定な立体構造をもつタンパク質の形に合わせて，柔らかいRNAの立体構造が変化していると考えられる。一般にRNAの立体構造は，タンパク質の立体構造に比べて柔らかいことが多い。

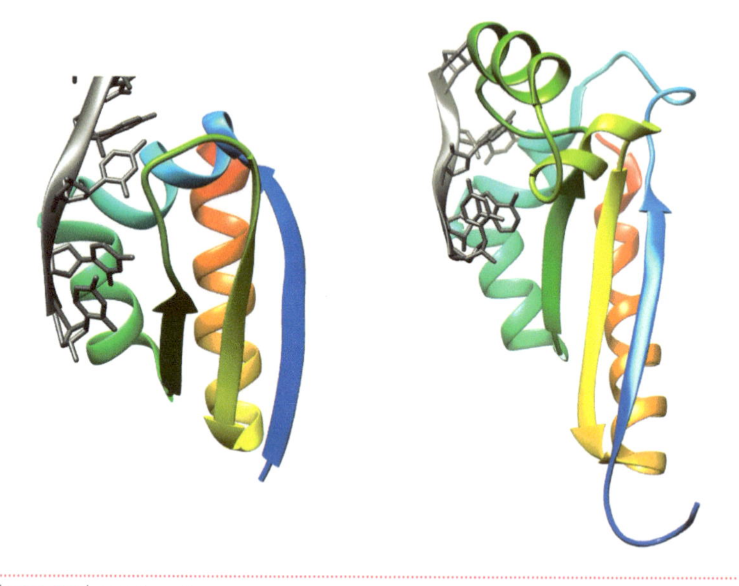

**図3.36 | KHドメイン**
(a)ポリC結合タンパク質2のKHドメイン(PDB ID：2PY9)，(b)T-STARタンパク質のKHドメイン(PDB ID：5ELR)。

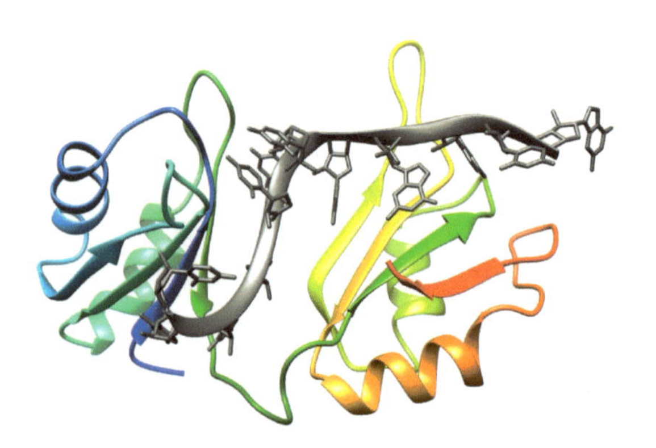

**図3.37 | セックス・リーサルタンパク質のRRM(PDB ID：1B7F)**
GUUGUUUUUUUUを認識する。セックス・リーサルタンパク質はショウジョウバエの性分化においてメスで発現し，mRNA前駆体に結合することにより，選択的スプライシングを起こす。その結果，さまざまな遺伝子が発現し，メスへの分化が誘導される。

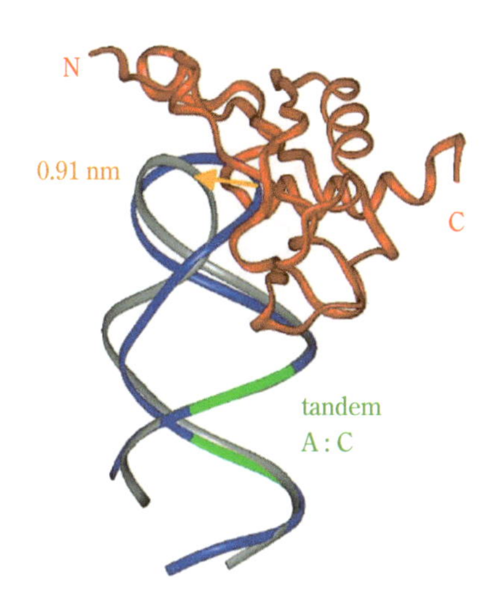


| 図3.38 | タンパク質の結合によるRNAの誘導適合

SRP19タンパク質(赤)の結合によるSRP RNAのヘリックス6の構造変化。RNAの主鎖の骨格が青からグレーに変化。
[T. Sakamoto *et al.*, *J. Biochem.*, **132**, 177–182 (2002) から転載]

### 3.4.3◇核酸と低分子化合物の相互作用

芳香環をもつ低分子化合物は，DNAの塩基対と塩基対の間にスタッキング相互作用によって結合することが知られている。このような相互作用を**インターカレーション**(intercalation)という。**図3.39**はプロフラビンがDNAにインターカレーションした様子である。プロフラビンは，

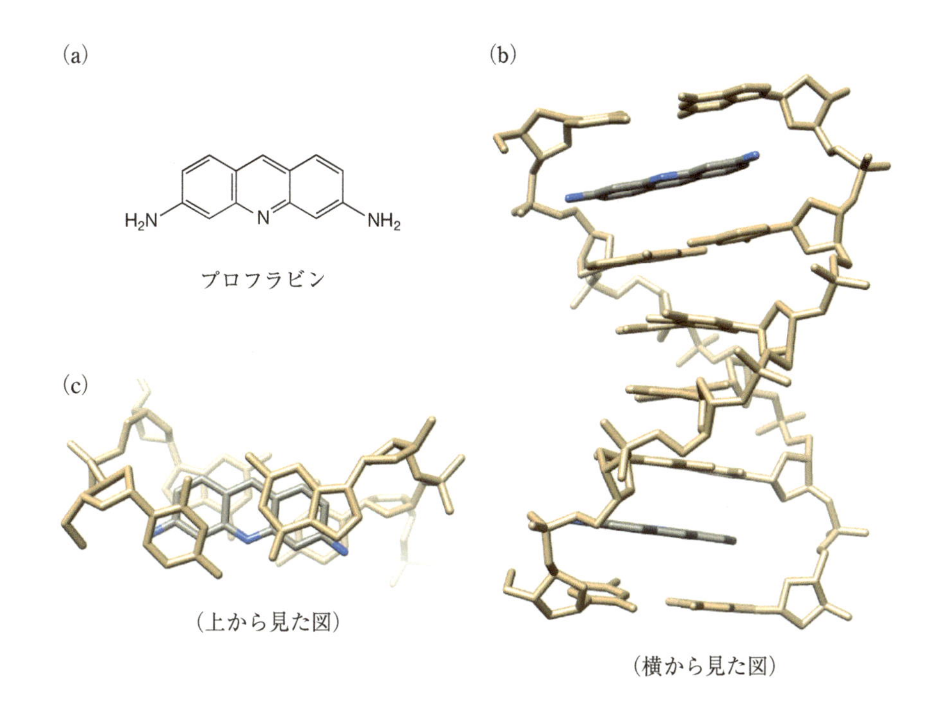


| 図3.39 | DNAへのインターカレーション

(a) プロフラビンの化学構造。(b) DNAの二重らせん構造にプロフラビンがインターカレーションした構造(PDB ID : 3FT6)。(c) プロフラビンのインターカレーションを上から見た図。

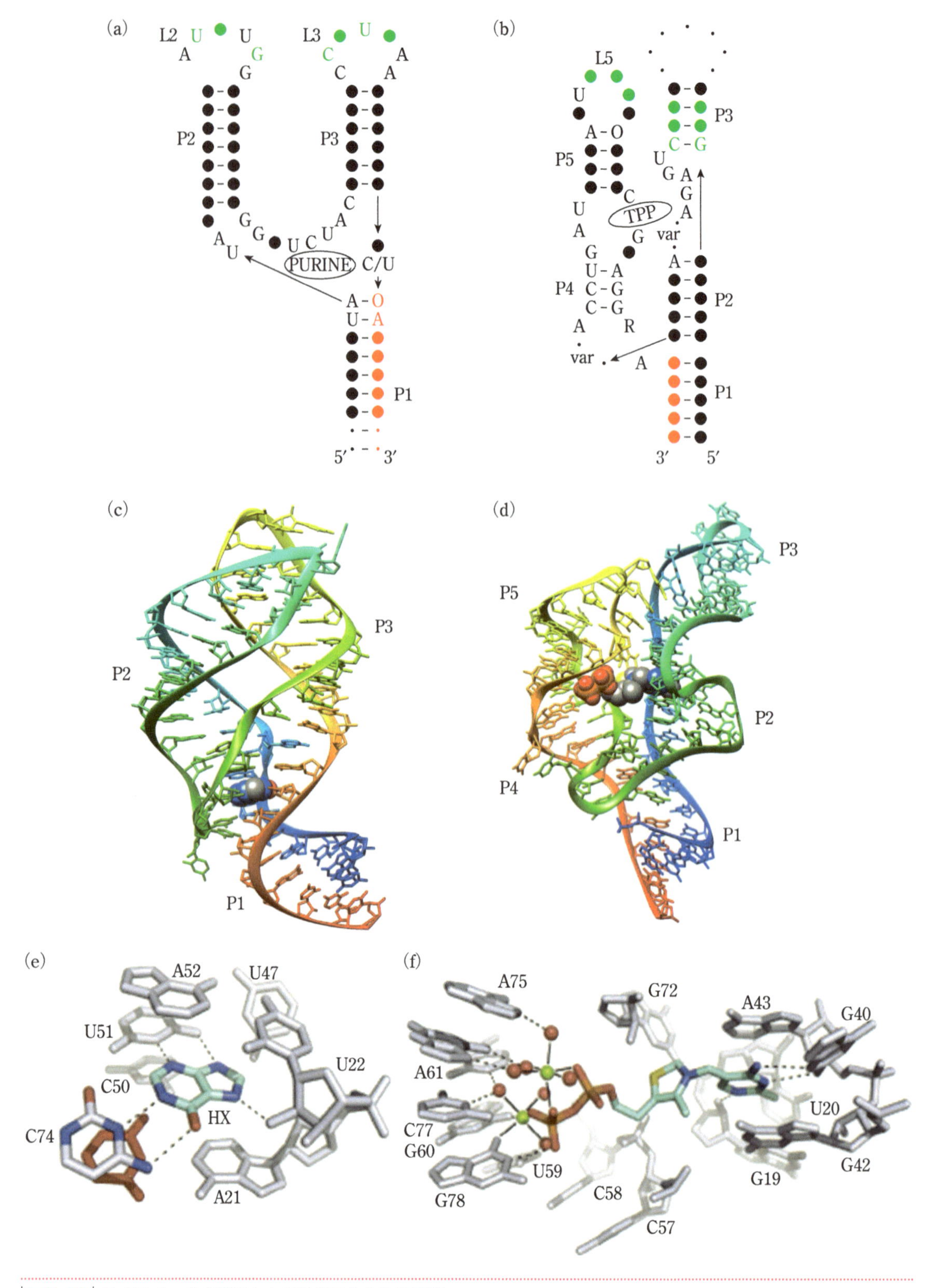


図3.40 | **リボスイッチの構造および低分子化合物の認識**

(a)プリンリボスイッチの二次構造。(b)TPPリボスイッチの二次構造。(c)プリンリボスイッチの立体構造(PDB ID : 1U8D)。プリン塩基(ヒポキサン:HX)を空間充填モデルで表した。(d)TPPリボスイッチの立体構造(PDB ID : 2GDI)。TPPを空間充填モデルで表した。(e)ヒポキサン(HX)の認識。(f)TPPの認識。

[T. E. Edwards *et al.*, *Curr. Opin. Struct. Biol.*, **17**, 273–279 (2007) より改変]

細菌のDNAにインターカレーションし，DNAの複製の抑制などによって細菌の増殖を抑えるため，細菌の局所感染防止に使用される。一方で，このような化合物は，ヒトのDNA複製にも影響を与えるため，発がん性があると考えられている。

mRNAに低分子の代謝産物が結合して，遺伝子発現を制御するシステムを**リボスイッチ**(riboswitch)という。いくつかのリボスイッチの立体構造が明らかとなっており，例えばプリンリボスイッチは，水素結合によりプリン塩基を特異的に認識している(**図3.40**(a)，(b))。TPPリボスイッチは，チアミンピロリン酸(TPP)に結合するが，リン酸基のような負電荷をもつ化合物も，$Mg^{2+}$などの2価の正電荷イオンを介して結合できる(**図3.40**(c)～(f))。

細胞内のRNAには，2価の金属イオンやポリアミンのような正電荷をもった物質が相互作用していると考えられている。さまざまなRNAの立体構造で，$Mg^{2+}$などの2価金属イオンが結合していることが明らかとなっている(**図3.41**)。$Mg^{2+}$イオンは，RNAのリン酸骨格の負電荷どうしの反発をやわらげることによって，RNAの機能構造を安定化していることがわかる。ポリアミンは，アミノ基を複数含み正電荷をもつ低分子化合物で，あらゆる生体中に含まれ，細胞分裂や核酸やタンパク質の生合成などに必須である。**図3.42**には主要なポリアミンであるプト

Column

## リボスイッチ

2002年に発見された遺伝子発現制御のメカニズムである。mRNAの5′-非翻訳領域(UTR)にあり，低分子の代謝産物の結合によってUTRの構造が変化することにより，遺伝子発現が制御される。転写制御においては，代謝産物が結合するとターミネーターあるいはアンチターミネーターを形成し，転写を抑制したり促進したりする。翻訳制御においては，シャイン－ダルガーノ(Shine-Dalgarno，SD)配列がステムを形成するか，露出してrRNAと相互作用するかによって，翻訳を抑制したり促進したりする。図は，高度好熱菌のリボスイッチによる遺伝子発現制御の様子を示している。

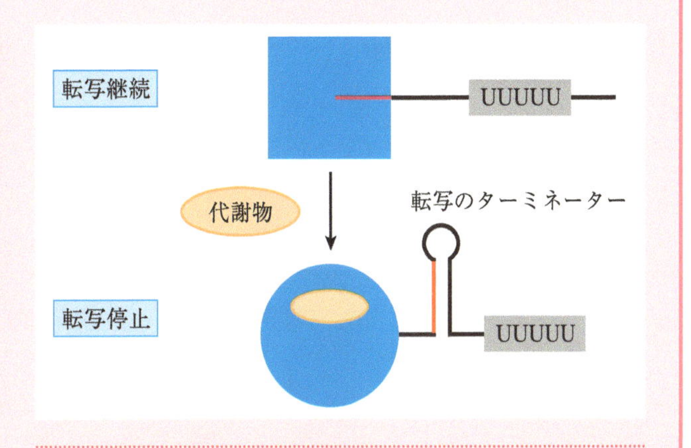


図 | **リボスイッチによる転写制御**

mRNAの5′-UTR(青い四角)に代謝物が結合すると構造変化し(青い丸)，転写ターミネーターが形成される。細胞内の代謝物の濃度が低くなると，代謝物はリボスイッチから解離し，転写が再開する。

レシン，スペルミジン，スペルミンの分子構造およびtRNAに結合した状態の立体構造を示した。ポリアミンの大部分は，細胞内でRNAと結合していると考えられている。好熱性細菌は，高温下でRNAの立体構造を維持するため，さらに長いポリアミンあるいは分岐状のポリアミンをもつことが知られている。

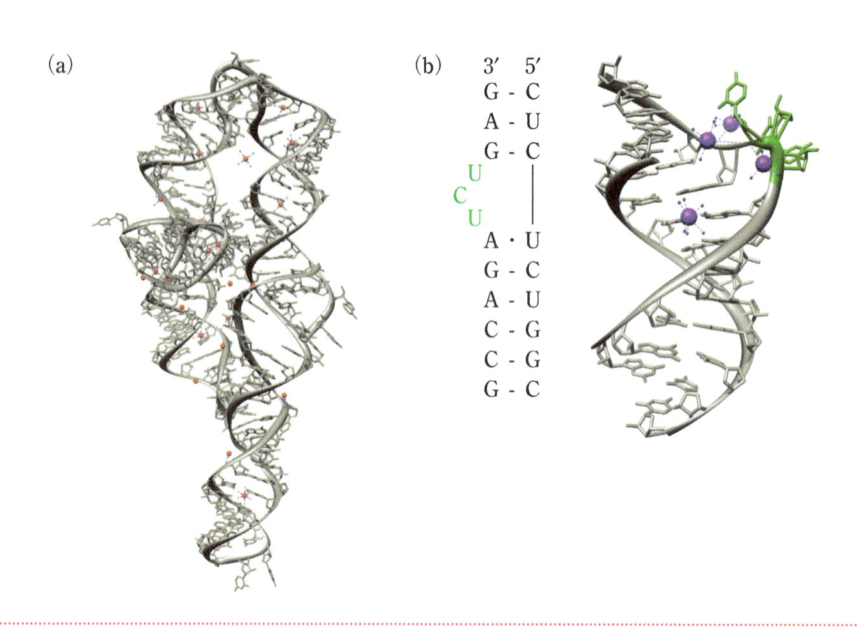


図3.41 | RNAと$Mg^{2+}$イオンの相互作用

(a)グループIイントロンの変異体のP4–P6ドメイン(PDB ID：1HR2)に結合する$Mg^{2+}$(赤)。(b) HIV–1のTAR RNAのUCUバルジループ(PDB ID：397D)。バルジループ残基を緑で示し，紫の球は$Ca^{2+}$を，青い球は水分子の酸素原子を示す。

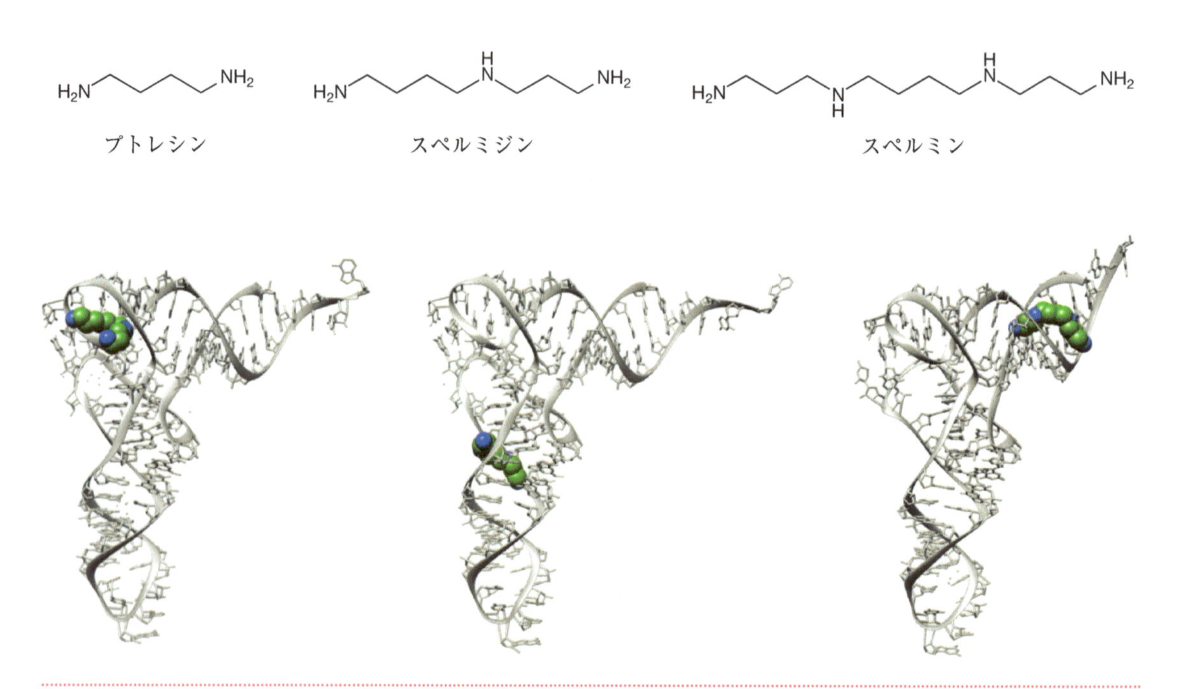


図3.42 | ポリアミンの分子構造およびtRNAと結合した状態の立体構造(左からPDB ID：1EVV，1TN2，2TRA)

Column

## 好熱菌のポリアミン

ポリアミンはRNAの立体構造の維持に必要であり，実際に，70℃程度の高温下で生育できる高度好熱菌 *Thermus thermophilus* からは，図のように多種類のポリアミンが見つかっている（Y. Terui *et al.*, *Biochem. J.*, **388**, 427 (2005)）。これらのポリアミンがtRNAの構造やシュードノットあるいはキッシングヘアピンなどの構造を安定化することが知られている。なお，サーモスペルミンは植物でも見つかっており，翻訳に影響を与えていることが知られている。

1,2-ジアミノプロパン　プトレシン　ノルスペルミジン

スペルミジン　ホモスペルミジン　テルミン

スペルミン　サーモスペルミン

ホモスペルミン　カルドペンタミン

サーモペンタミン　ホモカルドペンタミン

カルドヘキサミン

ホモカルドヘキサミン

トリス(3-アミノプロピル)アミン　テトラキス(3-アミノプロピル)アンモニウム

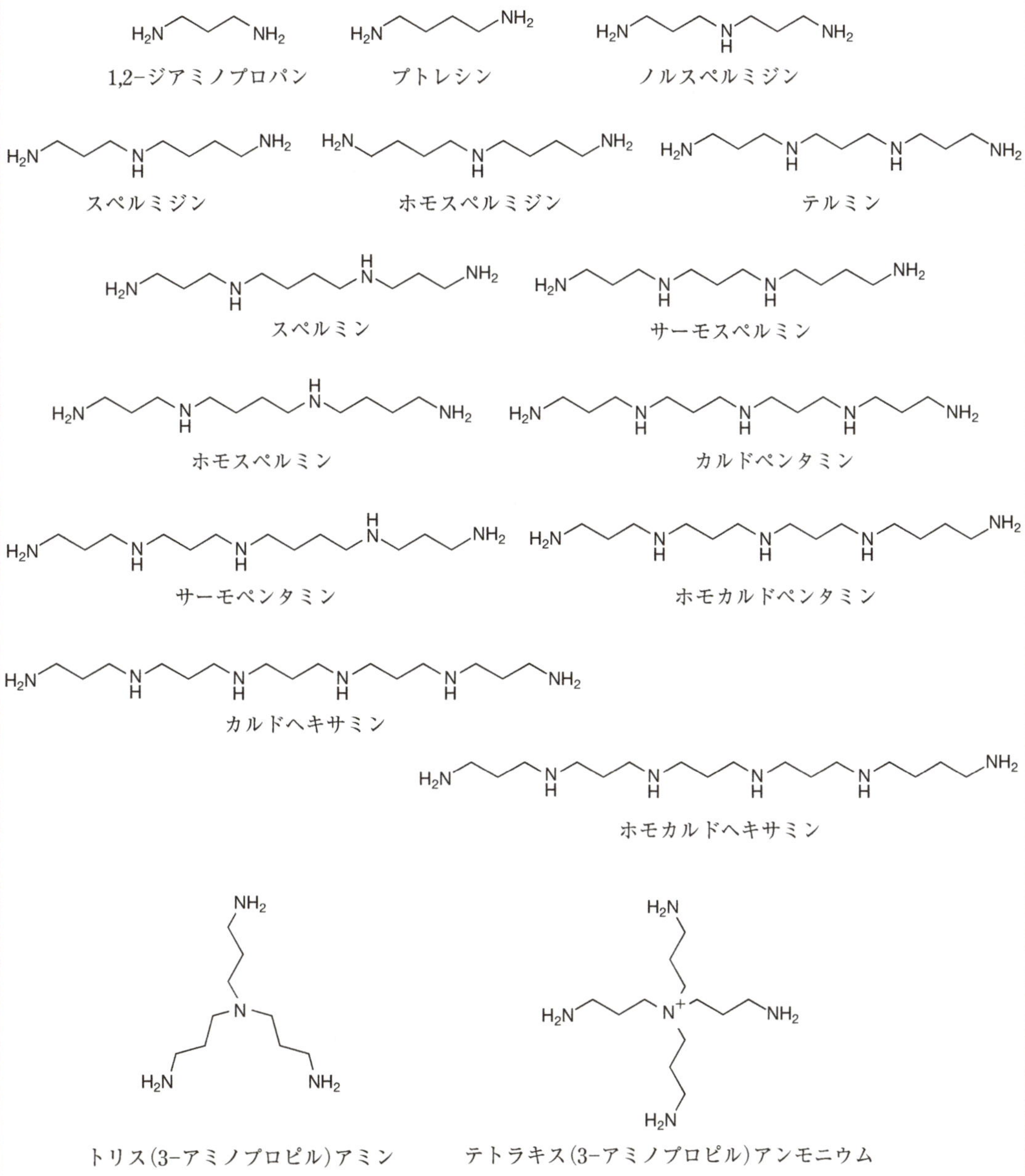

図 | **好熱菌のポリアミン**

［Y. Terui *et al.*, *Biochem. J.*, **388**, 427 (2005)］

## 3.5◆修飾ヌクレオチドとRNAの構造

多くのRNAは，転写後にさまざまな修飾を受ける(**図3.43**)。修飾ヌクレオチドはRNAの構造および機能において重要な役割をもつと考えられるが，その詳細は不明なところが多い。これまでに，RNAの立体構造の安定化やtRNAによるコドン認識への関与などの例が知られている。

ほとんどすべてのtRNAの54番目と55番目には，リボチミジン(T)とプソイドウリジン(Ψ)が存在し，このためその位置のループはTループあるいはTΨCループとよばれる。また，ジヒドロウリジン(D)もほとんどのtRNAに存在し，その位置のループはDループとよばれる。そのほか，tRNAには26番の修飾グアノシン残基($m^2G$など)，アンチコドンの3′側の37番の特徴的な修飾ヌクレオチド残基(Y, Qあるいは$t^6A$など)のように，特定の位置に特定の修飾ヌクレオチドが存在する。特に，tRNAのアンチコドン1文字目にある修飾ヌクレオチドは，遺伝暗号を正しく翻訳するために重要である(コラム参照)。また，アンチコドン1文字目にある修飾ヌクレオチド(リシジン)がアミノアシルtRNA合成酵素によるtRNAの認識の決定因子となっている例も知られている。高度好熱菌のtRNAのTループには2-チオリボチミジン($s^2T$)があるが，この修飾によって熱安定性が$T_m$にして3℃以上上がることが知られている。

**Column**

### アンチコドン1文字目の修飾ウリジンの機能

1つのアミノ酸に対応するコドンの数は，多くの場合2つあるいは4つである。1つのアミノ酸が4つのコドンに対応する場合には，コドンの3文字目はU，C，A，Gのいずれでもよい。このようなコドンに対応するtRNAのアンチコドン1字目(コドン3文字目に対応)はUまたはGであり，この場合のUはコンホメーションの自由度が高くなる，すなわち柔らかくなるような修飾ヌクレオチド($U^*$, $cmo^5U$など)となっている。$U^*$はコドンの3文字目として，A，GおよびUと対合できる。一方，1つのアミノ酸が2つのコドンに対応する場合，コドン3文字目がAおよびGとなるコドンに対応するtRNAのアンチコドン1文字目には，コンホメーションの自由度が低くなる，すなわち固くなるような修飾ヌクレオチド($U^{**}$, $mnm^5s^2U$など)となっている。$U^{**}$はコドン3文字目のUと対合するコンホメーションをとることができず，間違ったコドン認識が起こらないようになっている(S. Yokoyama *et al.*, *Proc. Natl. Acad. Sci., USA*, **82**, 4905(1985))。

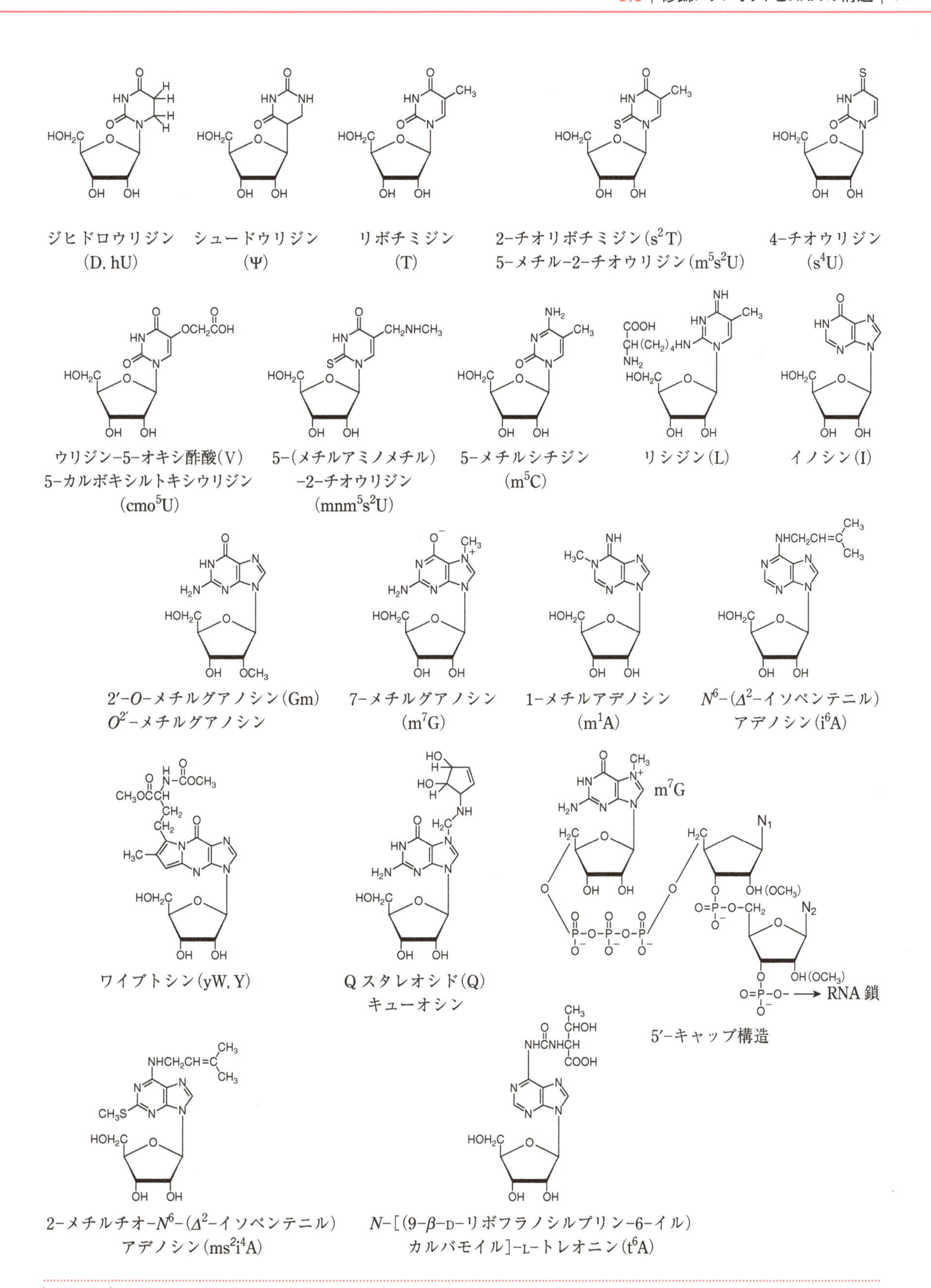


図3.43 | **さまざまな修飾ヌクレオチド**

[The RNA Modification Database (http://biochem.ncsu.edu/RNAmods/) より改変]

真核生物のすべてのmRNAの5′末端には，キャップ構造が存在している。キャップ構造は，mRNAのプロセシングおよび翻訳において，重要な機能をもっている。mRNA，ノンコーディングRNAあるいはウイルスのゲノムRNAなどにおいても多くの修飾ヌクレオチドが存在している可能性があるが，その実態はほとんどわかっていない。

## ❖演習問題

【1】RNAの構造と機能について，以下の用語などを用いて簡潔に説明せよ。
（A型，B型，C3′-*endo*-*anti*形，2′-OH，塩基対，二次構造，テトラループ，グループIイントロン，RNase P，リボスイッチ，リボソーム，リボザイム）

【2】核酸のA型らせん構造とB型らせん構造の違いについて説明せよ。

【3】テロメア配列におけるGカルテット構造について説明せよ。

【4】核酸の立体構造を安定化する相互作用を2つあげよ。

【5】RNAの二次構造とは何か。簡単に説明せよ。

【6】タンパク質の$\alpha$ヘリックス構造は，RNAの二重らせん構造ではなく，バルジループ構造や内部ループ構造を特異的に認識して結合することが多い。その理由を説明せよ。

【7】機能性RNAの立体構造形成には，$Mg^{2+}$などの金属イオンが重要であることが多い。その理由を説明せよ。

第4章

# 生体高分子の構造解析

生体高分子の立体構造を決定する主要な方法として，X線結晶構造解析法，NMR法あるいは低温電子顕微鏡があげられる。

X線結晶構造解析法は，1950年代にケンドリュー，ペルーツがミオグロビン（**図4.1**）およびヘモグロビンの立体構造を決定して以来，多くの生体高分子の構造決定に用いられている。よく知られているように，1953年に発表されたワトソンとクリックによるDNAの二重らせんモデルの作成においてもフランクリン（Rosalind Franklin）とウィルキンス（Maurice Wilkins）によるX線回折実験のデータが重要な役割を果たした（**図4.2**）。近年，タンパク質の結晶化の自動化やX線結晶構造解析のソフトウエアの整備が進み，構造決定に必要な期間の短縮が図られている。近年，シンクロトロン放射光が利用できる大規模施設によって，X線結晶構造解析の感度あるいは分解能が大きく向上している。

一方，NMR法についてはヴュートリッヒ（Kurt Wüthrich）によって開発されたタンパク質の立体構造解析法が基礎となり，現在ではタンパク質や核酸の立体構造解析の手法の1つとして確立している。NMR法による構造解析の手法については，NMR法のための試料調製法を含め，2000年代に国家レベルで実施された構造ゲノム科学プロジェクト（わが国のタンパク3000プロジェクトや米国NIHによるProtein Structure Initiativeなど）において大きな進歩を遂げた。NMR法は，水溶液の状態で構造解析が可能であるため，結晶が得られない生体高分子についても

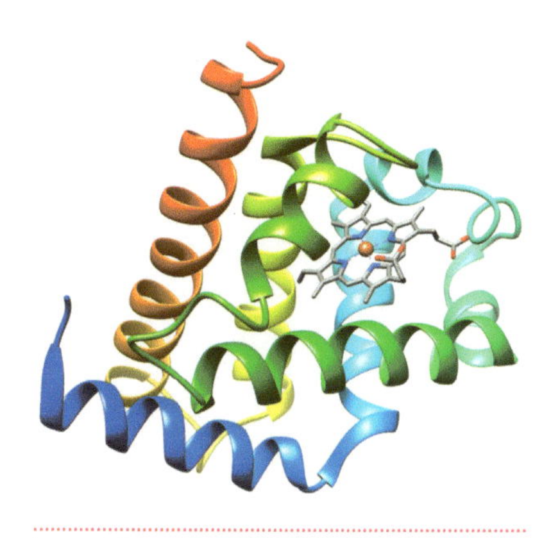

図4.1 ミオグロビン

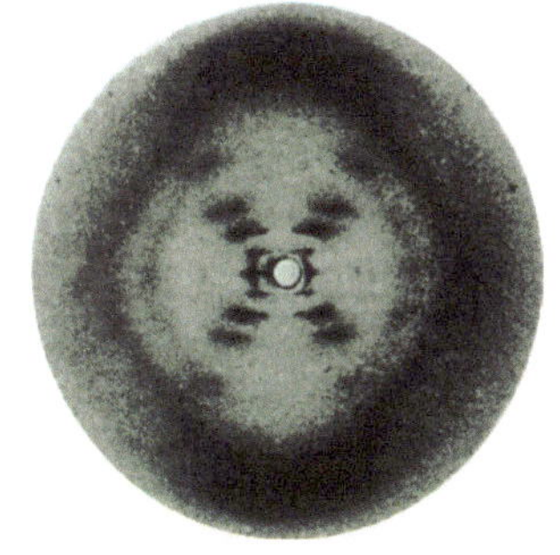

B型DNA

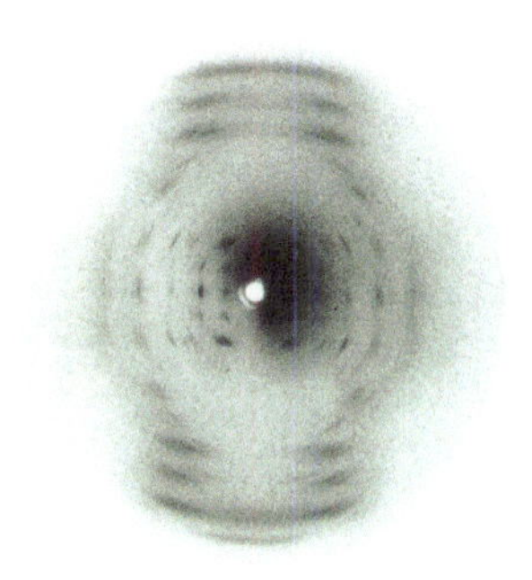

A型DNA

図4.2 DNAの回折データ

立体構造解析が可能である。一方，分子量が大きくなるにつれて解析の難度が増すため，X線結晶構造解析に比べて適用できる分子量の範囲に制限があることに注意する必要がある。近年，固体状態でのNMR測定の手法が発展し，固体NMR法による生体高分子の立体構造決定も可能となっているが，本章では，広く用いられている溶液NMR法について説明する。国内外で大型NMR装置の共同利用施設が整備されており，高感度・高分解能の装置の利用が可能となっている。

低温電子顕微鏡(cryo-EM，超低温電子顕微鏡，極低温電子顕微鏡あるいはクライオ電子顕微鏡ともよばれる)を用いた巨大分子複合体の立体構造解析は，近年大きく進歩している。特に，多数の粒子(巨大分子複合体)についての画像から立体構造を再構築する手法は，大きな成功を収め，Protein Data Bankに登録される立体構造データの数はNMR法によるものに迫る勢いである。

本章では，タンパク質やRNAなどの立体構造あるいは相互作用を解析するために利用される主要な手法について概説する。

## 4.1 ◆ X線結晶構造解析法

生体高分子の立体構造を決定するための方法のうち，現在もっとも精度よく構造決定可能な方法は，X線結晶構造解析法である。この方法では，X線発生装置と検出器の間に分子の結晶を置き，X線が結晶に当たって得られる回折像を検出器で検出し，計算によって分子の電子密度分布図を求めることで立体構造を明らかにする(**図4.3**)。良質なX線回折像が取得できる結晶が得られれば，タンパク質・核酸はもちろん，低分子から分子サイズが大きい超分子複合体まで，立体構造を原子レベルで明らかにすることができる。

ここでは，X線結晶構造解析法の基礎について述べ，次いでタンパク質やRNAの解析方法として，生体分子の結晶化，X線回折現象，構造計算について述べる。

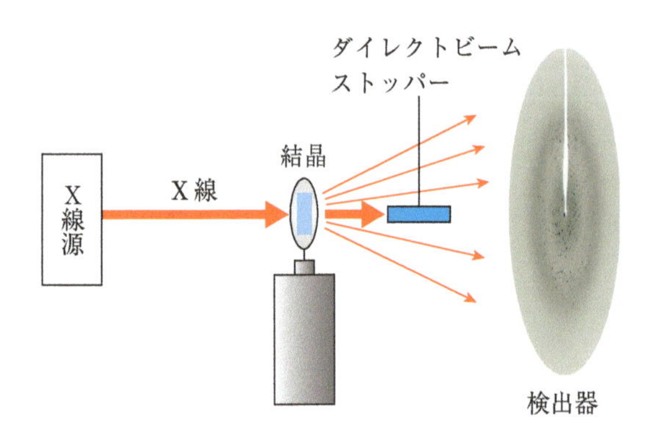


図4.3 | **X線結晶構造解析法の模式図**

Column

## PDBファイルの見方

立体構造の解析結果は，タンパク質・RNAいずれもProtein Data Bank（PDB）に登録することになっている。このデータベースには，X線結晶構造解析によるものだけでなく，NMRや低温電子顕微鏡によるものも含まれる。データファイルは，PDBデータベース上から無償でダウンロードすることができる。PDBが使用している原子座標の書式は，PDBフォーマットとよばれ，UCSF Chimeraなどいくつかの公開されている専用ソフトウエアで立体構造を表示することができる。また，データはASCII形式で書かれており，MS wordなどで読むことが可能である（図）。一番上のHEADERの行には，このファイルが示す分子の分類（または機能），PDBに登録した日付，4文字の英数字からなるPDB IDが書かれている（ここでは3VVT）。COMPNDの行には，タンパク質の名称やEC番号が書かれており，SOURCEの行には，解析対象となったタンパク質の由来が書かれている。JRNLの行には，これに関する論文の情報が書かれている。REMARKの行には，解析に関する分解能や単位格子，構造計算に関することなどさまざまなことが書かれている。REMARKの350行目には，このタンパク質の生物学的な構造単位である，生物学的ユニット（biological unit）が記載されている。単位格子に含まれるタンパク質分子の数とbiological unitとの間には関係がない。SEQRESの行には，アミノ酸配列が書かれている。HELIXおよびSHEETの行には，それぞれαへリックス，βストランドをとるアミノ酸が書かれている。ATOMの行には，各原子の座標，占有率，温度因子のデータが書かれている。HETATMの行には，タンパク質分子以外の原子，例えば水分子などの座標が書かれている。MASTERおよびENDの行でファイルの終了が示される。

※生物学的ユニット：同じタンパク質が複数集まって多量体を形成している場合に，この多量体がもつ対称性と結晶の対称性が関連することがある。このような場合，X線結晶構造解析の結果としては1分子の構造のみが得られるが，これと対称性を組み合わせることによって多量体の構造を再現することができる。PDBデータには，そのタンパク質の多量体構造が生物学的ユニットとして記載されており，多量体を再現するための対称操作が明示されている。UCSF Chimeraなどの分子表示ソフトウエアは，この情報を利用して多量体を構成する機能をもっている。

```
HEADER   TRANSFERASE                      27-JUL-12   3VVT
TITLE    CRYSTAL STRUCTURE OF RECONSTRUCTED ARCHAEAL ANCESTRAL NDK, ARC1
COMPND   MOL_ID: 1;
COMPND  2 MOLECULE: NUCLEOSIDE DIPHOSPHATE KINASE;
COMPND  3 CHAIN: A, B;
COMPND  4 EC: 2.7.4.6;
COMPND  5 ENGINEERED: YES
SOURCE   MOL_ID: 1;
SOURCE  2 SYNTHETIC: YES;
SOURCE  3 OTHER_DETAILS: THERE IS NO NATURAL SOURCE SINCE THIS SEQUENCE IS
SOURCE  4 ESTIMATED AS ARCHAEAL ANCESTRAL NDK SEQUENCE BY PHYLOGENETIC
SOURCE  5 ANALYSIS. HOST IS ESCHERICHIA COLI BL21(DE3) AND PLASMID IS PET21C
KEYWDS   NDK, ARCHAEA, ANCESTOR, TRANSFERASE
EXPDTA   X-RAY DIFFRACTION
AUTHOR   N.NEMOTO,K.MIYAZONO,M.KIMURA,S.YOKOBORI,S.AKANUMA,M.TANOKURA,
AUTHOR  2 A.YAMAGISHI
REVDAT  2  24-JUL-13 3VVT   1      JRNL
REVDAT  1  19-JUN-13 3VVT   0
JRNL       AUTH   S.AKANUMA,Y.NAKAJIMA,S.YOKOBORI,M.KIMURA,N.NEMOTO,T.MASE,
JRNL       AUTH 2 K.MIYAZONO,M.TANOKURA,A.YAMAGISHI
```

図 PDBファイルの見方

```
JRNL        TITL   EXPERIMENTAL EVIDENCE FOR THE THERMOPHILICITY OF ANCESTRAL
JRNL        TITL 2 LIFE
JRNL        REF    PROC.NATL.ACAD.SCI.USA        V. 110 11067 2013
JRNL        REFN                   ISSN 0027-8424
JRNL        PMID   23776221
JRNL        DOI    10.1073/PNAS.1308215110
REMARK   2
REMARK   2 RESOLUTION.    2.40 ANGSTROMS.
REMARK   3
REMARK   3 REFINEMENT.
REMARK   3   PROGRAM     : REFMAC 5.5.0102
REMARK   3   AUTHORS     : MURSHUDOV,VAGIN,DODSON
REMARK   3
REMARK   3    REFINEMENT TARGET : MAXIMUM LIKELIHOOD
REMARK   3
REMARK   3  DATA USED IN REFINEMENT.
REMARK   3   RESOLUTION RANGE HIGH (ANGSTROMS) : 2.40
REMARK   3   RESOLUTION RANGE LOW  (ANGSTROMS) : 19.52
REMARK   3   DATA CUTOFF            (SIGMA(F)) : 0.000
REMARK   3   COMPLETENESS FOR RANGE        (%) : 99.8
REMARK   3   NUMBER OF REFLECTIONS             : 17682
REMARK   3
REMARK   3  FIT TO DATA USED IN REFINEMENT.
REMARK   3   CROSS-VALIDATION METHOD          : THROUGHOUT
REMARK   3   FREE R VALUE TEST SET SELECTION  : RANDOM
REMARK   3   R VALUE     (WORKING + TEST SET) : 0.187
REMARK   3   R VALUE            (WORKING SET) : 0.186
REMARK   3   FREE R VALUE                     : 0.222
REMARK   3   FREE R VALUE TEST SET SIZE   (%) : 5.100
REMARK   3   FREE R VALUE TEST SET COUNT      : 900
REMARK   3
REMARK   3  FIT IN THE HIGHEST RESOLUTION BIN.
REMARK   3   TOTAL NUMBER OF BINS USED           : 20
REMARK   3   BIN RESOLUTION RANGE HIGH       (A) : 2.40
REMARK   3   BIN RESOLUTION RANGE LOW        (A) : 2.46
REMARK   3   REFLECTION IN BIN     (WORKING SET) : 1181
REMARK   3   BIN COMPLETENESS (WORKING+TEST) (%) : 97.63
REMARK   3   BIN R VALUE           (WORKING SET) : 0.2590
REMARK   3   BIN FREE R VALUE SET COUNT          : 54
REMARK   3   BIN FREE R VALUE                    : 0.3250
    (中略)
REMARK 350 COORDINATES FOR A COMPLETE MULTIMER REPRESENTING THE KNOWN
REMARK 350 BIOLOGICALLY SIGNIFICANT OLIGOMERIZATION STATE OF THE
REMARK 350 MOLECULE CAN BE GENERATED BY APPLYING BIOMT TRANSFORMATIONS
REMARK 350 GIVEN BELOW.  BOTH NON-CRYSTALLOGRAPHIC AND
REMARK 350 CRYSTALLOGRAPHIC OPERATIONS ARE GIVEN.
REMARK 350
REMARK 350 BIOMOLECULE: 1
REMARK 350 AUTHOR DETERMINED BIOLOGICAL UNIT: HEXAMERIC
REMARK 350 APPLY THE FOLLOWING TO CHAINS: A, B
    (中略)
SEQRES   1 A  139  MET GLU ARG THR PHE VAL MET ILE LYS PRO ASP GLY VAL
SEQRES   2 A  139  GLN ARG GLY LEU ILE GLY GLU ILE ILE SER ARG PHE GLU
SEQRES   3 A  139  ARG LYS GLY LEU LYS ILE VAL ALA MET LYS MET MET ARG
SEQRES   4 A  139  ILE SER ARG GLU MET ALA GLU LYS HIS TYR ALA GLU HIS
SEQRES   5 A  139  ARG GLU LYS PRO PHE PHE SER ALA LEU VAL ASP TYR ILE
SEQRES   6 A  139  THR SER GLY PRO VAL VAL ALA MET VAL LEU GLU GLY LYS
SEQRES   7 A  139  ASN ALA VAL GLU VAL VAL ARG LYS MET VAL GLY ALA THR
SEQRES   8 A  139  ASN PRO LYS GLU ALA ALA PRO GLY THR ILE ARG GLY ASP
SEQRES   9 A  139  PHE GLY LEU ASP VAL GLY LYS ASN VAL ILE HIS ALA SER
SEQRES  10 A  139  ASP SER PRO GLU SER ALA GLU ARG GLU ILE SER LEU PHE
```

| 図 | PDBファイルの見方(つづき)

```
SEQRES  11 A  139  PHE LYS ASP GLU GLU LEU VAL GLU TRP
```
（中略）
```
HELIX   1   1 LYS A    9  ARG A   15  1                                   7
HELIX   2   2 LEU A   17  LYS A   28  1                                  12
HELIX   3   3 SER A   41  TYR A   49  1                                   9
HELIX   4   4 ALA A   50  ARG A   53  5                                   4
HELIX   5   5 PHE A   57  THR A   66  1                                  10
```
（中略）
```
SHEET   1   A 4 LYS A  31  MET A  38  0
SHEET   2   A 4 VAL A  70  GLU A  76 -1  O  GLU A  76   N  LYS A  31
SHEET   3   A 4 ARG A   3  ILE A   8 -1  N  VAL A   6   O  MET A  73
SHEET   4   A 4 ILE A 114  ALA A 116 -1  O  HIS A 115   N  MET A   7
```
（中略）
```
SHEET   1   B 4 LYS B  31  MET B  38  0
SHEET   2   B 4 VAL B  70  GLU B  76 -1  O  ALA B  72   N  LYS B  36
SHEET   3   B 4 ARG B   3  ILE B   8 -1  N  ILE B   8   O  VAL B  71
SHEET   4   B 4 ILE B 114  ALA B 116 -1  O  HIS B 115   N  MET B   7
```
（中略）
```
ATOM      1  N   MET A   1       7.985 -10.859 -40.322  1.00 73.46           N
ANISOU    1  N   MET A   1     7018  12385   8507    707   -798    239       N
ATOM      2  CA  MET A   1       8.781 -12.042 -39.879  1.00 72.53           C
ANISOU    2  CA  MET A   1     7058  12104   8396    470   -753    140       C
ATOM      3  C   MET A   1       9.277 -11.839 -38.447  1.00 69.73           C
ANISOU    3  C   MET A   1     6804  11555   8136    514   -621    107       C
ATOM      4  O   MET A   1       9.331 -10.682 -37.954  1.00 70.40           O
ANISOU    4  O   MET A   1     6899  11569   8280    730   -565    161       O
ATOM      5  CB  MET A   1       9.961 -12.298 -40.818  1.00 72.44           C
ANISOU    5  CB  MET A   1     7258  11921   8343    408   -799    130       C
```
（中略）
```
TER    2192      TRP B 139
HETATM 2193  O   HOH A 201      16.471 -13.624 -28.598  1.00 21.98           O
HETATM 2194  O   HOH A 202      30.747 -10.554 -41.416  1.00 29.71           O
HETATM 2195  O   HOH A 203      24.412  -2.765  -6.439  1.00 33.32           O
HETATM 2196  O   HOH A 204      23.466   3.306  -9.032  1.00 48.81           O
HETATM 2197  O   HOH A 205      25.471   2.552 -22.289  1.00 27.40           O
```
（中略）
```
HETATM 2234  O   HOH B 225      38.412  -1.475 -30.395  1.00 45.23           O
MASTER      382    0    0   19    8    0    0    6 2232    2    0   22
END
```

図 | **PDBファイルの見方（つづき）**

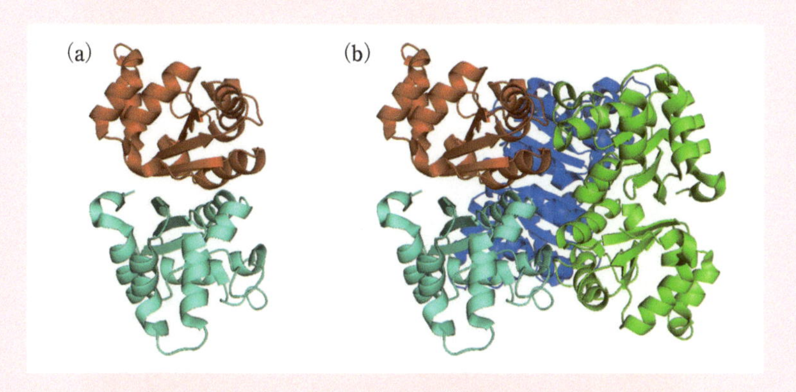


図 | **ヌクレオチドニリン酸キナーゼの立体構造（PDB ID : 3VVT）**

(a) PDBファイルの結晶の単位格子に含まれる2つの単量体（赤色と水色）。(b) 生物学的な構造単位である六量体。(a) と同じものがさらに2つ加わっている（青色と緑色）。

### 4.1.1◇X線結晶構造解析法の基礎

#### A. X線源

X線は，原子間距離に相当する短い波長（1 Å程度）の電磁波であるため，生体分子の原子配置を明らかにするのに適している。似た方法として，陽子線や中性子線を用いる方法もあるが，線源の強度や装置の簡便さからX線がもっとも有効である。

**図4.4**(a)に示すような大学などの実験室におけるX線回折装置でのX線源としては，加速した電子を銅原子に照射したときに発生する波長1.54 Åの特性X線（Cu–K$\alpha$線）が用いられる。兵庫県播磨にある理化学研究所が所有する大型放射光施設SPring–8や茨城県つくばにある高エネルギー加速器研究機構の放射光施設Photon Factoryといった放射光施設では（**図4.4**(b)），電子を加速して，その軌道を急激に変化させた際に出てくる電磁波（シンクロトロン放射）をX線源として利用するため，波長を自由に変えることができる。また，輝度の高いX線が得られるため，

(a)

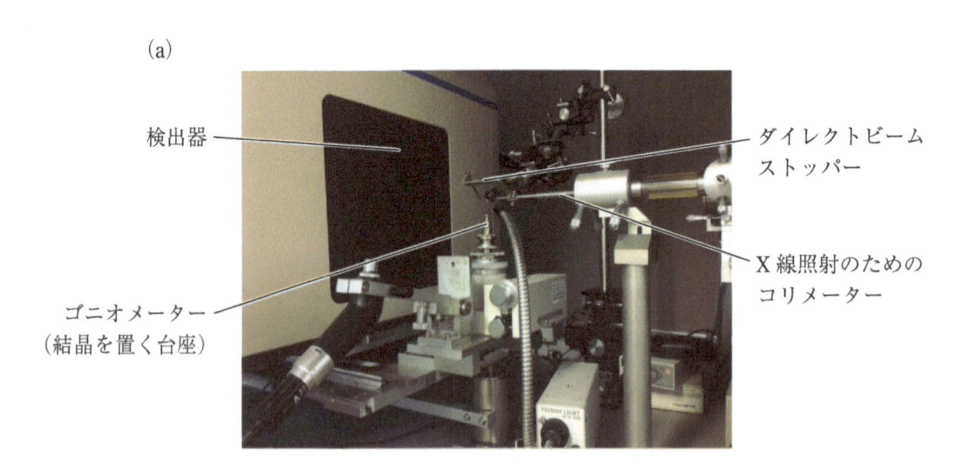


(b)

**図4.4 実験室におけるX線回折装置(a)および放射光施設(SPring–8)(b)**

ゴニオメーターは高さや向きを変えることができるようになっていて，コリメーターを通して照射されたX線が適切に結晶に当たるように調節する。
[(b)は理化学研究所 提供]

実験室と比べて短い時間で精度の高い(高分解能な)解析が可能である。

どちらのX線源を使用した場合でも，生体高分子の結晶に向けて照射されたX線は回折X線として検出器に入る。この際には，照射されたX線が直接検出器に入らないように装置にはダイレクトビームストッパーが付いている。検出された回折像から計算により電子の分布を密度で表現し，原子の位置を決定する。

## B. 結晶

結晶とは，分子が空間的に周期配列したものである。結晶化して分子を規則正しく配列させると，個々の分子からの散乱X線が互いに干渉して，散乱X線の強度が相乗的に大きくなるため，鮮明な回折像(C.項参照)を得ることができる。したがって，小さい結晶や並び方が不正確な結晶は，立体構造解析に不向きである。結晶を用いるもう1つの理由は，分子が激しく動いているとタンパク質の立体構造を原子レベルで決定することができないためである。タンパク質は，表面構造が複雑で，いろいろな力が分子間ではたらいているため，それらを空間的に周期配列させるのは難しく，結晶を得る条件を探すのにたいへん苦労する。

結晶の形(結晶の外形ではなく，結晶の性質としての結晶形)は，周期配列の対称性を示す空間群と，規則構造の最小単位である単位胞または単位格子(unit cell)によって表される。単位格子は3つの軸の長さとその角度による大きさを示す格子定数によって定義される。結晶は，単位格子の違いにより7つの晶系に分類され(三斜晶系，単斜晶系，斜方晶系，正方晶系，三方晶系，六方晶系，立方(等軸)晶系)，さらに対称軸の有無などにより230の空間群に分類される。光学活性分子を含むタンパク質の結晶がとりうる空間群は，そのうちの65種類である(**表4.1**)。つまり，単にタンパク質の結晶といっても，そこに含まれるタンパク質の配置の仕方はさまざまであり，同一タンパク質であっても条件によって異なる晶系の結晶を生じうる。結晶の形状(結晶の外形)からでは晶系は判断できず，X線回折像を解析することにより明らかにすることができる。

**表4.1 | 結晶系とタンパク質などの光学活性分子がとる空間群**

| 晶系 | 空　間　群 |
|---|---|
| 三斜晶 | $P1$ |
| 単斜晶 | $P2$, $P2_1$, $C2$ |
| 斜方晶 | $P222$, $P222_1$, $P2_12_12$, $P2_12_12_1$, $C222$, $C222_1$, $F222$, $I222$, $I2_12_12_1$ |
| 正方晶 | $P4$, $P4_1$,$P4_3$, $P4_2$, $I4$, $I4_1$, $P422$, $P42_12$, $P_1122$, $P4_322$, $P4_122$, $P4_12_12$, $P4_32_12$, $P4_222$, $P4_22_12$, $I422$, $I4_122$ |
| 三方晶 | $P3$, $P3_1$, $P3_2$, $R3$, $P312$, $P321$, $P3_121$, $P3_221$, $P3_112$, $P3_212$, $R32$ |
| 六方晶 | $P6$, $P6_1$, $P6_2$, $P6_4$, $P6_5$, $P622$, $P6_122$, $P6_522$, $P6_222$, $P6_422$, $P6_322$, $P6_3$ |
| 等軸晶 | $P23$, $F23$, $I23$, $P2_13$, $I2_13$, $P432$, $P4_132$, $P4_332$, $P4_232$, $F432$, $F4_132$, $I432$, $I4_132$ |

$P$：単純格子，$F$：面心格子，$I$：体心格子，$C$：底心格子，$R$：単純格子(菱面体晶系)

### C. X線回折像

X線が結晶に当たると，X線の大部分はまっすぐに結晶を通過してしまうが，一部は結晶内の原子を構成する電子(原子核のまわりの電子)と相互作用して，電子を振動させる。振動した電子は新しいX線源となって，あらゆる方向(球状)にX線を放射する。これを散乱X線という。規則的な三次元配列になっている結晶では，散乱X線は互いに干渉しあう。ほとんどの場合，これらのX線は打ち消しあうが，正の干渉をした特定の方向の回折X線は，回折斑点となって記録されて回折像をつくる(**図4.5**)。各回折斑点は，すべての原子が放射する回折X線のうち，ある同じ角度で回折したものすべてが干渉しあった総和といえる(**図4.6**)。

この回折X線は，3つのパラメータ「振幅(回折斑点の強度から算出さ

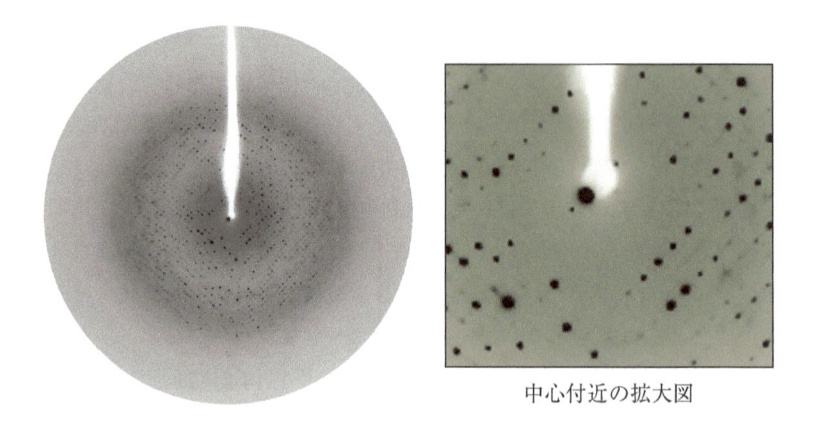


**図4.5 | X線回折像の例**

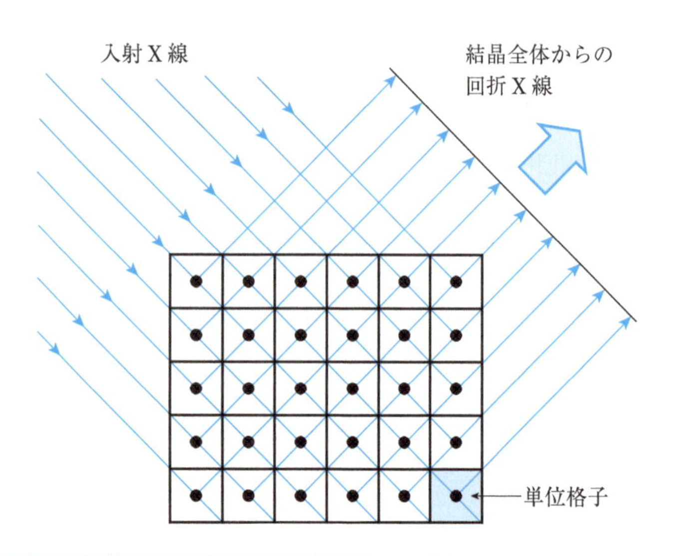


**図4.6 | X線回折の模式図**

入射X線は単位格子中の電子(黒丸)によって散乱X線を生じ，これが結晶全体からの回折X線となる。

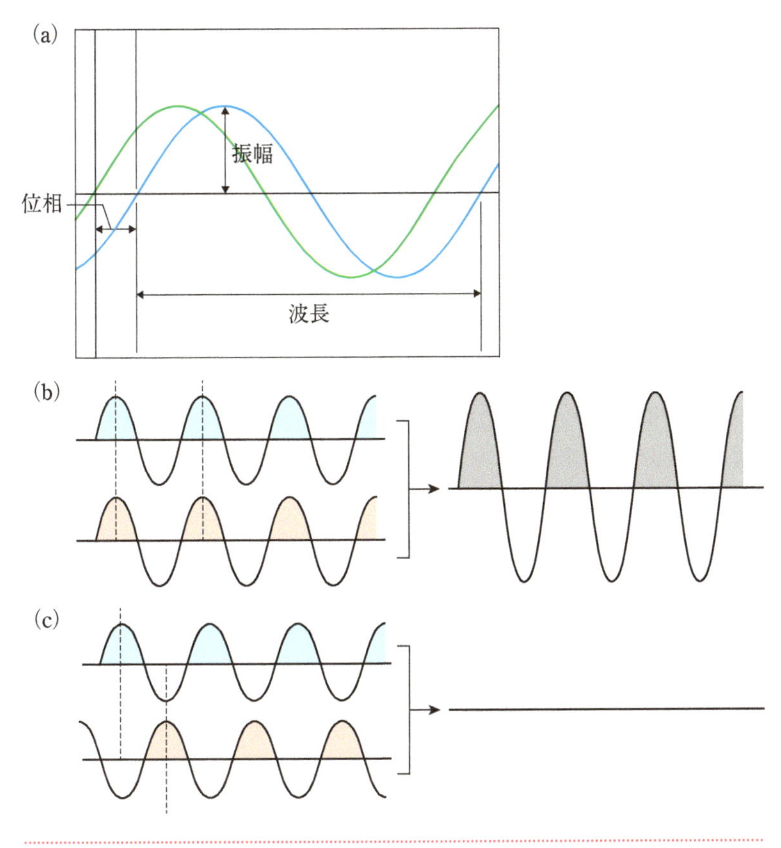


図4.7 電磁波における振幅・波長・位相(a)および2つの波の合成(b)(c)
位相が一致していると波の振幅は2倍になり(b)，位相がずれると弱まる(c)。

れる)」，「波長(X線源と同じ)」，「位相(この測定だけでは求まらない)」からなる(**図4.7**)。このうち位相については，後述する重原子同型置換法のように，重原子を浸透させた結晶の回折実験を行い，元の結晶との回折強度の差をとり，それをもとに単位格子中の重金属の位置を決めて，重金属だけからの各回折X線の振幅と位相を決める必要がある。そしてこの情報から元の結晶の各回折X線の位相を決定することができる。

## D. 回折斑点の情報にもとづく電子密度分布図の作成

ここまで，各回折斑点が結晶中の全電子から散乱された回折X線のうちのある角度に向かって散乱したものの総和であることと，その各回折斑点を生じる回折X線の振幅，波長，位相を求める方法について述べた。次に，回折斑点の情報から，タンパク質の立体構造を計算によって求める方法について述べる。

回折斑点を生じるのは，タンパク質分子を構成する原子がもつ電子による散乱X線である。電子は一点に局在しているわけではないので，電子密度分布として考える必要がある。

回折斑点1つ1つを$(h,k,l)$という座標で表すとき，それぞれの回折斑点は単位格子中にある電子密度の分布$\rho(xyz)$から生じた回折X線の振幅，波長，位相に依存するので，単位格子中の各原子の電子密度と回折X線のデータから得られる情報との間には，下の式が成り立つ。

$$\rho(xyz)=\frac{1}{V}\sum_{h}\sum_{k}\sum_{l}|F(hkl)|\times \exp[-2\pi i(hx+ky+lz)+i\alpha(hkl)]$$

ここで，$V$は単位格子の体積，$F(hkl)$は構造因子とよばれる波動関数である。$F(hkl)$は電子密度$\rho(xyz)$のフーリエ変換（＊6参照）であり，逆に，$F(hkl)$をフーリエ変換すると$\rho(xyz)$が求まるという関係になっている。構造因子$F(hkl)$の振幅$|F(hkl)|$は，各回折斑点から読み取られる回折強度$I(hkl)$の平方根である。式の最後の項の$\alpha(hkl)$は，構造因子$F(hkl)$の位相の項である。これらが求まれば，各$xyz$座標における電子密度（＝電子密度分布）が求まる。

## E. 分子モデルの作成

このようにして単位格子中の電子密度分布がわかるので，それをもとにタンパク質分子中の各アミノ酸やRNA中の各ヌクレオチドを当てはめていく。十分に高い分解能のデータが得られていないと，電子密度分布図に合うように原子を当てはめるのは難しい。例えば，2つの炭素原子間の結合距離は約1.5 Åなので，2 Åの分解能のデータでは，2つの炭素原子を分離して見ることはできない（**図4.8**）。しかし通常は，アミノ酸配列や塩基配列の情報はすでにわかっている分子が測定対象であるので，構成分子の形状やそのつながり方はわかっている。またアミノ酸やヌクレオチド分子がとりうる角度は限られているため，3 Å程度の分解能であっても，分子モデルを構築することができる場合もある（**図4.8**）。

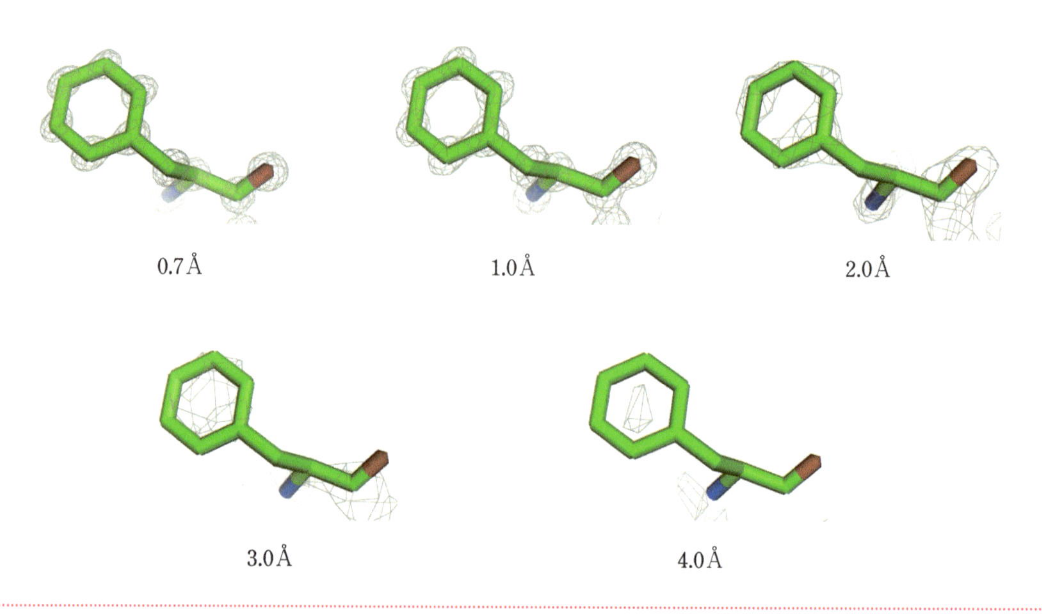


**図4.8 異なる分解能のX線回折データにおけるフェニルアラニンの電子密度分布（PDB ID：2VB1）**

**Column**

## 差フーリエマップ

電子密度と分子モデルとが完全に一致する場合，観測データ $|F_{obs}|$ と分子構造から計算される $|F_{calc}|$ の差はゼロになる。$|F_{obs}| - |F_{calc}|$ マップ（差フーリエマップ）は，データと分子構造モデルの差のみが現れるマップで，正と負のピークを示す。結晶化したタンパク質に基質が含まれる場合，正のピークとして基質の結合を確認することができる。

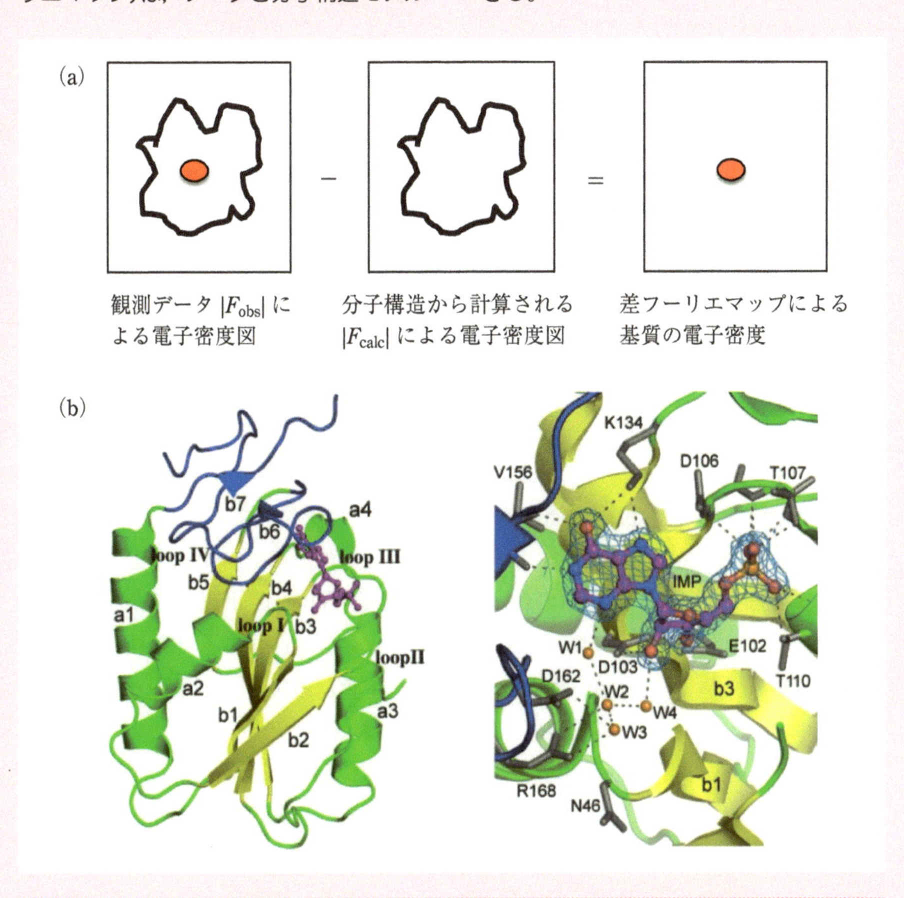


図 | 差フーリエマップを作成するイメージ(a)およびヒポキサンチン–グアニンホスホリボシルトランスフェラーゼ(PDB ID：3ACD)における差フーリエマップで見つかった基質(IMP)の電子密度(b)

[M. Kanagawa *et al.*, *Acta Cryst.* **F66**, 893 (2010)]

### 4.1.2 ◇ X線結晶構造解析法によるタンパク質やRNAの解析

#### A. 生体高分子の結晶化

##### (1) タンパク質の調製，RNAの調製

生体高分子の結晶を作製するためには，均一で高濃度の試料が必要となる。タンパク質の場合には，大腸菌などを宿主とした異種タンパク質発現系を用いる方法でタンパク質を得ることが常套手段となっており，生体から直接，目的とするタンパク質を精製して得る方法は効率が悪い

ため，現在では何らかの必要に迫られない限りは行われない。大腸菌を宿主とした場合，条件次第では，栄養豊富な培地を用いた培養により，培地1リットルあたり10 mg程度の精製タンパク質を，何ステップかのカラムクロマトグラフィーを経て，得ることができる。通常，これを10 mg/mL程度の濃度まで限外ろ過膜などを用いて濃縮し，結晶化用の試料とする。高温の温泉などに棲む好熱菌がもつタンパク質は安定で精製しやすく，良質の結晶を得やすいことが知られているので，タンパク質の立体構造を網羅的に解析する「構造ゲノム科学」の対象として，数多くのタンパク質の立体構造が解析されている。

一方，RNAを解析の対象とする場合には，T7 RNAポリメラーゼを用いた*in vitro*転写によって目的とするRNAを大量に調製し，電気泳動法などによる精製およびエタノール沈殿による濃縮を行う。RNAの場合もタンパク質と同程度の濃度にしたものを結晶化用の試料とする。

### (2) 蒸気拡散法

生体高分子試料の結晶化は，現在はほとんどが蒸気拡散法によって行われる(**図4.9**)。どのような条件で目的とする試料の結晶が得られるかについては試行錯誤して探す必要がある。結晶化条件を探すために，pHを調整した緩衝液とタンパク質の溶解度を下げるために添加するポリエチレングリコールなどの沈殿剤や無機塩を混合した結晶化母液を複数種類(場合によっては数百種類以上)用意して結晶化を試す，一次スクリーニングをまず行う。通常は結晶化専用の区画化された穴(ウェル)があるプラスチックプレートを使用する。沈殿剤を含む結晶化母液を結晶化容器のウェルに入れ(これをリザーバー液とよぶ)，次に，濃縮した生体分子試料と結晶化母液を混合して液滴(ドロップ)を作り，ウェルに入れて密閉する。しばらく放置すると，リザーバー液とドロップの間で水蒸気が移動し，ドロップ中の沈殿剤の濃度が変化する。**図4.10**は，結晶成長の相変化図(相図)である。縦軸は生体高分子の溶解度低下要因となる沈殿剤などの濃度を，横軸は生体高分子の濃度(図中ではタンパク

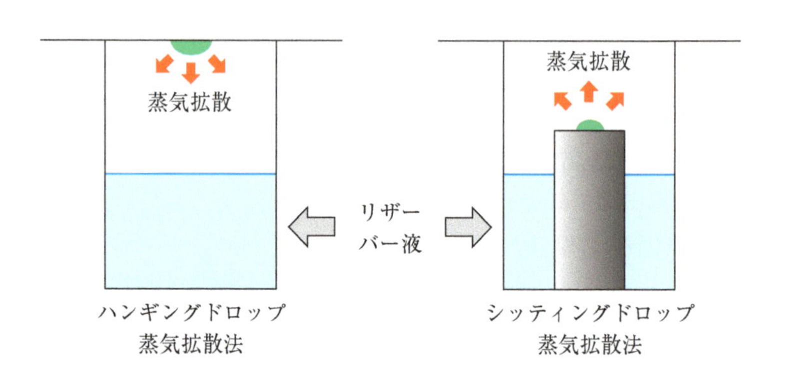


**図4.9** | **蒸気拡散法による結晶化**

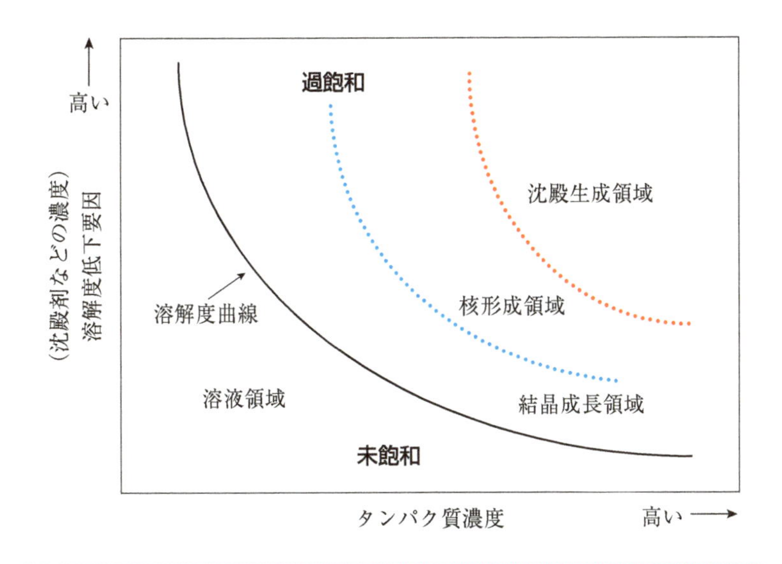


図4.10 | 結晶化における相変化図

質濃度)を示す。図中の曲線は生体高分子の溶解度曲線を示しており，結晶化母液中の沈殿剤濃度に対して生体高分子の濃度が溶解度曲線よりも低い場合には未飽和の領域に入るため溶液のままとなる。一方，結晶化母液中の沈殿剤濃度に対して生体高分子の濃度が高い場合には過飽和の領域に入り，結晶の種となる核が形成されれば結晶が成長する。濃度が高すぎる場合には生体高分子が凝集した非晶質の沈殿が生じてしまう。生体高分子の溶解度は分子によって，また結晶化母液の組成や濃度によって変わるため，それぞれの結晶化ドロップがどのようになっているかよく観察する必要がある。結晶がまったく得られない場合でもドロップが溶液のままなのか，あるいは沈殿を生じているかによって次の結晶化条件の判断材料となる。また微小な結晶しか得られない場合にはどちらか(あるいはそれぞれ)の濃度をやや低下させることによって結晶を大きく成長させられる可能性があることが相図からわかる。通常，一次スクリーニングでは良質な結晶は得られないので，結晶が得られた条件のpHや沈殿剤濃度などを微調整する二次スクリーニングを何度も繰り返すことで，良質な回折像を与える結晶を得ることができる。しかしながら，試行錯誤を繰り返しても良質の結晶を得ることが困難な場合もあり，特に解析対象がタンパク質の場合には，生物種を変更してアミノ酸の配列が一部異なる目的タンパク質を調製しなおすことがある。

密閉した蓋の内側にドロップを作製する方法をハンギングドロップ法，ウェルに台座を用意し，そこにドロップを作製する方法をシッティングドロップ法という(図4.9)。ハンギングドロップ法ではあまり大きなドロップは作製できないが，台座に結晶がくっつくことがないのが利点である。シッティングドロップ法は結晶化を仕込みやすいことが利点であり，条件をたくさん試す必要がある一次スクリーニングでは，通常この方法が用いられる。

実験室の回折装置の場合，一辺が100 μm以上の結晶が得られないと解析が困難である。一方，放射光施設では10 μm未満の極微小結晶でも解析が可能な場合がある。

### B. 回折像の観測

結晶が得られた後は，前述のとおり，X線を照射することにより回折像を観測する。結晶にX線を照射すると放射線損傷が起こり，結晶の均一性が徐々に失われてしまう。そこでX線の照射は，放射線損傷を減らすため，通常，−180℃に冷却した窒素気流下の極低温下で行う。ただし，ドロップ中の結晶は水を多く含むため，そのままでは結晶が凍結してし

Column

## 分解能

生体高分子の結晶は，水分子を多く含むため，分子はある程度の動きの自由度をもつ。このため，低分子化合物の結晶に比べて分子構造の同一性が低い。このような結晶にX線を当てると，高分解能の情報が欠如する。高分解能の情報とは，次式の$d_{hkl}$が小さい値をとるところである。

$$2d_{hkl}\sin\theta = n\lambda$$

この式をブラッグ(Bragg)の式といい，結晶中で結晶格子の間隔が$d_{hkl}$である面に並んでいる分子からの回折X線が強めあう条件は，波長$\lambda$の整数倍($n$倍)のときであることを示している(図)。

$d_{hkl}$の値が小さい面では，$\theta$が大きくなる。つまり，入射するX線に対して，回折X線の角度が大きい回折斑点を生じる。これは高分解能の情報を与えるが，観測が難しい。観測が可能な回折X線の$\theta$が最大となるときの結晶格子面の間隔$d$の値が，その結晶における最大分解能に相当する。測定で検出される回折斑点は同心円上に検出され，中心近くの回折斑点は低分解能の情報を，中心から遠い回折斑点ほど高分解能の情報を与える。また，構造計算で$F(hkl)$と$\alpha(hkl)$の数が多いほど電子密度分布の精度は増加するので，検出器の中心から遠い回折斑点を与える結晶ほど大きな$hkl$の値の項を構造計算に加えられることになり，高分解能の測定が可能となる。

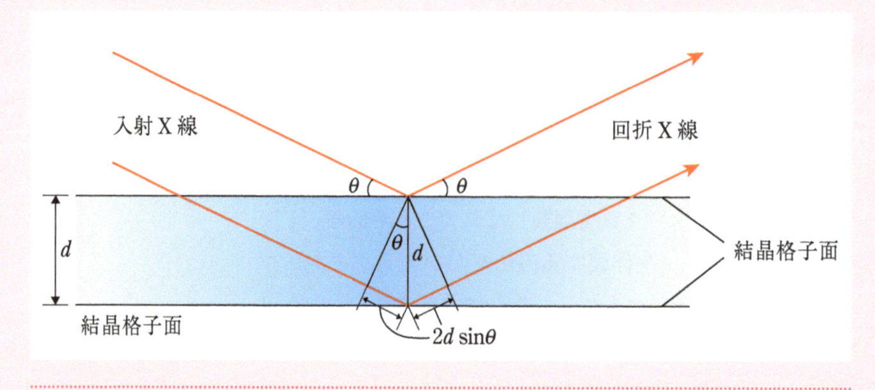


図 | 結晶格子面でのX線の回折

まい，氷の結晶によるアイスリングとよばれる同心円状のパターンが回折像の3 Å付近に出てしまう。そこで，凍結保護剤として，エチレングリコールやトレハロースなどを含む溶液に結晶を浸してから冷却を行うことで水を非晶質なガラス状態に固化する。

回折像の検出は通常，実験室ではイメージングプレート[*1]を，放射光施設では読み込み速度が速いCCDカメラを利用して行う。結晶を少しずつ振動させて，角度を変えながらX線を照射することで，異なる情報をもつ回折像を得ることができる。結晶の対称性に応じて，180°あるいは360°回転させて回折像を得ることで，構造決定可能なデータを収集する。得られた回折像のデータの処理にはwebで公開されているiMosflm[*2]などのプログラムを用いて，空間群および格子定数を決定した後，各回折斑点の強さを積分し，規格化を行うことによって，構造計算に用いるデータの組(データセット)とする。

＊1　イメージングプレート：片面に蛍光物質が塗布された高分子フィルム。X線が照射されると吸収量に応じて発光する。検出は特定の波長のレーザー光を照射することで励起，発光させて光量をデジタル化して読み取る。情報を消去できるので繰り返して使用することが可能。

＊2　Harry Powell (MRC–LMB) による。

## C. 位相決定：分子置換法，重原子同型置換法，異常分散法

回折像のデータから電子密度分布を得る方法については前述したが，回折像のデータに含まれない情報である位相を決定する方法として，分子置換法，重原子同型置換法，異常分散法の3種類の方法がある。

分子置換法は，構造決定したい解析ターゲットと類似したタンパク質の立体構造がすでに決定されている場合に利用できる方法である。既知の立体構造をモデルとして解析ターゲットの立体構造の計算を行う。モデルにできるタンパク質を選ぶ上では，アミノ酸配列の相同性を目安とする。立体構造が類似しているかどうかが構造決定できるかに関わるが，30%以上の配列相同性がある場合は，構造決定できる場合がある。相同性があるタンパク質の立体構造情報がない場合には，重原子同型置換法または異常分散法によって位相を決定する必要がある。

重原子同型置換法は，重原子を浸透させた結晶の回折実験を行い，元の結晶との回折強度の差から，それをもとに単位格子中の重金属の位置を決めて，重原子だけからの各回折X線の振幅と位相を決め(**図4.11**)，この情報から元の結晶の各回折X線の位相を決定する方法である。重原子として，タンパク質では，水銀，白金，鉛などを用いることが多く，RNAの場合には，コバルト，オスミウム，イリジウムによる解析の報

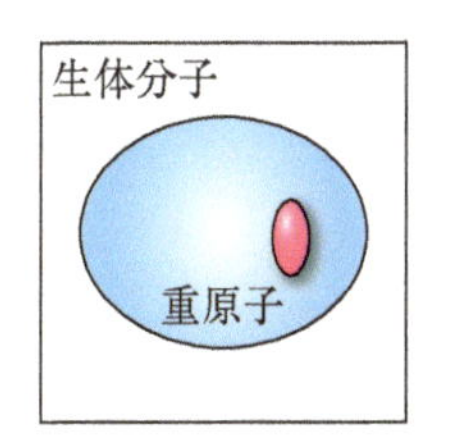


−

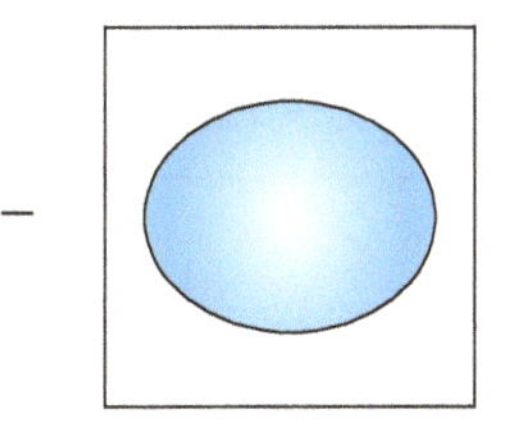

=

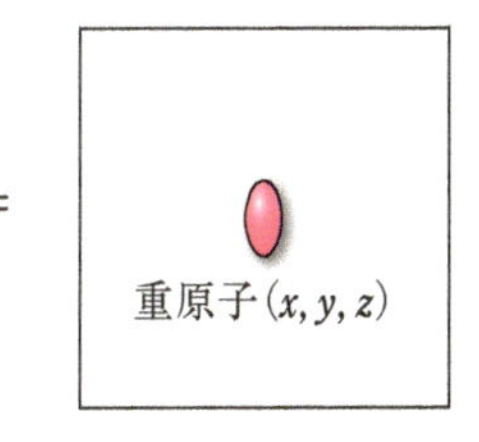


図4.11 | **重原子同型置換法のイメージ**

告例がある。重原子の有無によって結晶型が変化しない必要があるため，あらかじめ作製した結晶の内部に重原子を拡散，結合させるソーキング法をとることが多い。

異常分散法は，特定の波長のX線が当たることでその原子に特徴的な異常分散*3とよばれる散乱X線の変化を示す原子を導入したタンパク質で結晶を作製し，異常分散の情報からその原子の座標を決定し，そこから位相を決定する方法である。タンパク質のメチオニン残基の硫黄原子をセレン原子に代えた，セレノメチオニン置換体タンパク質で作製した結晶がよく用いられる。セレンの異常分散の効果がもっともよく得られるX線の波長は，0.9792 Åである。異常分散を示すこの波長と異常分散を示さない波長，複数の波長のX線を照射して得られる回折像の違いから位相決定する方法を，多波長異常分散法(multiple wavelength anomalous dispersion, MAD)という。多波長異常分散法は波長を変えて測定ができる放射光施設を利用する必要があるが，1つの結晶で重原子同型置換法と同様の効果が得られる。

＊3　異常分散：X線を照射したとき通常は原子中の電子により散乱が起きるが，特定のX線を照射したときに原子中の電子がそのX線のエネルギーを吸収し，散乱X線が変化することがある。この現象は異常分散とよばれる。

## D. 分子モデルの構築，精密化

続いて，求められた位相情報から電子密度分布図を作成し，それに合うように分子モデルを構築する。タンパク質の場合，アミノ酸の配列情報をもとに主鎖のつながり方(コンホメーション)と側鎖の分子構造から電子密度分布図に当てはめることができる。RNAの場合には，ヌクレオチドの配列情報をもとにする。

初期に得られる構造は，位相の情報が完全ではないため，電子密度分布図も不正確である。そこで，電子密度分布図をもとに分子モデルを修正し，より正しい分子モデルを構築する。その構造情報から位相を再計算して，より正確な電子密度分布図を得る，という操作を繰り返すことで，タンパク質あるいはRNAの分子モデルの精密化を行う。

## E. 構造の評価

得られた立体構造の妥当性は，$R$因子($R_{\mathrm{factor}}$)とfree $R$因子($R_{\mathrm{free}}$)とよばれる2つの値を指標として評価する。この2つの値は，回折斑点の測定によって得られたデータ(実測値)と構築した生体分子の立体構造モデル(構造因子の計算値)との相関を示すものであり，$R$因子は，次の式によって表される。

$$R=\frac{\sum_{hkl}\left\||F_{\mathrm{obs}}|-|F_{\mathrm{calc}}|\right\|}{\sum_{hkl}|F_{\mathrm{obs}}|}\times 100\%$$

また，free $R$因子は，全体の10%程度の構造因子を除いて構造精密化計算を行い，その10%程度の構造因子に対して計算した$R$因子で，客観的な指標として$R$因子と比較して用いられる。

Column

## 立体構造解析論文中の表の見方

下の表は，立体構造解析論文中にみられる表である。各項目の意味は以下のとおりである。

Space group：空間群

Unit cell dimensions（Å）：単位格子の大きさ

Resolution（Å）：構造因子の計算に用いた回折像の最小および最大分解能。カッコ内は，最外郭の分解能(以下同)。

Completeness（%）：データの完全性。空間群から理論上推定される反射と実際に得られた回折斑点との一致。

$R_{merge}$（%）：等価な回折斑点の強度のばらつき具合を示す指標で，値が小さいほどばらつきが少なく，良質なデータといえる。累積で20%以上だとデータの信憑性が疑わしいとされる。最外郭では，30%程度までであれば許容範囲とされる。

Refinement：以下は，構造の精密化後の値であることを示す。

Resolution：構造因子の計算に用いた回折像の最小および最大分解能。

No. reflections：観察された反射(回折斑点)の数。

$R/R_{free}$（%）：$R$因子とfree $R$因子の値

No. atoms：解析によって得られた原子の数

Protein：タンパク質を構成する原子の数

Water：見つけることができた水分子の数

$B$-factors:温度因子。分子の熱振動を示し，個々の原子に対して与えられる。この値が大きいと原子(位置)の揺らぎが大きく，原子核付近の電子密度が低いことを示す。ここでは平均値を示しており，値が20（$Å^2$)の場合，原子核の中心から平均0.5 Å動いていることになる。

Rmsd（Root mean square deviation）：平均二乗偏差

Bond length（Å）/ Bond angles（°）：低分子結晶構造解析によって正確に求められた各アミノ酸の理想的な原子間距離および原子間角度と得られた立体構造でのこれらの値を比較したときのズレを表す。良好に精密化されている場合には，原子間距離は0.020 Å，原子間角度は3°以内となる。

PDB ID code：Protein Data Bankに立体構造を登録した際に得られる固有のID。

| Data collection | Arc1 | Bac1 |
|---|---|---|
| Space group | $P2_13$ | $P2_13$ |
| Unit cell dimensions (Å) | $a = b = c$ = 110.40 | $a = b = c$ = 109.35 |
| Resolution (Å) | 20–2.40 (2.46–2.40) | 20–2.40 (2.46–2.40) |
| Completeness (%) | 100 (97.6) | 100 (100) |
| $R_{merge}$ (%) | 7.1 (53.9) | 5.8 (22.3) |
| Refinement | | |
| Resolution (Å) | 20–2.40 | 20–2.40 |
| No. reflections | 17715 | 17316 |
| $R/R_{free}$ (%) | 18.7/22.2 | 18.0/22.1 |
| No. atoms | | |
| Protein | 2,190 | 2,190 |
| Water | 42 | 61 |
| $B$-factors | | |
| Protein | 34.48 | 25.94 |
| Water | 32.40 | 29.81 |
| Rmsd | | |
| Bond length (Å) | 0.025 | 0.026 |
| Bond angles (°) | 1.986 | 1.983 |
| PDB ID code | 3VVT | 3VVU |

Values in parentheses are for the highest-resolution shell.

表 | **立体構造論文にみられる表の例**

［S. Akanuma *et al.*, *Proc. Natl. Acad. Sci. USA*, **110**, 11067 (2013)］

*R*因子は，より低い値が得られたとき，正しい立体構造を構築できていることを示す。分解能が2 Åのデータでは，*R*因子の値が20%くらい，free *R*因子の値が*R*因子プラス5%くらいとなるまで精密化を行う。加えて，構造中のタンパク質の主鎖が適切な向きに折りたたまれているかをラマチャンドラン・プロットで調べたり，共有結合の距離や角度が標準的な値と比べるなどして適切かどうかなどの評価を行う。

## 4.2 ◆ NMR法

磁場中における原子核スピンの共鳴現象を**核磁気共鳴**(nuclear magnetic resonance, **NMR**)といい，NMR現象を利用した分光法をNMR分光法という。ヴュートリッヒらによって開発されたNMR法は現在，タンパク質や核酸などの生体高分子の立体構造を決定する際に，X線結晶構造解析法に次いで用いられている方法である。NMR法の最大の利点は，X線結晶構造解析法においては必要な生体高分子の結晶化が必要なく，溶液状態の生体高分子の立体構造を決定できる点である。結晶化が不要であるということは，迅速な解析が可能であり，さらに，細胞内に近い状態の立体構造を決定できることを意味する。近年は，細胞内の生体高分子のNMR法による解析(in cell NMRという)が可能となっており，多くの有用な情報が得られている。

### 4.2.1 ◇ NMR法の基礎

#### A. NMR現象とは

NMR現象は，原子核の核スピンとよばれる性質と関係している。原子核の陽子数，中性子数のいずれかが奇数である原子核は，ゼロではない核スピン量子数[*4] $I$をもち，NMR現象を生じる。一方，$I=0$の核はNMR現象を生じない。生体高分子のNMR測定に利用される原子核とその核スピン量子数を**表4.2**に示す。核スピン量子数は中性子の数にも依存するので，同じ元素でも質量数が違うと(同位体)，NMR現象につ

*4　核スピン量子数：核のもつ物理的な性質の1つ。陽子および中性子の核スピン量子数は1/2であり，原子核は，それが含む陽子と中性子の数によって核スピン量子数が決まる。

表4.2 | 原子核と核スピン

| 核種 | 核スピン量子数 | 天然存在比 | 相対感度 |
|---|---|---|---|
| $^{1}H$ | 1/2 | 99.98 | 1.00 |
| $^{2}H$ | 1 | 0.015 | − |
| $^{12}C$ | 0 | 98.90 | − |
| $^{13}C$ | 1/2 | 1.10 | 0.0002 |
| $^{14}N$ | 1 | 99.63 | 0.001 |
| $^{15}N$ | 1/2 | 0.37 | − |
| $^{31}P$ | 1/2 | 100 | 0.001 |

相対感度は$^{1}H$核の感度を1としたときの相対値。

いての性質が異なる。例えば，炭素は，天然に$^{12}$Cが99%，$^{13}$Cが1%存在するが，NMR現象を生じるのは$^{13}$Cのみである。NMR法でもっともよく用いられる核種は水素原子($^{1}$H)で，核スピン量子数は1/2である。なお，$^{1}$Hの原子核は陽子すなわちプロトンなので，$^{1}$H NMRはプロトンNMRとよぶことが多い。

核スピン量子数1/2の水素原子(プロトン)に静磁場$B_0$が相互作用すると，プロトンは磁気量子数$m_z = 1/2$と$-1/2$という2つのエネルギー状態をとるようになる。これを**ゼーマン分裂**(Zeeman splitting)といい，2つのスピン状態のエネルギー差$\Delta E$は

$$\Delta E = \hbar \gamma B_0$$

で表すことができる(**図4.12**)。ここで，$\hbar = h/2\pi$であり，$h$はプランク定数，$\gamma$は磁気回転比(角運動量に対する磁気双極子モーメントの割合)である。また，$m_z = 1/2$および$-1/2$の状態をそれぞれ$\alpha$スピン，$\beta$スピンとよぶ。

NMR現象とは，ゼーマン分裂によって生じた2つの状態のエネルギー差に相当する電磁波をプロトンが吸収することによって，核スピンの状態がエネルギーの低い状態から高い状態へ変化することであるといえる。多数のプロトンが存在する場合，2つのスピン状態のそれぞれをとるプロトンの数の割合はボルツマン分布に従う。$\Delta E$が大きいほど，この数の差が大きくなり，電磁波の吸収も強くなる。すなわち，$\Delta E$が大きいほどNMRの感度は高い。$\Delta E$の式からわかるように，外部磁場$B_0$を強くすると$\Delta E$が大きくなり，NMRの感度が上がる。

NMR現象において，共鳴する電磁波の周波数(ラーモア周波数)は

$$h\nu = \Delta E$$

によって決まる。例えば，静磁場強度が14.1 Tの磁場中では，$^{1}$Hの共鳴周波数は600 MHzとなる。この周波数の電磁波を磁場中の試料に照射すると共鳴現象が起こるが，NMR法ではNMR分光計*5でこの共鳴現象を観測する。

*5　例えば「600 MHz NMR分光計」は，$^{1}$Hの共鳴周波数が600 MHzとなるような磁石を備えた分光計を指す。

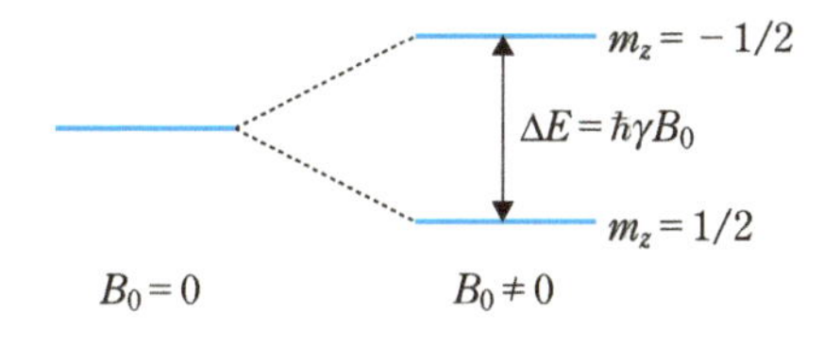


図4.12 | **核スピン量子数$I = 1/2$のエネルギー準位**
核スピン量子数が1/2の原子核を強度が$B_0$の磁場中に置くと，2つのエネルギー状態に分裂する。これをゼーマン分裂とよぶ。

### B. NMR分光計の構成およびNMRスペクトルの測定方法

NMR分光計は，超電導磁石，分光計，および実験条件などを設定するワークステーションから構成される(**図4.13**)。分光計では電磁波の周波数やその発振のタイミングなどを制御したり，信号をデジタル化する。超電導磁石の中には，NMR現象を検出するプローブとよばれるも

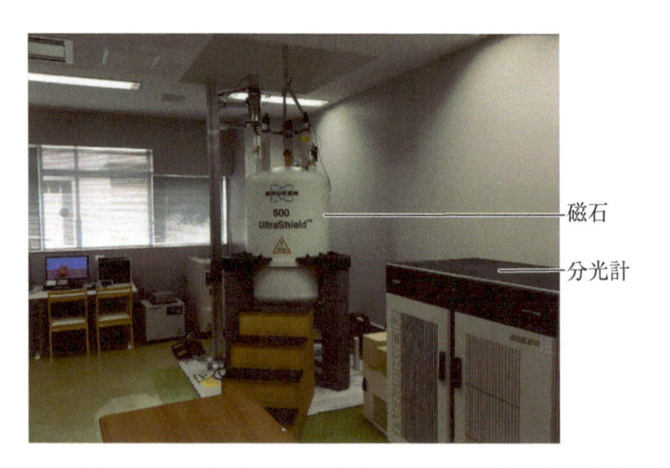


**図4.13 NMR分光計と磁石**

NMR分光計は，磁石と分光計およびこれらを制御するワークステーション(PC)からなる。分光計から観測用のプローブにより電磁波が照射され，次に試料からのNMR信号をプローブが検出し，分光計に送る。磁石の本体は超電導コイルでできているため，液体ヘリウムおよび液体窒素で冷却する必要がある。

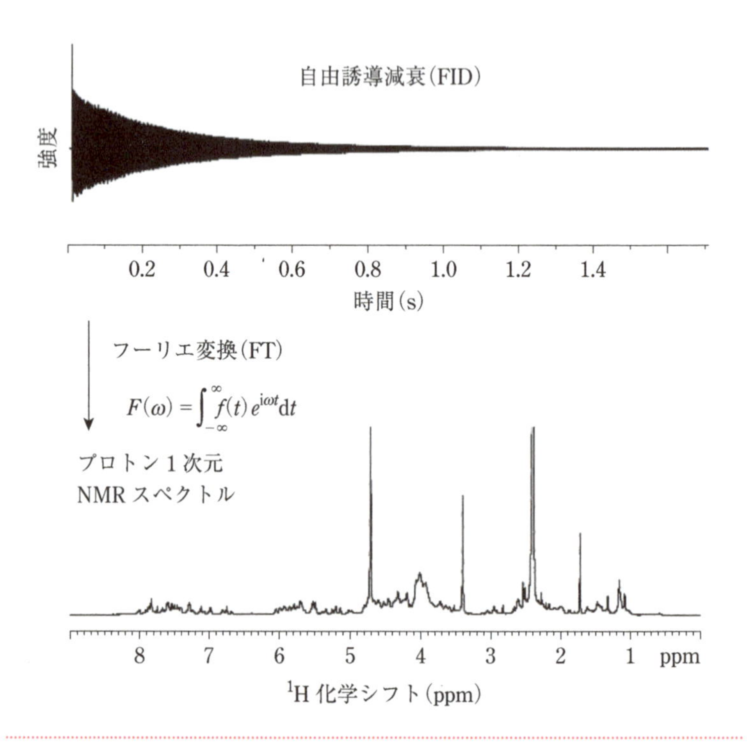


**図4.14 FIDとNMRスペクトル**

時間の関数である自由誘導減衰(FID) $f(t)$ をフーリエ変換することにより，周波数(化学シフトで表示)の関数 $F(\omega)$ を得ることができる。

のがある。プローブはコイル状になっており，試料はその中に入れる。プローブにより試料に電磁波を照射することができる。10 μs程度の短時間だけ電磁波を照射し（この電磁波をパルスとよぶ），これによって生じた試料の共鳴現象を，照射に用いたプローブのコイルに流れる電流として検出する。この共鳴現象は時間とともに減衰していくことから，NMRシグナルは**自由誘導減衰**（free induction decay, FID）とよばれる。このFIDをフーリエ変換[*6]（FT）して，1次元NMRスペクトルを得ている（**図4.14**）。この測定方法はパルスFT法とよばれる。

＊6　フーリエ変換（Fourier transform, FT）：NMRにおいてフーリエ変換は時間の関数であるFIDを周波数の関数であるスペクトルに変換する。実際の計算では，高速フーリエ変換（fast FT, FFT）のアルゴリズムが用いられる。なお，X線結晶構造解析においても，逆格子空間（長さの逆数の次元をもつ逆格子ベクトルにより表される空間，波数空間ともいう）の関数である構造因子から実空間の関数である電子密度への変化にフーリエ変換が用いられる。

## C. 1次元NMRスペクトル：化学シフト

原子核のまわりにある電子による環境（電子環境）によって核スピンに対する静磁場の影響は異なる。例えば，π電子などの非局在化している電子の円運動によって局所的な磁場が生じると，その分だけ核スピンは外部磁場から遮蔽され，核スピンが受ける磁場（有効磁場）は小さくなる。ある原子の電子密度が高いと遮蔽効果は大きくなり，その原子核についての有効磁場が小さくなるため，共鳴周波数は低くなる。逆に，電子密度が低いと遮蔽効果は小さくなり，有効磁場は大きくなるため，共鳴周波数は高くなる。周波数に対する吸収強度の関係を示したグラフが1次元NMRスペクトルである。

一般に，1次元NMRスペクトルの横軸は，周波数そのものではなく，次式で定義される**化学シフト$\delta$**（chemical shift，単位はppm）で表される。化学シフトとして示すことによって，装置の磁場強度が違っても横軸の値が変わらず，スペクトルを直接比較することができる。

$$\delta(\text{ppm}) = \frac{\nu - \nu_{\text{ref}}}{\nu_{\text{ref}}} \times 10^6$$

$^1$H, $^{13}$C, $^{29}$Si NMRスペクトルの$\nu_{\text{ref}}$にはテトラメチルシラン（TMS）の共鳴周波数が用いられる。化学シフトは電子環境の違いを反映する。歴史的な理由から，共鳴周波数が低いほうを高磁場側，共鳴周波数が高いほうを低磁場側という。

## D. 2次元NMRスペクトル：核スピンの相互作用

生体高分子は類似した構造単位の繰り返しからなる高分子であるため，そのNMRシグナルは重なりが多く，1次元NMRスペクトルのみで解析するのは容易ではない。そこでエルンスト（Richard Robert Ernst）らによって開発されたのが2次元NMR法である。2次元NMR法では，試料に照射するパルスを工夫すること[*7]によって核スピンと核スピンの相互作用の情報をクロスピークとして観測することができる。1次元NMRスペクトル上では混みあったNMRシグナルを2次元に展開することができるので，生体高分子の構造解析に有用である。2次元NMRスペクトルの横軸と縦軸はともに化学シフトであり，シグナルの強度は等

＊7　NMRでは，複数のパルスを組み合わせることによって，さまざまな情報を取り出すことができる。ある測定を行うために用いられるパルスの並びをパルスシーケンスとよぶ。

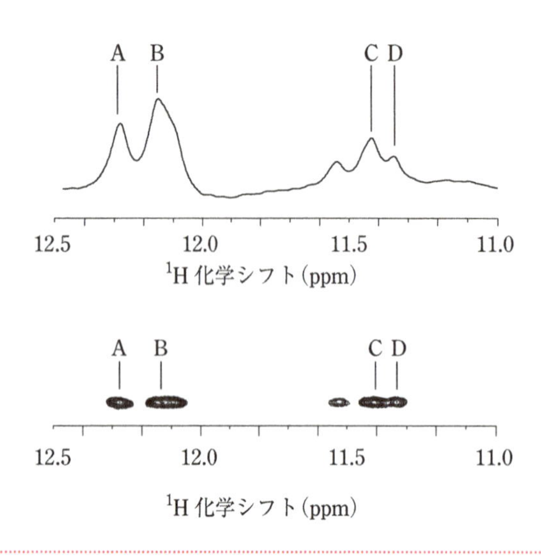


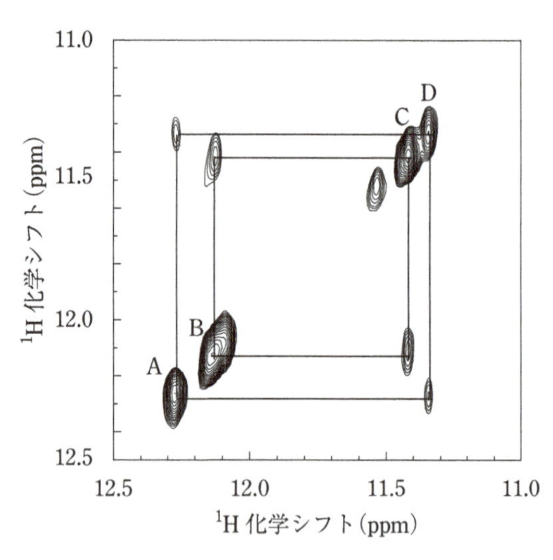


図4.15 | **2次元NMRスペクトル**

(a)$^1$H NMRスペクトルの例。1次元NMRスペクトルとよぶ。(b)信号強度を等高線で表した1次元NMRスペクトル。(c)2次元NMRスペクトルの例。縦軸と横軸はいずれも化学シフトで，対角線が1次元NMRスペクトルに対応している。対角線から外れたところに見られる信号(ピーク)をクロスピークとよび，図の場合には，シグナルAとD，シグナルBとCの間に何らかの関係があることを示している。

COSY(correlation spectroscopy)
3結合以内のプロトン間の相関

－C－C－C－
H↔H↔H

TOCSY(total correlation spectroscopy)
連続した3結合以内のプロトン間の相関

－C－C－C－
H↔H↔H

NOESY(nuclear Overhauser effect spectroscopy)
空間的に近いプロトン間の相関

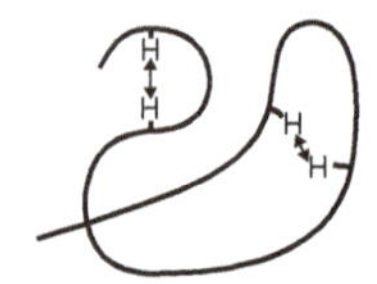


図4.16 | **COSY，TOCSYおよびNOESYにおけるプロトン間の相関**

COSYは，2つまたは3つの共有結合でつながっているプロトン間で生じるスピン結合を利用する測定法で，スピン結合で直接に結び付けられるプロトンシグナル間にクロスピークが観測される。TOCSYでは，連続したスピン結合を介して情報が伝わり，関係するすべてのプロトンシグナル間にクロスピークが観測される。なお，同様な情報を得られる測定法に，HOHAHA(heteronuclear Hartmann–Hahn)がある。NOESYでは，空間的に近いプロトンのシグナル間にクロスピークが観測される。

高線で表示される(**図4.15**)。図4.15(c)の対角線上に観測されるNMRシグナル(図4.15(b))は，1次元スペクトル(図4.15(a))に相当する。この図では，シグナルAとD，シグナルBとCの間にクロスピークが観測されている。核スピン間の相互作用としては，共有結合を介するスピン結合や，空間的な距離に依存する**核オーバーハウザー効果**(nuclear Overhauser effect, NOE)*8がよく利用される。スピン結合は，2つまたは3つの共有結合でつながっているプロトン間で観測される現象で，1次元NMRスペクトルでは，シグナルの分裂として観測される。NOEは，核スピンが磁石としての性質(磁気モーメント)をもつことによって生じるもので，距離が近いほど強い効果が得られる。1次元NMRスペクトルでは，シグナルの強度変化として観測される。

生体高分子の構造解析でよく使われるプロトン2次元NMR測定の手法として，COSY，TOCSY/HOHAHA，NOESYの3つがある(**図4.16**)。この3つの方法はパルス照射の方法が異なる。COSYは，プロトン間のスピン結合によるクロスピークを観測する方法である。TOCSYは，スピン結合で関係づけられるプロトンが連続しているときに，そのすべてのプロトン間のクロスピークを観測する方法である。NOESYは，NOEに基づいて，空間的に隣接した(およそ5Å以内)プロトン間のクロスピークを観測する方法である。

*8 核オーバーハウザー効果(NOE)：空間的に近い原子核間では交差緩和というエネルギーを交換する現象が起こる。すなわち，一方の原子核の磁化(*10参照)をもう一方の原子核に移動させることができる。このような過程によってシグナルの強度が変化する現象をNOEとよぶ。NOEの大きさ(シグナルの変化の大きさ)は，原子核の種類や分子の運動性に依存する。生体高分子では，$^{1}$H間のNOEがよく利用される。分子量が数千を超える高分子の場合，$^{1}$H間のNOEは負の値となる。この場合，2次元NOESYスペクトル上では，対角ピークが減った分，クロスピークが増えるということになるため，対角ピーク(の残り)とクロスピークの符号が一致する。また，NOEを起こさせるための時間を長くするとスピン拡散(信号の広幅化の原因にもなる)という現象が起こるため，NOEを連鎖的に伝えることができる。NOEは，原子間距離の6乗に反比例するため，距離情報として利用される。

### 4.2.2◇ペプチド・タンパク質のNMRシグナルの解析

NMR法によるタンパク質の立体構造解析の具体的な流れは，(1)試料調製，(2)測定条件の検討，(3)NMRシグナルの帰属，(4)NMRシグナルからの構造情報の取得，(5)立体構造計算である。NMRによりタンパク質の立体構造を決定するためには高濃度の試料が必要であるが，それに加え，タンパク質の凝集がなく，均一な溶液試料でなければならない。短いペプチドの場合は化学合成することが可能であるが，大きなタンパク質の場合，大量発現系を構築して，大腸菌などの生細胞により調製したり，無細胞翻訳系を用いて試験管内で調製するのが一般的である。また，後述するが，大きなタンパク質をNMR法で解析するには，$^{13}$Cや$^{15}$Nによる安定同位体標識が必要となる。

#### A. ペプチドのNMRシグナルの解析

安定同位体標識していないペプチドをNMR法により解析する際には，主にCOSY，TOCSY/HOHAHA，NOESYの3つの2次元プロトンNMR測定の手法を用いる。はじめに，COSYスペクトルとTOCSYスペクトルを測定し，NMRシグナルがどのアミノ酸に由来するかを帰属する。これを「スピン系*9を同定する」という。**図4.17**には，例としてある18残基のペプチドのTOCSYスペクトルを示す。アミドプロトン(NH)と主鎖の$\alpha$炭素のプロトン($\alpha$プロトン，$\alpha$H)および側鎖のプロト

*9 スピン系：スピン結合によって関連づけられる原子核のグループをスピン系とよぶ。タンパク質の場合，ペプチド結合の前後でのプロトン間のスピン結合は観測されないため，1つのアミノ酸残基が1つのスピン系となる。ただし，芳香族アミノ酸の場合，$\beta$プロトンと芳香環のプロトンの間にはスピン結合が観測されないため，スピン系が2つ存在することになる。核酸の場合には，それぞれのリボースが1つのスピン系となる。ピリミジン塩基の場合にはH5とH6がスピン系を形成するが，プリン塩基のH2やH8はスピン結合がなく，それぞれ単独のスピン系となる。

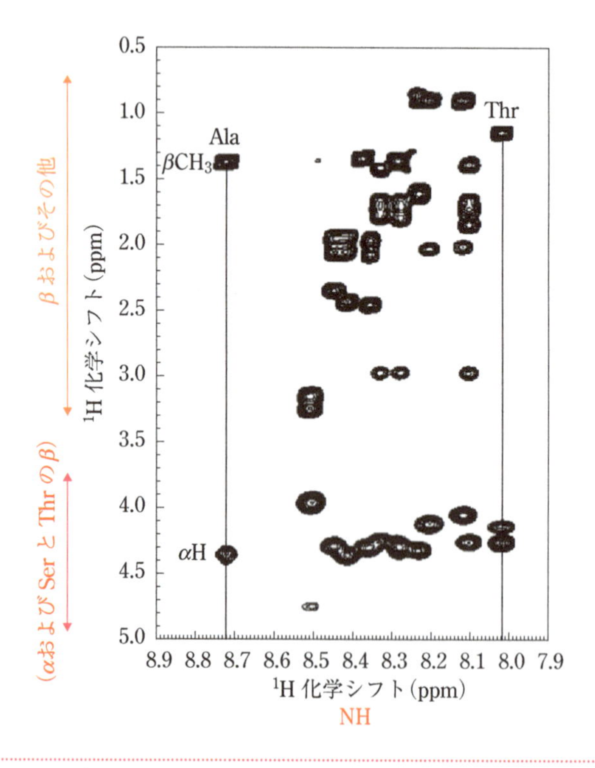


図4.17 | ペプチドのHOHAHAスペクトル

横軸はアミドプロトン(NH)のシグナルが観測される領域，縦軸はαプロトン(αH)および側鎖のプロトンのシグナルが観測される領域を示している。アミドプロトンとαプロトン，および，αプロトンと側鎖のプロトンにスピン結合があるため，図のようにアミノ酸ごとにクロスピークが縦に並んで観測される。図4.18のようにアミノ酸あるいはそのグループごとに観測されるクロスピークのパターンが異なるため，アミノ酸あるいはそのグループを同定することができる。例えば，一番左のシグナルはAlaであり，一番右のシグナルはThrであることがわかる。

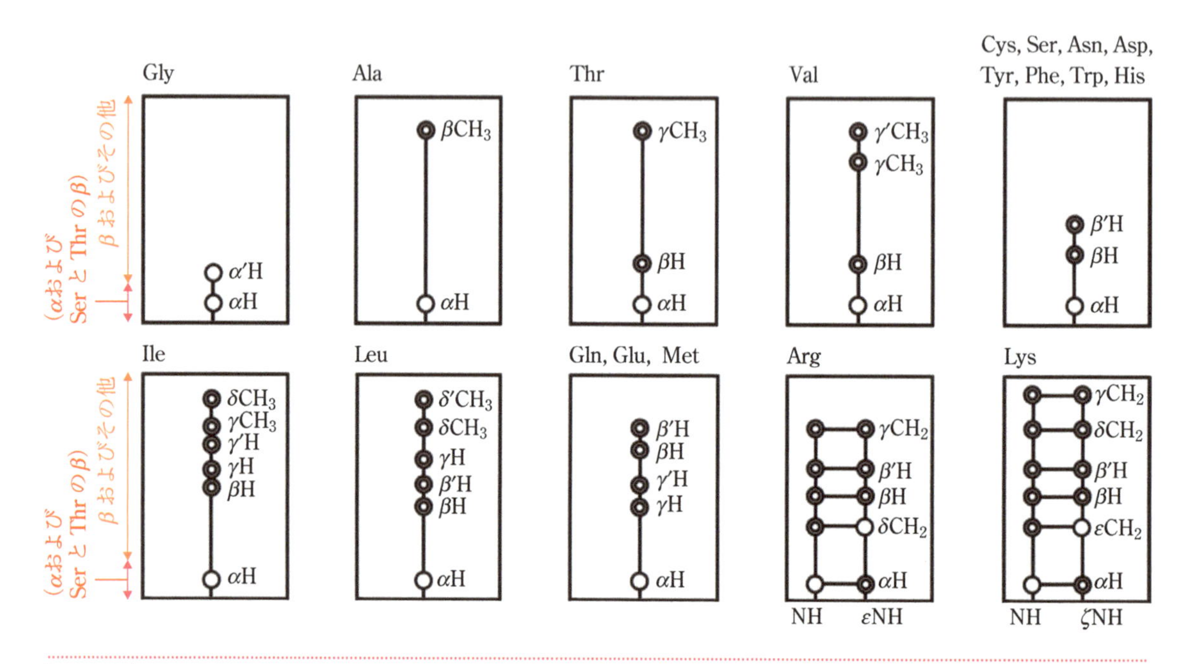


図4.18 | スピン系によるアミノ酸の同定

TOCSYあるいはHOHAHAスペクトルでは，アミノ酸あるいはそのグループごとに特徴的なパターンでクロスピークが観測され，アミノ酸あるいはそのグループを同定することができる。

ンのクロスピークに着目すると，アミノ酸の種類によって観測されるクロスピークのパターンが異なることがわかる。TOCSYスペクトル上のそれぞれのクロスピークを解析することによって，（NHをもたない）プロリンを除く19種類のアミノ酸を10種類のスピン系に分類することができる（**図4.18**）。

次に，NOESYスペクトルを用いて，前後のアミノ酸とのつながりを解析する。これを連鎖帰属という。NOESYでは$i$番目のアミノ酸残基のNHおよび$\alpha$Hと，隣にある$i+1$番目のアミノ酸のNHの間にクロスピークが観測される（**図4.19**）。これを「残基間のNOE」という。一方，$i$番目のアミノ酸残基のNHと$\alpha$Hの間にもクロスピークが観測され，これを「残基内のNOE」という。**図4.20**に，連鎖帰属の例を示す。TOCSYスペクトルによって，それぞれのクロスピークがどのアミノ酸に由来しているかが明らかになっているので，「AVEK」のようにNMRシグナルを帰属することができる。

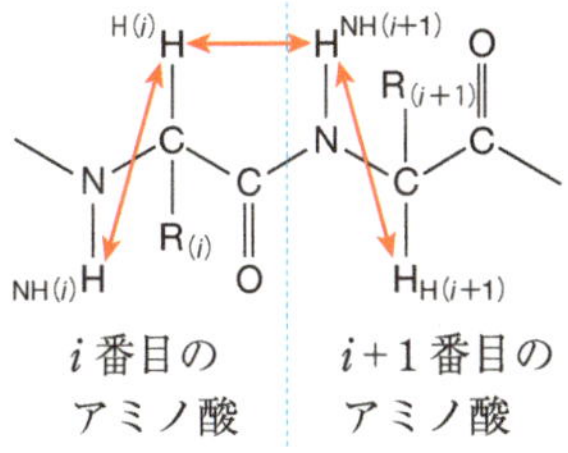

H(i)　NH(i+1)　R(i+1)　R(i)　NH(i)　H H(i+1)

$i$番目の
アミノ酸

$i+1$番目の
アミノ酸

**図4.19 連鎖帰属における残基間のNOEと残基内のNOE**

隣りあうアミノ酸残基のプロトン間で観測されるNOEを利用して，NMRシグナルをアミノ酸配列に沿って同定していくことができる。このような方法を連鎖帰属法とよぶ。

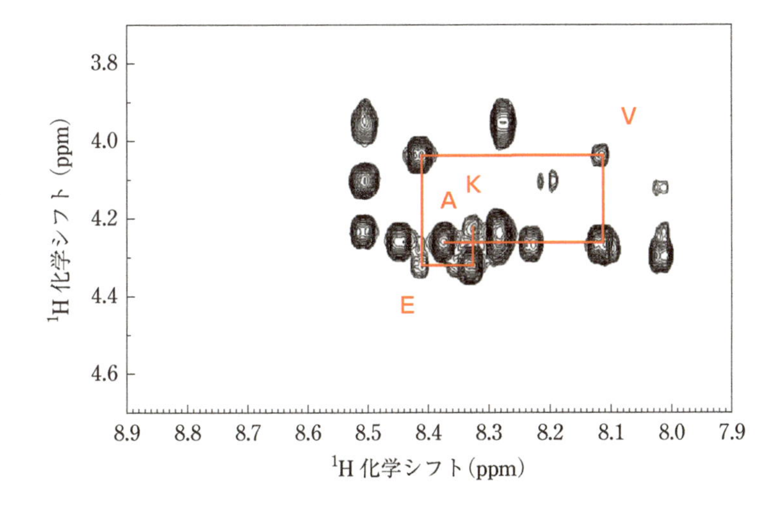


**図4.20 NOESYによるペプチドの連鎖帰属の例**

ペプチドのNOESYスペクトルの一部で，横軸はアミドプロトンのシグナルが観測される領域，縦軸は$\alpha$プロトンが観測される領域が示してある。

## B. タンパク質のNMRシグナルの解析

ある程度の大きさをもつタンパク質の立体構造を決定するためには，NMRシグナルの重なりを少なくし，化学結合に基づいた連鎖帰属を行うために，安定同位体標識した試料が必要となる。$^{1}$H–$^{15}$N HSQCスペクトル測定は，安定同位体標識したタンパク質の構造を調べる簡便な方法である(**図4.21**)。この測定ではNHのNとHのクロスピークが得られるため，プロリンを除くアミノ酸1残基に対して1つのシグナルが観測される(側鎖にNHがあるアミノ酸については，2つ以上のシグナルが観測される)。タンパク質が立体構造を形成せず，ランダムな構造である場合，NHの環境が似たものとなるため，シグナルが重なって観測されるが，タンパク質が立体構造を形成している場合は，各アミノ酸残基のNHの環境が異なるため，シグナルが分散して観測される。

安定同位体標識した試料を用いると，$^{15}$Nおよび$^{13}$C核の化学結合を介して磁化*10を移動させる測定法によって連鎖帰属をすることができる(**図4.22**)。例えば，HNCACBという測定を行うと，$i$番目のアミノ酸残基のNHのH，Nと$\alpha$炭素($C_\alpha$)と$\beta$炭素($C_\beta$)のクロスピークおよび$i$番目のアミノ酸残基のNHのH，Nと$i+1$番目の$C_\alpha$と$C_\beta$のクロスピークが観測される。また，CBCA(CO)NHという測定を行うと，$i$番目のアミノ酸残基のNHのH，Nと$i+1$番目の$C_\alpha$と$C_\beta$のクロスピークのみが観測される。NOESYによる連鎖帰属では，構造によっては強いNOEシグナルが観測されなかったり，シグナルが重なって連鎖帰属ができないことがあるが，$^{15}$Nおよび$^{13}$C核を利用することによってシグナルの分

*10　磁化(magnetization)：核スピン量子数が1/2の原子核を静磁場に置くと，ゼーマン分裂によって生じる2つのエネルギー状態のどちらかをとることになる。スピン量子数がゼロでない原子核は磁気モーメントをもち，2つのエネルギー状態に対応して，その磁気モーメントの向きは逆になる。この2つの状態をとる原子核の数(占拠数)はボルツマン分布に従い，エネルギーの低いほうが多くなる。したがって，試料中のすべての原子核の磁気モーメントの和をとると，ある1つの磁気モーメントが存在するようにみえる。これを巨視的磁化あるいは磁化とよぶ。なお，ゼーマン分裂によって生じるエネルギーの差は小さいため，占拠数の差も小さく，したがって磁化も小さい。これがNMRの感度が低い理由の1つである。

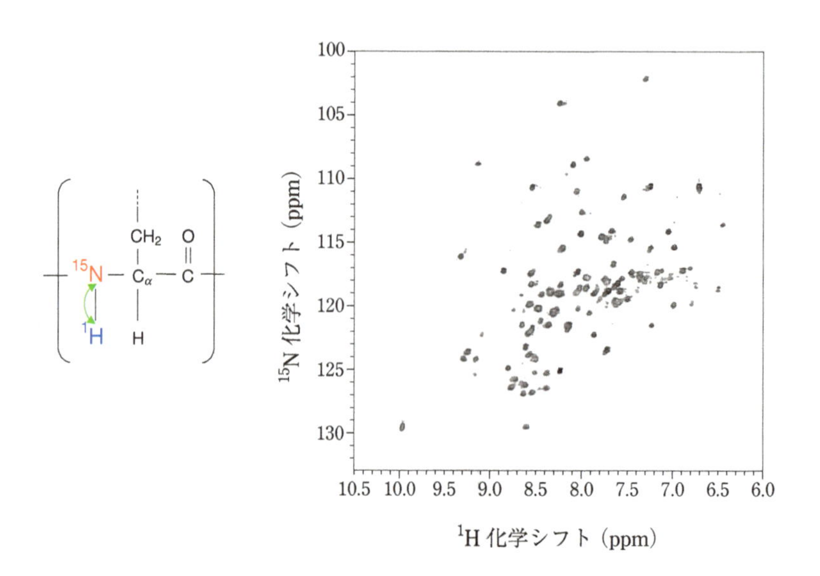


図4.21 | $^{1}$H–$^{15}$N HSQCスペクトル

$^{15}$N標識されたタンパク質試料を用いることによって，主鎖のアミド基(NH)の$^{15}$Nと$^{1}$Hのスピン結合に基づく相互作用によるクロスピークを観測することができる。1つのシグナルは，1つのアミノ酸残基に対応している。

離能が向上し，構造に依存しない連鎖帰属が可能となる。これら以外のNMR測定の手法および得られる情報もまとめて**表4.3**に示した。

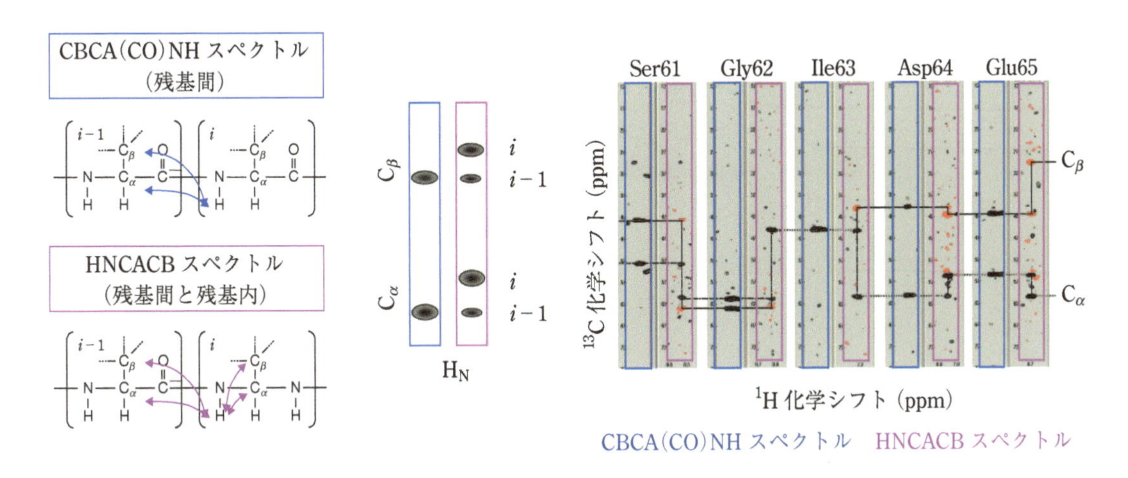


**図4.22 | CBCA (CO) NH と HNCACB によるタンパク質の連鎖帰属**

NH から $C_\alpha$ および $C_\beta$ に相関シグナル観測される。CBCA (CO) NH では残基間のみの相関シグナルが観測され，HNCACB では残基間および残基内の相関シグナルが観測される。

**表4.3 | NMR測定の手法および得られる情報**

| 測定法 | 得られる情報 |
|---|---|
| COSY | 3結合以内のプロトン間の相関，結合角の情報 |
| TOCSYおよびHOHAHA | 連続した3結合以内のプロトン間の相関，結合角の情報 |
| NOESY | 空間的に近いプロトン間の相関，距離情報 |
| $^{1}$H–$^{15}$N HSQC | $^{1}$H と $^{15}$N の相関 |
| $^{1}$H–$^{13}$C HSQC | $^{1}$H と $^{13}$C の相関 |
| HNCA | $i$番目のアミノ酸残基のNHのH，Nと$C_\alpha$の相関および$i$番目のアミノ酸残基のNHのH，Nと$i-1$番目の$C_\alpha$の相関 |
| HN (CO) CA | $i$番目のアミノ酸残基のNHのH，Nと$i-1$番目の$C_\alpha$の相関 |
| HNCO | $i$番目のアミノ酸残基のNHのH，Nと$i-1$番目の$C_O$（カルボニル炭素）の相関 |
| HN (CA) CO | $i$番目のアミノ酸残基のNHのH，Nと$C_O$の相関および$i$番目のアミノ酸残基のNHのH，Nと$i-1$番目の$C_O$の相関 |
| HNCACB | $i$番目のアミノ酸残基のNHのH，Nと$C_\alpha$と$C_\beta$の相関および$i$番目のアミノ酸残基のNHのH，Nと$i-1$番目の$C_\alpha$と$C_\beta$の相関 |
| CBCA (CO) NH | $i$番目のアミノ酸残基のNHのH，Nと$i-1$番目の$C_\alpha$と$C_\beta$の相関 |

### 4.2.3◇核酸のNMRシグナルの解析

NMR法による核酸の解析の流れも，タンパク質の場合と同じである。しかし，一般にタンパク質と比べて難しい。その理由の1つとして，タンパク質が20種類のアミノ酸で構成されているのに対して，核酸が4種類のヌクレオチドで構成されているので，核酸のNMRシグナルが重なりやすいことがあげられる(**図4.23**)。特に糖の部分の化学構造はいずれのヌクレオチドでも共通しているので，糖に由来するシグナルの重なりは顕著である。

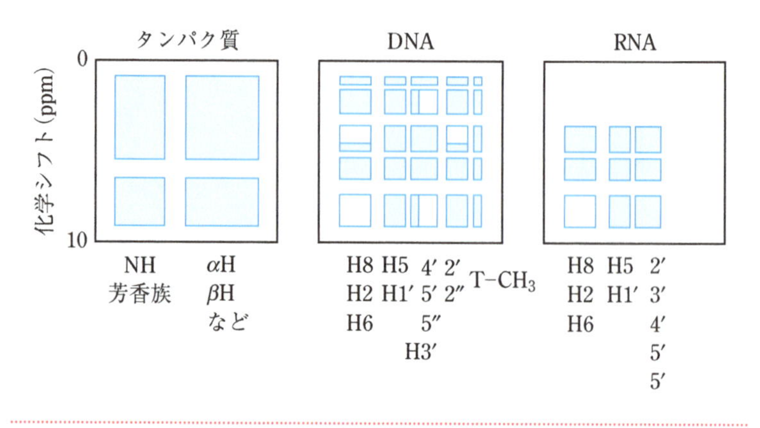


**図4.23 | タンパク質と核酸のNMRスペクトルの比較**
タンパク質，DNAおよびRNAのNOESYスペクトルを模式的に示してある。

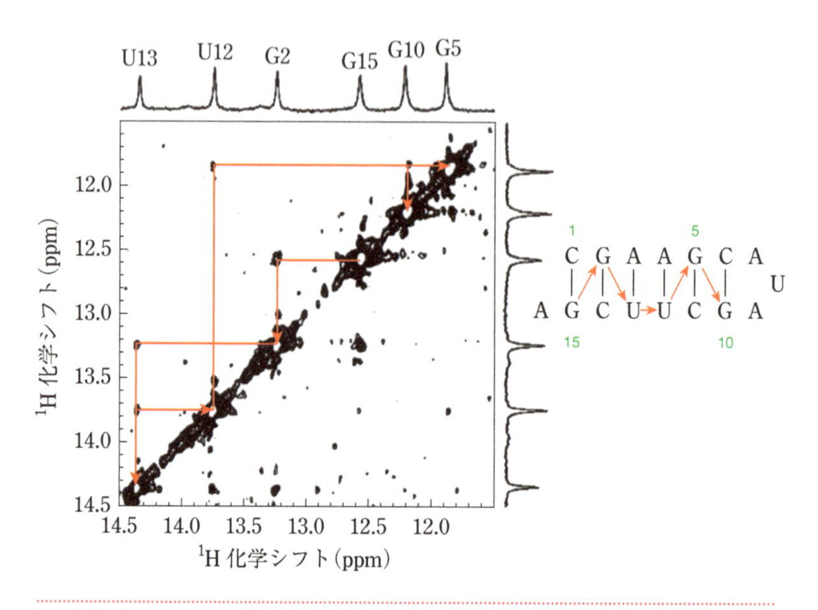


**図4.24 | NOESYによるRNAのイミノプロトンの連鎖帰属**
ヘアピン構造を形成したRNAのNOESYスペクトル。縦軸も横軸もイミノプロトンシグナルが観測される領域を示してある。イミノプロトンはGとUがもつため，G–C塩基対およびA–U塩基対のそれぞれについて1個のイミノプロトンシグナルが観測される。塩基対間の距離はNOEが観測される距離程度となるため，塩基対に沿って，NOEによるクロスピークをたどることができる。なお，塩基対を形成していない場合には，特別な場合を除き，イミノプロトンは観測されない。

核酸におけるG, T, およびUのイミノプロトン(NH)のシグナルは，他のプロトンのシグナルに比べると分離よく観測されるため，解析がしやすい。またNHのプロトンはまわりの水分子と交換しやすく，その交換速度が速いとシグナルは観測されないが，水素結合により塩基対を形成すると交換が遅くなり，観測されるようになるため，NHのシグナルは核酸の二次構造を解析するのに有用である。NHのシグナルはNOESYによる連鎖帰属を行うことによって帰属することができる(**図4.24**)。

NHのシグナルを解析した後は，塩基のH2, H5, H6, H8と糖のH1′のシグナルの解析を行い，**図4.25**のように主にNOESYによって連鎖帰属を行う。一方，COSYあるいはTOCSYにおけるH1′とH2′のクロスピークからは，糖のパッカリングに関する情報が得られる。これらの距離情報とねじれ角の情報を用いて，タンパク質の場合と同様に構造計算を行うと，立体構造を決定することができる。

核酸のNMR測定では，$^{31}$PのNMRシグナルも非常に感度よく観測することができる。多くの核酸分子において，リン酸ジエステル結合部分の構造は似ているため，狭い化学シフトの範囲に観測されて解析が難しいが，特殊な構造の場合は分離して観測されることがある。また，核酸のNMRシグナルはタンパク質よりも重なりが著しいので，安定同位体標識がより有効である。

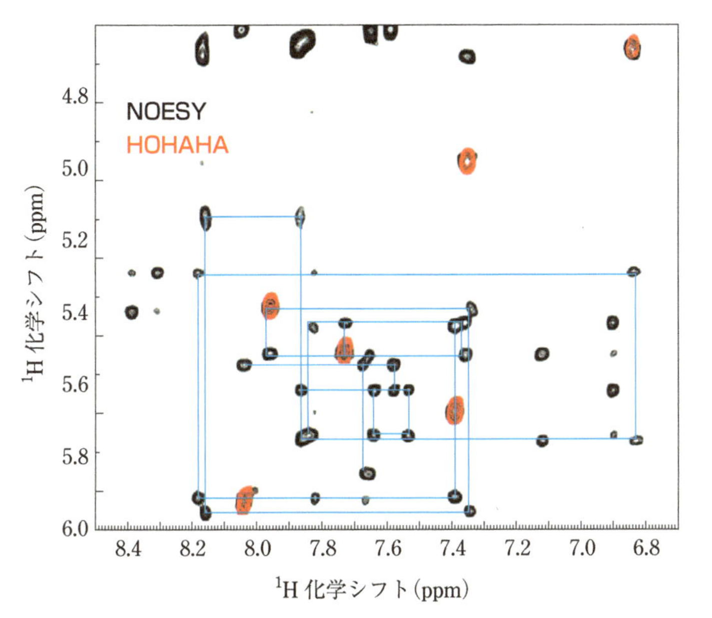


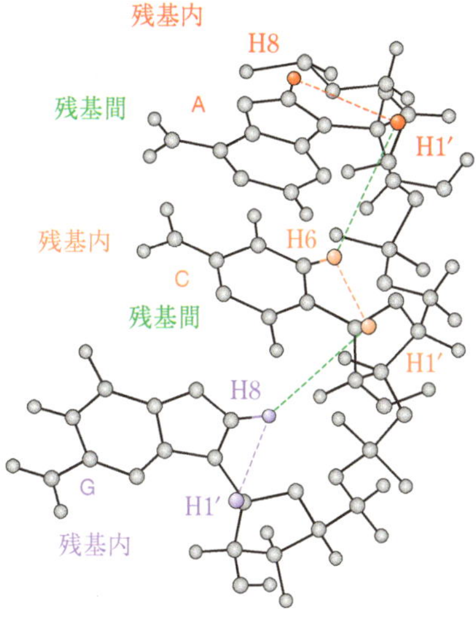


**図4.25 | ピリミジン残基のシグナルの同定とH6, H8–H1′のシグナルの連鎖帰属**

黒はNOESYスペクトル，赤はHOHAHAスペクトル。横軸はH2/H8/H6のシグナルが観測される領域，縦軸はH5, H1′が観測される領域が示してある。この領域において，HOHAHAスペクトルでは，ピリミジン残基のH6とH5のスピン結合によるクロスピークが観測されるため，これと比較することによって，NOESYスペクトル上でピリミジン残基由来のシグナルを同定できる。また核酸塩基のH6/H8とリボースのH1′の間のNOEによるクロスピークを利用して，塩基配列に沿って連鎖帰属を行うことができる。

### 4.2.4◇NMR法による生体高分子の立体構造解析

NMRシグナルを帰属することができたら，NMRシグナルから構造情報を得る(図4.26)。NOESYにおけるクロスピークのシグナル強度はプロトン間の距離の6乗に反比例するので，シグナル強度から距離情報が

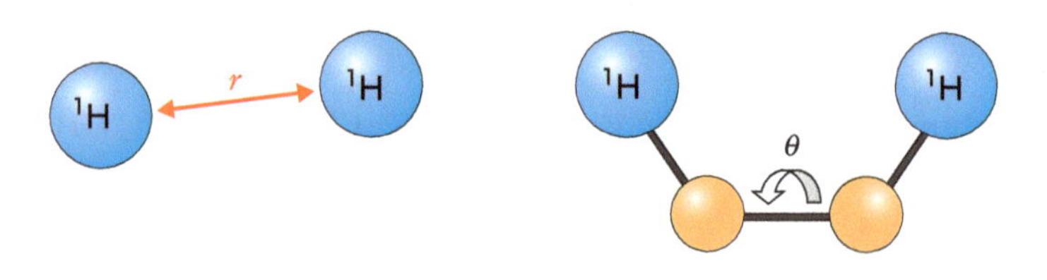


図4.26 | NMRから得られる構造情報

(a) NOEからは距離情報が，(b) スピン結合からは共有結合のまわりの二面角の情報が得られる。

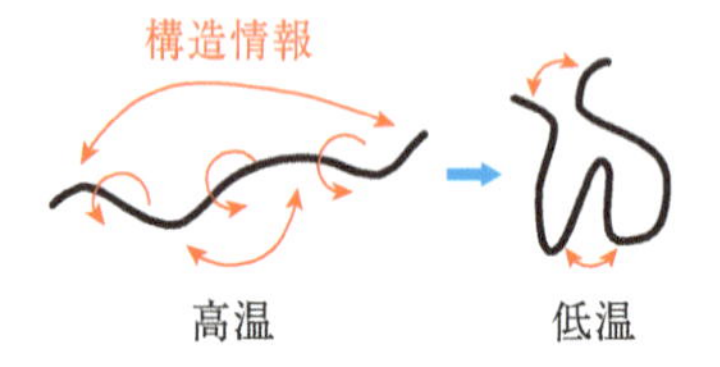


図4.27 | simulated annealing法による立体構造計算

距離および角度の情報を拘束条件として用い，それを満たす構造を計算によって求めることにより，立体構造が決定できる。伸びた構造あるいはランダムな構造から出発し，仮想的に高温にすることによって分子を拘束条件のもとで運動させる。これをゆっくり冷やすことによって目的の構造が得られる。この方法をsimulated annealing法(SA法)とよぶ。

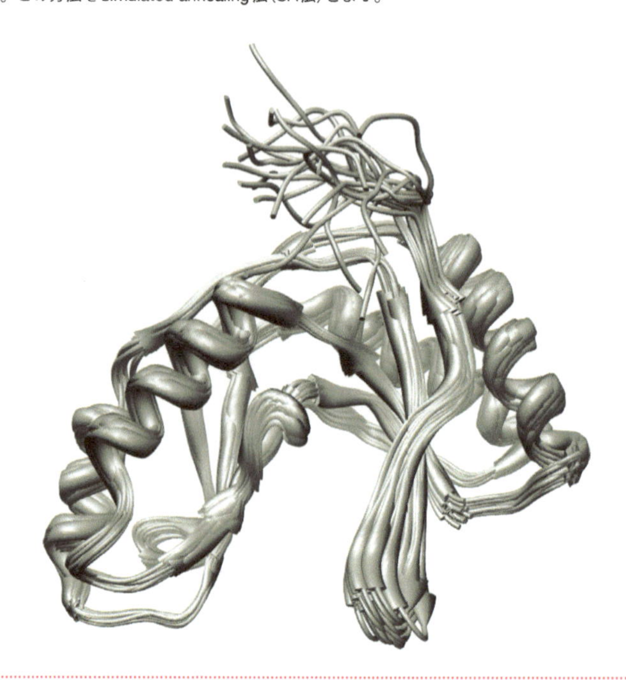

図4.28 | PDBに登録されている立体構造の例(PF0027，PDB ID : 2FYH)

simulated annealing法によって決定されたタンパク質の構造の例。10個の構造が重ねてある。100回程度の計算を行うことで得られる拘束条件をすべて満たすエネルギーの低い10～20個程度の立体構造が互いによく一致していれば，計算が収束したと判断される。なお，PF0027は超好熱性古細菌由来のGTP依存性tRNA連結酵素である。

得られる。一方，COSYおよびTOCSYのシグナルからは，結合角（二面角）の情報が得られる。NMR法による立体構造解析では，これらの距離情報および結合角の情報を用いて，simulated annealing法（やきなまし法）という手法により構造計算を行う（**図4.27**）。この方法では，適当なランダムな構造を100個程度作成し，2000 K程度の仮想的な温度において分子動力学計算により分子運動をさせる。その後，徐々に構造情報による条件（拘束条件）を課しながら，300 K程度まで温度を冷やしていくと，NMRの構造情報を満たす安定な立体構造が得られる。一般的には，このように計算して得られる立体構造のうち，NMRの構造情報を満たす10～20個程度の安定な立体構造の平均構造を計算し，その平均構造をタンパク質や核酸の立体構造と考える（**図4.28**）。

### 4.2.5 ◇ NMR法による相互作用の解析

NMR法には相互作用の解析を迅速にできるという利点もある。化学シフト摂動法では，核スピンのまわりの化学的環境が変化するとNMRシグナルの化学シフトが変化することを利用して，相互作用解析を行う（**図4.29**）。

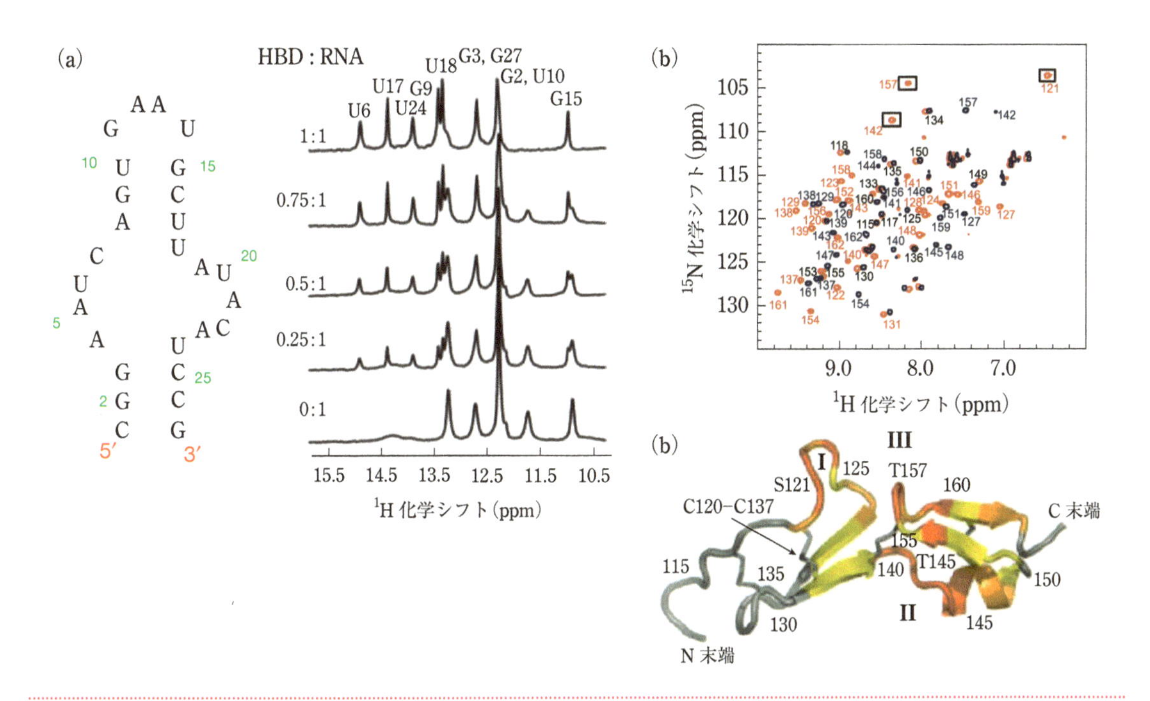


**図4.29** | **NMR法による相互作用の解析**

(a) RNAに対して相互作用する血管内皮細胞増殖因子（vascular endothelial growth factor, VEGF）のヘパリン結合ドメイン（heparin-binding domain, HBD）を加えたときのイミノプロトン領域のスペクトルの変化。実際のRNAは多数の修飾を受けている。(b) HBDに対してRNAを加えたときの $^1$H–$^{15}$N HSQCスペクトルの変化。RNAを加える前が青，加えた後が赤。下図は，HBDの立体構造にシグナルの変化が非常に大きい（赤），大きい（オレンジ），中程度（黄）のアミノ酸残基を示している。

[J.-H. Lee *et al.*, *Proc. Natl. Acad. Sci. USA*, **102**, 18902–18907 (2005)]

Column

## 決定した生体高分子の立体構造はどうするのか

NMR法を用いて生体高分子の立体構造を決定した後は，Biological Magnetic Resonance Bank(BMRB)にNMRシグナルの化学シフトや帰属結果などを登録し，Protein Data Bank(PDB)に立体構造の座標などを登録する。このデータベースは世界中の研究者が利用することができ，創薬などに利用されている。

図4.28は，NMRにより立体構造を決定し，PDBに登録した例であり，10個の構造が重ね合わせられたものである。一般に，立体構造計算を100回程度行うと，エネルギーが低い(安定な)10～20個程度の立体構造が得られ，この安定な10～20個の立体構造から平均構造を計算する。登録された複数の立体構造に，平均構造が含まれている場合がある。平均構造が必ずしも拘束条件を満たしているとは限らないが，全体構造を議論する場合などでは，平均構造を利用することが有効であると思われる。複数の立体構造を重ね合わせると，どの部分の構造の精度が高く，どの部分の精度が低いのかがわかる。

また，立体構造を決定した後，学術論文に投稿する際には，下表のような立体構造計算に用いた距離の情報および二面角の情報(これらの情報を拘束条件という)の数，拘束条件をどれぐらい違反があるか(Violation)，理想的な化学結合の距離，角度や適切な二面角とのずれ(Deviation)，および10～20個程度の立体構造の平均平方根偏差(root mean square deviation, RMSD)のデータを示す。RMSDは，立体構造の精度の指標となる。NMRシグナルの解析により得られる構造情報が少ないと，構造計算によっていろいろな立体構造が得られてしまい，RMSDは大きな値を示すことになる。

表 | NMRの拘束条件と立体構造計算の統計的結果の例

| | PF0027 protein |
|---|---|
| **NMR distance & dihedral constraints** | |
| Distance constraints | 3625 |
| Total NOE | 3615 |
| Intra-residue | 925 |
| Inter-residue | |
| Sequential (\|i−j\| = 1) | 936 |
| Medium-range (\|i−j\| < 4) | 686 |
| Long-range (\|i−j\| > 5) | 1068 |
| Hydrogen bonds | 10 |
| Total dihedral angle restraints | 220 |
| phi | 127 |
| psi | 93 |
| **Structure statistics** | |
| Violations (mean and SD) | |
| Distance constraints (Å) | 0.0025 ± 0.0008 |
| Dihedral angle constraints (°) | 0.1833 ± 0.0661 |
| Max. dihedral angle violation (°) | 0.4281 |
| Max. distance constraint violation (Å) | 0.0041 |
| Deviations from idealized geometry | |
| Bond lengths (1-184) (Å) | 0.0037 ± 0.0001 |
| Bond angles (1-184) (°) | 0.5452 ± 0.0054 |
| Impropers (1-184) (°) | 0.3223 ± 0.0127 |
| Average pairwise r.m.s.d. (Å) | |
| Heavy (1-184) | 1.32 ± 0.17 |
| Backbone (1-184) | 0.68 ± 0.16 |

Heavyはタンパク質の重原子(プロトン以外の原子)，Backboneはタンパク質の主鎖を表す。
[A. Kanai *et al.*, *RNA*, **15**, 420(2009)]

核酸の相互作用を調べるときには，イミノプロトンシグナルの変化を観測するとよい。一方，タンパク質の相互作用を調べるときは，$^{1}$H–$^{15}$N HSQCスペクトル測定でアミドプロトンの変化を調べることが多い。基本的にはNMRシグナルが変化したアミノ酸残基あるいはヌクレオチド残基が，相互作用に関わっていると考えることができるが，相互作用によってタンパク質の立体構造が変化した場合にもNMRシグナルは変化するので，NMRシグナルの変化が直接的な相互作用に由来するものなのか，相互作用による構造変化に由来するものなのかを判別するのは容易ではない。このような場合には，交差飽和法(cross saturation法)*11などによって，直接的な相互作用のみを検出することが有効である。

*11　$m_z$＝－1/2と1/2の核が同数になり，遷移が起こらない状態を飽和という。分子間の飽和移動を調べることにより分子の結合界面が明らかとなる。

## 4.3 ◆ 低温電子顕微鏡

1930年代にルスカ(Ernst August Friedrich Ruska)らによって開発された電子顕微鏡は，例えばウイルスの構造解析などさまざまな分野で広く利用されている。電子顕微鏡には主として**透過型電子顕微鏡**(transmission electron microscopy, TEM)と**走査型電子顕微鏡**(scanning electron microscopy, SEM)があるが(**図4.30**)，以下で述べる生体高分子の解析にはTEMが用いられる。

TEMでは，試料に電子線を当て，透過してきた電子の密度の違いによって画像を得ることができる。試料の構造や構成成分の違いにより，透過する電子の密度が変化することを利用している。SEMでは，細く絞った電子線で試料表面を走査し，試料から放出される二次電子または反射電子を観測する。これによって，試料の微細な凹凸や組成分布を知ることができる。電子顕微鏡では，電子レンズによって電子線を集束あるいは結像させる。電子レンズとしては，円筒型のコイルの周辺を鉄で囲んで，その中空に磁場を発生させる磁場型レンズ(電磁レンズ)が用いられることが多い。光学顕微鏡では可視光の波長が400～800 nmとなるため分解能もそれに制約されるが，電子線の波長は0.002 nm程度となり，高い分解能を得ることが可能である。

生体高分子の解析方法としては，単粒子解析と電子線結晶解析が重要である。単粒子解析では，多数の像を観察して，立体構造を再構築する。一方，電子線結晶解析では，2次元の結晶を作製して電子線による回折現象を観察する。本節では，巨大分子複合体の立体構造解析が可能な極低温条件下(−270～−160℃)での単粒子解析に絞ってその概要を説明する。単粒子解析では，大きな複合体の概観や対称性の情報を得ることができ，結晶化が不要で，また比較的少ない試料での解析が可能である。

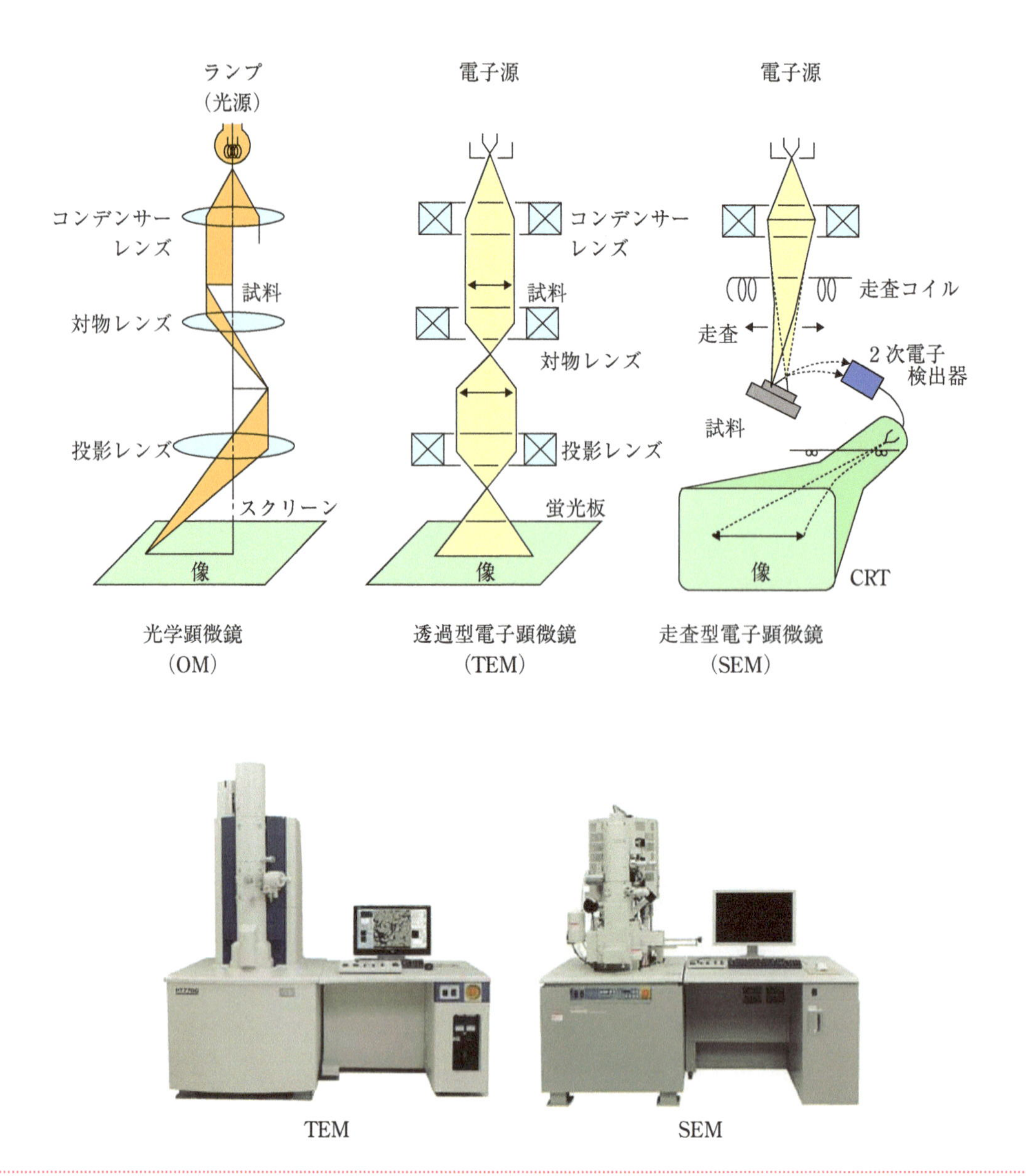


図4.30 | **光学顕微鏡，透過型電子顕微鏡(TEM)，走査型電子顕微鏡(SEM)の構成およびTEMとSEMの外観写真**

### 4.3.1◇低温電子顕微鏡による解析の概略

低温電子顕微鏡(cryo-EM)による単粒子解析では，(1)画像の撮影，(2)適切な画像の選別と立体構造像の再構築および(3)立体構造モデルの当てはめ，という流れで立体構造が決定される。画像の撮影においては，均一に調製された試料を電子顕微鏡撮影用の支持体(grid)上に散布し，極低温に素早く冷やして撮影を行う。極低温にすることによって，分子の運動を抑えるとともに，電子線による損傷も低減させることができる。画像の選択では，数万から数十万の粒子画像から再構築に利用できる適切な画像を選択し，それらを用いて立体構造の像を再構築する。cryo-EMによって解析される分子は，多数のサブユニットからなる複合体であることが多く，それぞれのサブユニットの立体構造はX線結晶構造解析やNMR法によって決定することが可能である。それらの原子座標レベルの立体構造をcryo-EMから得られる立体構造の像に当てはめることによって，巨大分子複合体の全体構造を決定することができる。

cryo-EM法では，結晶化を行う必要がないことが特徴の1つである。この特徴を利用し，例えば，ナノディスクとよばれる微小な脂質二重層に膜タンパク質を組み込み，その立体構造を決定することが試みられている。

### 4.3.2◇低温電子顕微鏡による解析例

**図4.31**は，cryo-EMによって決定されたテトラヒメナ由来のテロメラーゼの立体構造およびその再構築に利用された画像の一部である。この解析では，液体エタンによって急冷した試料を用い，合計478,698個の粒子の画像を撮影している。画像の撮影には，Gatan社のK2とよばれる高感度の検出器が用いられている。図4.31は実際の画像の例で，1つ1つの粒子の画像について，良いものと良くないものを選別している。また，分子の一部が画像ごとに異なっている様子もとらえられており，分子の柔軟性の情報も得られている。その後，画像の解析によって，立体構造の再構築に利用可能な画像を47,251個選択し，最終的に8.9 Åの分解能でcryo-EM mapとよばれる立体構造像を得ている。画像の選択にはプログラムRELIONが利用されている。テロメラーゼは，テロメラーゼRNAと多数のタンパク質との複合体である。**図4.32**では，X線結晶構造解析法やNMR法によって決定された立体構造パーツを組み合わせて全体構造が決定されている様子がわかる。

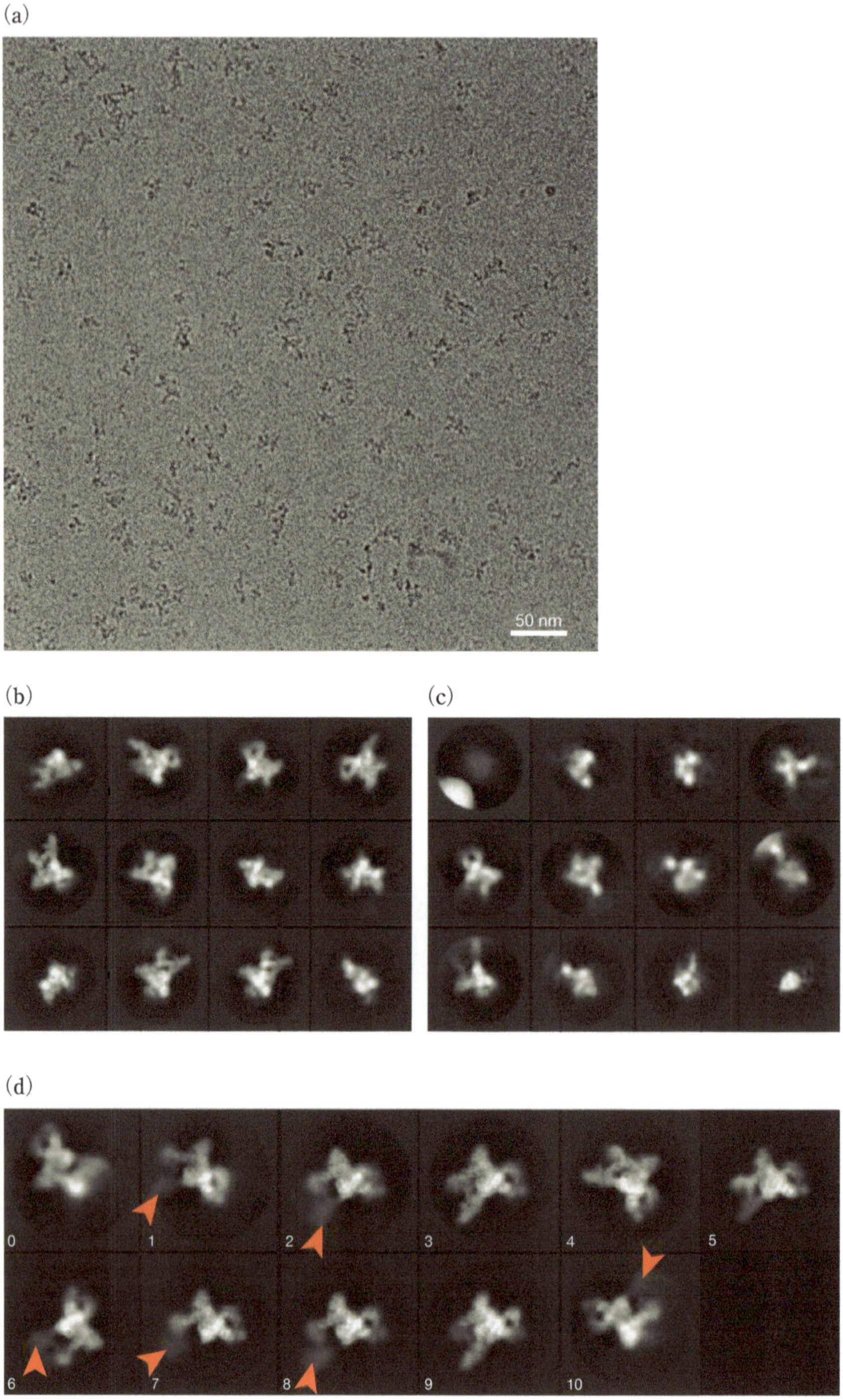

(a)

50 nm

(b)

(c)

(d)

0 1 2 3 4 5 6 7 8 9 10

図4.31 低温電子顕微鏡により撮影された画像

(a)元の画像。多数の粒子が写っている。(b)「良い」と判断された1つの粒子の画像。(c)「良くない」と判断された画像。(d)分子の一部(矢印)の位置が画像ごとに異なっている例。

**図4.32 | 低温電子顕微鏡による全体構造の決定**

再構築された立体構造マップ(cryo-EM map)(p)の各部分に別の方法で決定された構造(a)～(o)を当てはめ，全体構造(q)を決定する。

Column

## 構造ゲノム科学プロジェクト

生命体の基本物質であるタンパク質。それは，ゲノムに書き込まれた遺伝情報が実際に機能するものとして翻訳された物質であり，生命や生体内の機能ユニットとして，その立体構造を基本に，実際に働く役割(生体分子の機能)を担う。タンパク質の立体構造に基づいて，その機能を解明する研究分野を構造ゲノム科学と呼ぶ(構造ゲノミクス，構造プロテオミクスともいわれる)。構造ゲノム科学プロジェクトとは，ヒトゲノムプロジェクト(遺伝子情報の解析)進展の先を見据え，膨大な遺伝子の機能を解明するために，日本(タンパク3000プロジェクト)や欧米(Protein Structure Initiativeなど)で開始された大型プロジェクト研究である。

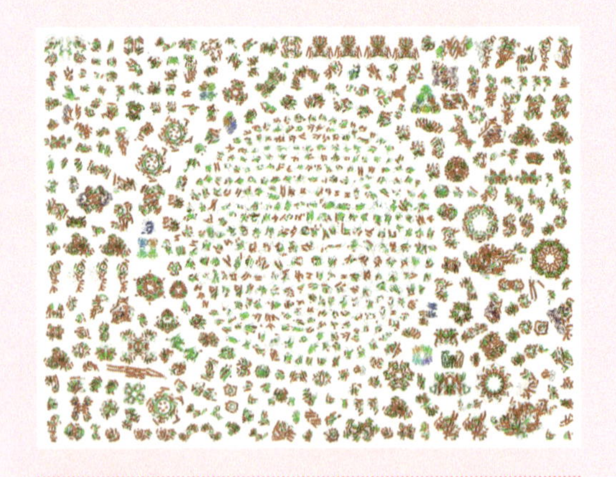

表 タンパク3000プロジェクトによって決定された構造の一部を並べたもの

NMR法によって決定された構造を中の円に，またX線結晶構造解析によって決定された構造をその外側に配置して，国旗のようにしてある。

想像に難くないが，生命を機能させるための機能ユニットとして，タンパク質の多様性の幅は膨大である。ゲノムから転写・翻訳された後にも，翻訳後修飾や生体内での複合体形成など，タンパク質にはその機能体としての無限な存在様式があり，そのことが構造ゲノム科学プロジェクトは，ヒトゲノムプロジェクトのような配列解析の「終了宣言」ができない由縁でもある。しかしながら，タンパク質の生体内での機能(働き)がどのように実現されているかの全容は，生命を理解する上で，また，生命の中で起こっているイベントを制御する上で(薬などの開発など)，根幹の情報となる。

無限の存在様式があるタンパク質ではあるが，1992年にイギリスのチョシア(Cyrus Chothia)により「タンパク質の立体構造の多様性は無限ではなく，比較的少数の系統(フォールド・ファミリー)に分類され，その総数は約1,000と推定される」という仮説が提案された。さらに，これを基礎に，多様性は分子機能と対応するそれぞれのタンパク質立体構造が組み合わされて発揮される「モジュラリティー」から構成されるとの確信が得られた。そこで，基本的な立体構造を明らかにすることにより，無限の多様性を有するタンパク質の全体像を解明することを戦略の基礎とし，生命現象を分子的に解明するための基盤を確立することに，構造ゲノム科学プロジェクトの目標が定められた。1990年代後半には，国際的な議論を経て，10年程度のプロジェクトで1万の構造を適切に選択して決定しようという具体的な目標もまとまった。

しかしながら，プロジェクトの開始時はヒトゲノム解析も終了しておらず，タンパク質の解析技術についても，1つのタンパク質の立体構造を解析するのに平均的には数年から，特に技術的に困難な標的タンパク質については十年単位の期間がかかるというレベルであったため，プロジェクトを進めるにあたっては，さまざまな技術の高度化の実現や，人材育成を進めながら，並行して，個々のタンパク質の解析を行っていく必要があった。

現在では，タンパク質の全体像の概要がほぼわかり，情報はすべて公共のデータベースからダウンロード可能である。それらを基礎として，情報科学を駆使した合理的な創薬など，タンパク質という生命の基本物質を足がかりにした，さまざまな科学が展開されている。

［理化学研究所　横山茂之］

### ❖ 演習問題

【1】生体高分子のX線結晶構造解析について，次の問いに答えよ。
（i）最大分解能はどのように決まるか。
（ii）位相決定のための3つの方法について説明せよ。
（iii）得られた立体構造の評価の値である$R$因子について簡潔に説明せよ。

【2】精製タンパク質の結晶化をある条件の母液に対して試みたところドロップに結晶はなく，沈殿物が生じていた。結晶を得るためには母液の沈殿剤などの濃度やタンパク質濃度をどのように変更すればよいか。結晶化における相変化図（図4.10）をもとに説明せよ。

【3】タンパク質のNMRスペクトルと，そのタンパク質と同じ組成のアミノ酸混合物のNMRスペクトルは異なっている。この理由を説明せよ。

【4】タンパク質のNMRシグナルを帰属する方法の1つに，ヴュートリッヒが開発した連鎖帰属法がある。これについて，その概略を説明せよ。

【5】NMR法によってRNAの構造を解析する方法について次の用語などを用いて説明せよ。
（NOE，二次構造，立体構造，塩基対，構造計算，シグナルの帰属，イミノプロトン）

【6】次の各測定手法について，どのような情報が得られるかを簡潔に説明せよ。
（i）NOESY
（ii）HOHAHAあるいはTOCSY
（iii）COSYあるいはDQF-COSY

【7】NMR法によって分子間の相互作用を解析する場合に用いられる手法を1つ示し，その概略を説明せよ。

【8】Simulated annealing法について説明せよ。

第5章

# コンピュータを利用した解析

前章で，NMR法やX線結晶構造解析法などにより生体高分子の立体構造を決定する方法を学んだが，これらの解析を含め，タンパク質やRNAの構造および機能を解析するために，コンピュータは欠かせない。また，さまざまな解析を行うことのできるwebサイトがインターネット上で提供されており，これらを使いこなすことも重要である。本章では，こうしたコンピュータを用いた解析について概説する。なお，現在は多くの生物でゲノムあるいはmRNAから作製されたcDNA[*1]の塩基配列が決定されており，それに基づいてタンパク質やRNAの一次構造がわかっていることが多い。このため，本章ではアミノ酸配列や塩基配列の情報に基づく解析を対象とする。

＊1　RNAから逆転写反応によって調製した二本鎖DNAのこと。RNAと相補的な配列（complementary sequence）をもつため，cDNAとよばれる。RNAに比べてDNAは安定で取り扱いやすいため，いったんcDNAとしてから配列解析などを行うことが多い。

## 5.1 ◆ 二次構造の予測

二次構造解析は，タンパク質およびRNAの構造解析の出発点となる。もちろん第4章で述べた方法により立体構造を決定してしまえば，同時に二次構造を決定することにもなるが，あらかじめコンピュータによる二次構造予測を行っておくと，その分子の性質の推定だけでなく，実験計画を立てることにも役立つ。

### 5.1.1 ◇ タンパク質の二次構造予測

タンパク質の二次構造予測は，1970年代にチョウ（Peter Y. Chou）とファスマン（Gerald D. Fasman）によって提案された方法（チョウ－ファスマン法）あるいはそれを拡張したGOR法が広く用いられてきたが，近年では，最近隣法，ニューラルネットワークモデルや隠れマルコフモデルなどの情報論的な手法を取り入れた予測方法が開発され，予測精度[*2]が向上している。なお，予測精度はチョウ－ファスマン法で50～60%，例えばニューラルネットワークモデルを利用した方法で60～70%程度と見積もられている。完全に予測できるわけではないが，タンパク質の構造を予測したり，機能を推定するための情報を得ることは可能である。

＊2　予測精度：コンピュータプログラムによって予測された結果が，実際のものとどれくらい一致するかを示すもの。

チョウ－ファスマン法は，各アミノ酸の二次構造形成についての傾向をあらかじめ調べておき，それを用いて対象とするアミノ酸配列の領域の二次構造を予測するという手法である。**表5.1**は，チョウとファスマ

表5.1 | αヘリックス，βストランド，βターンについての出現頻度(Pα, Pβ, Pt)パラメータ

| アミノ酸 | Pα | Pβ | Pt | f(i) | f(i+1) | f(i+2) | f(i+3) |
|---|---|---|---|---|---|---|---|
| アラニン | 142 | 83 | 66 | 0.06 | 0.076 | 0.035 | 0.058 |
| アルギニン | 98 | 93 | 95 | 0.07 | 0.106 | 0.099 | 0.085 |
| アスパラギン酸 | 101 | 54 | 146 | 0.147 | 0.11 | 0.179 | 0.081 |
| アスパラギン | 67 | 89 | 156 | 0.161 | 0.083 | 0.191 | 0.091 |
| システイン | 70 | 119 | 119 | 0.149 | 0.05 | 0.117 | 0.128 |
| グルタミン酸 | 151 | 37 | 74 | 0.056 | 0.06 | 0.077 | 0.064 |
| グルタミン | 111 | 110 | 98 | 0.074 | 0.098 | 0.037 | 0.098 |
| グリシン | 57 | 75 | 156 | 0.102 | 0.085 | 0.19 | 0.152 |
| ヒスチジン | 100 | 87 | 95 | 0.14 | 0.047 | 0.093 | 0.054 |
| イソロイシン | 108 | 160 | 47 | 0.043 | 0.034 | 0.013 | 0.056 |
| ロイシン | 121 | 130 | 59 | 0.061 | 0.025 | 0.036 | 0.07 |
| リシン | 114 | 74 | 101 | 0.055 | 0.115 | 0.072 | 0.095 |
| メチオニン | 145 | 105 | 60 | 0.068 | 0.082 | 0.014 | 0.055 |
| フェニルアラニン | 113 | 138 | 60 | 0.059 | 0.041 | 0.065 | 0.065 |
| プロリン | 57 | 55 | 152 | 0.102 | 0.301 | 0.034 | 0.068 |
| セリン | 77 | 75 | 143 | 0.12 | 0.139 | 0.125 | 0.106 |
| トレオニン | 83 | 119 | 96 | 0.086 | 0.108 | 0.065 | 0.079 |
| トリプトファン | 108 | 137 | 96 | 0.077 | 0.013 | 0.064 | 0.167 |
| チロシン | 69 | 147 | 114 | 0.082 | 0.065 | 0.114 | 0.125 |
| バリン | 106 | 170 | 50 | 0.062 | 0.048 | 0.028 | 0.053 |

[P. Y. Chou, C. D. Fasman, *Adv. Enzymol.*, **47**, 45–148 (1978)]

ンが作成したもので，各アミノ酸について，αヘリックス，βシートおよびβターンの出現頻度を反映するパラメータ(Pα, Pβ, Pt)を示している。さらに，βターンについては，4つのアミノ酸残基からなるターン構造のそれぞれの位置に出現する頻度がパラメータ化されている($f(i)$–$f(i+3)$)。これらのパラメータに基づいて，αヘリックス，βシートおよびβターンのそれぞれについてのパラメータの合計値を二次構造のスコアとして計算し，その値がある基準値を超えた場合に二次構造をとると仮定する。**図5.1**にその概略を，また**図5.2**に予測結果の例を示した。

GOR法は，Garnier，OsguthorpeおよびRobsonによって1996年に開発された方法で，アミノ酸配列中のあるアミノ酸残基の前後8残基ずつのアミノ酸残基の影響を考慮することで中央の1残基の二次構造の予測を行うものである。情報論的な手法で，その後に開発されたさまざまな予測方法の基礎と位置づけることができる。

最近隣法は，機械学習*3の手法を取り入れたもので，一定の長さ(16残基程度)ごとにアミノ酸配列を抜き出し，その配列に類似した既知構造の配列をデータベースから50個程度を同定し，それらの断片の中央にあるアミノ酸の二次構造頻度により目的の配列の二次構造を予測するものである。また，ニューラルネットワークモデル(NN)あるいは隠れ

*3　機械学習：たくさんのデータを与えることによって，その中から何らかの特徴や法則性を見出し，それを用いて新しいデータに対して予測を行うといった情報科学の手法。最近ではきわめて大量のデータを与えて学習させる深層学習(deep learning)の手法も発達してきている。機械学習の手法を用いて，例えばNMRスペクトルの自動解析を行うようなシステムの開発も進められている。

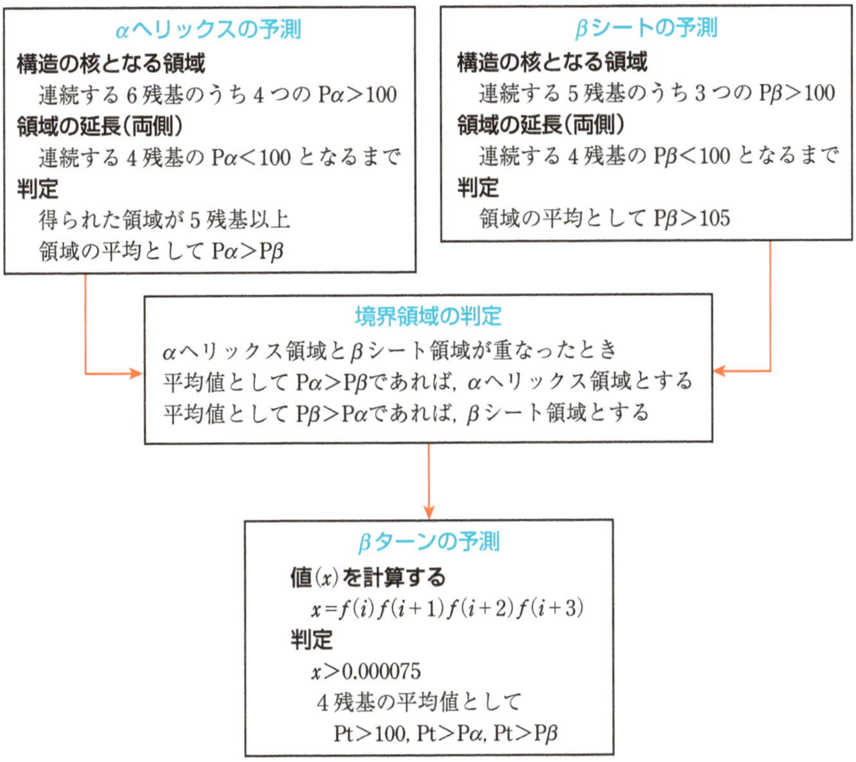

αヘリックスの予測
構造の核となる領域
連続する6残基のうち4つのPα>100
領域の延長(両側)
連続する4残基のPα<100となるまで
判定
得られた領域が5残基以上
領域の平均としてPα>Pβ
βシートの予測
構造の核となる領域
連続する5残基のうち3つのPβ>100
領域の延長(両側)
連続する4残基のPβ<100となるまで
判定
領域の平均としてPβ>105
境界領域の判定
αヘリックス領域とβシート領域が重なったとき
平均値としてPα>Pβであれば，αヘリックス領域とする
平均値としてPβ>Pαであれば，βシート領域とする
βターンの予測
値(x)を計算する
x=f(i)f(i+1)f(i+2)f(i+3)
判定
x>0.000075
4残基の平均値として
Pt>100, Pt>Pα, Pt>Pβ

図5.1 | チョウ–ファスマン法による二次構造予測の手順

```
         MVLVLDFGSQYTRLIARRLRELRAFSLILPGDAPLEEVLKHRPQALILSG
α-helix  <----->           <-------------------------------->
β-sheet  <------------------------------>      <--->    <--->
β-turn              T      T            T           T     T
```

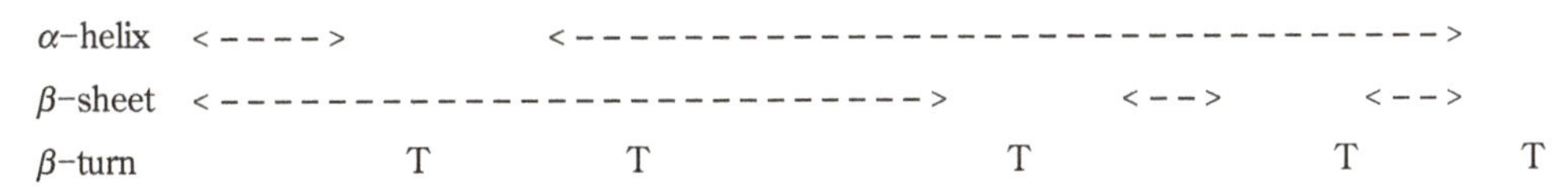

図5.2 | タンパク質二次構造の予測例

αヘリックスとβシートおよびβターンの予測結果がそれぞれ示してある。この例では境界領域の判定は行っていない。

マルコフモデル(HMM)などの情報論的な手法による二次構造予測法も開発されている。これらの詳細については生命情報学の成書を参照してほしい。二次構造予測に関連するものとして，膜タンパク質の推定や天然変性タンパク質の解析を行うソフトウエアも開発されている。タンパク質の二次構造予測法を紹介しているいくつかのwebサイトを**表5.2**に示した。

| 表5.2 | タンパク質の二次構造予測法に関するwebサイトの例

| 名　称 | URL | 備　　考 |
|---|---|---|
| Chou-Fasman | http://cib.cf.ocha.ac.jp/ToolList.html | お茶の水女子大学　生命情報学教育研究センター |
| GOR | http://cib.cf.ocha.ac.jp/ToolList.html | お茶の水女子大学　生命情報学教育研究センター |
| PREDATOR | https://npsa-prabi.ibcp.fr/cgi-bin/npsa_automat.pl?page=/NPSA/npsa_predator.html | Institute of Biology and Protein Chemistry, CNRS Université Lyon |
| NNPREDICT | http://www.bioinf.manchester.ac.uk/dbbrowser/bioactivity/nnpredictfrm.html | カリフォルニア大学 |
| SOSUI | http://harrier.nagahama-i-bio.ac.jp/sosui/ | 膜タンパク質の予測，長浜バイオ大学 |
| PONDER | http://www.pondr.com/ | 天然変性タンパク質の解析，Molecular Kinetics社 |
| DisEMBL | http://dis.embl.de/ | 天然変性タンパク質の解析，EMBL |

### 5.1.2◇RNAの二次構造予測

RNAの二次構造予測は，その機能についての多くの情報を与え，さらに立体構造解析の出発点となるため，RNAの構造と機能に関する研究において，きわめて重要なステップとなっている。RNAの二次構造は，連続した塩基対からなるステム構造とそれらをつなぐ一本鎖構造の組み合わせでできている。したがって，RNAの二次構造予測では，塩基対を形成しそうな領域を予測することになる。なお，DNAとは異なり，RNAの場合にはG-U塩基対に代表される非ワトソン−クリック型の塩基対が含まれることが多く，これらを考慮して予測を行うことが必要である。一般に，RNAの二次構造にはシュードノット（第3章を参照）は含まれないが，これも含めた予測方法も開発されている。予測方法には大きく2つあり，1つはエネルギー的に安定な構造を探索する方法，もう1つは生物学的に類縁関係にあるRNA配列との比較による方法である。

#### A. エネルギー的に安定な構造を探索する方法

エネルギー的に安定な構造を探索する方法では，エネルギー的にもっとも安定な構造が真の構造であるということを基本的な前提としている。また，構造上のそれぞれの場所のエネルギーが，局所的な配列と構造によって決まることを仮定している。これにより，比較的狭い範囲の塩基配列のみに基づいて二次構造の予測を行うことができる。この手法は，1980年代の初めに，NussinovとJacobsonおよびZukerとStieglerなどによって開発された。NussinovとJacobsonは，塩基対の数が最大になる構造を導き出す手法を開発し，ZukerとStieglerはダイナミックプログラミングとよばれるアルゴリズムを応用した。特に，Zukerによって開発された二次構造予測プログラムMFOLDは，現在でももっとも多く用いられているプログラムの1つである。

**表5.3**は，MFOLDにおいて用いられているエネルギーに関するパラ

表5.3 | 予測されたRNA二次構造の塩基対やその他の構造上の特徴に対応する自由エネルギーの予測値(kcal/mol, 37℃)

2つの塩基対のスタッキングによる安定化エネルギー

| | A–U | C–G | G–C | U–A | G–U | U–G |
|---|---|---|---|---|---|---|
| A–U | −0.9 | −1.8 | −2.3 | −1.1 | −1.1 | −0.8 |
| C–G | −1.7 | −2.9 | −3.4 | −2.3 | −2.1 | −1.4 |
| G–C | −2.1 | −2.0 | −2.9 | −1.8 | −1.9 | −1.2 |
| U–A | −0.9 | −1.7 | −2.1 | −0.9 | −1.0 | −0.5 |
| G–U | −0.5 | −1.2 | −1.4 | −0.8 | −0.4 | −0.2 |
| U–G | −1.0 | −1.9 | −2.1 | −1.1 | −1.5 | −0.4 |

ループの不安定化エネルギー

| 塩基数 | 1 | 5 | 10 | 20 | 30 |
|---|---|---|---|---|---|
| 内部ループ | — | 5.3 | 6.6 | 7.0 | 7.4 |
| バルジループ | 3.9 | 4.8 | 5.5 | 6.3 | 6.7 |
| ヘアピンループ | — | 4.4 | 5.3 | 6.1 | 6.5 |

メータである。塩基対形成により安定化されるエネルギーに関しては，隣りあう2組の塩基対の組み合わせによって決まるパラメータを用いる。例えば，G–C塩基対とC–G塩基対がその順で連続している場合には，−2.0 kcal/molの安定化と見積もられる。一方，塩基対を形成しない場合，つまりループ構造を形成する場合には不安定化として計算され，例えば5残基からなるヘアピンループが存在する場合には4.4 kcal/molの不安定化と見積もられる。これらの可能な二次構造のそれぞれについて集計し，もっともエネルギーの低い構造を選び出している。なお，MFOLDでは，その計算量が配列の長さの三乗に比例して増えるため，数百残基を超えるような配列の解析には適していない。したがって，比較的短いRNAの二次構造予測に用いられる。

数十残基を超えるようなある程度長いRNAの二次構造を正確に予測するため，塩基対を形成する2つの残基間の一次構造上の距離に応じた塩基対形成によるエントロピー変化を考慮した手法も開発されている(vsfold4)。さらに，これを拡張して，シュードノットを含めた構造を予測する手法(vsfold5)および準安定構造を予測する手法(vs_subopt)も提案されている。**図5.3**はvs_suboptによってアデニンリボスイッチの二次構造を予測した例である。もっともエネルギーの低い構造では，アプタマードメインにおいてアデニンを認識する構造が予測されており，一方，2番目にエネルギーの低い構造では，アプタマードメインの塩基対の一部がなくなり，ターミネーター構造の一部が予測されている。なお，7番目の構造では，完全なターミネーター構造が予測されている。

二次構造予測については，CentroidFoldなど，より洗練されたアルゴリズムに基づく高速で正確な予測手法が多数開発されている。

```
UUGUAUAACCUCAAUAAUAUGGUUUGAGGGUGUCUACCAGGAACCGUAAAAUCCUGAUUACAAAAUUUUGUUUAUGACAUUUUUUGUAAUCAGGAUUUUUUUU
(((((...((((((...[[[[[[)))))).......(((((]]]]]]...)))))..))))).....(((.....)))..(((((....)))))........   -21.77 ①
........((((((...[[[[[[)))))).......(((((]]]]]]...))))).((((((((...(((.....)))..))))))))..((((....))))   -21.72 ②
...((((.((((((...[[[[[[)))))).......(((((]]]]]]...)))))...((((....)))).)))).....(((((....)))))........   -20.01
..((((..[[[[[[..))))...]]]]]].((((((.(((((.........)))))...((((....)))).)).)))..(((((....)))))........   -19.63
(((((...((((((...[[[[[[)))))).......(((((]]]]]]...)))))..))))).((((((..(((((......)))))..))))))........  -19.50
........((((((...[[[[[[)))))).......(((((]]]]]]...))))).((((((((...(((.....)))..))))))))..............   -19.38
((((.........)))).(((((((..((.......))..))))))).((((((((((((((((...(((.....)))..)))))))))))))))).....   -18.24 ⑦
...(((((((((((...[[[[[[)))))).......(((((]]]]]]...)))))...((((....))))............)))))...((((....))))   -18.18
..((((..[[[[[[..))))...]]]]]]..((((..(((((.........))))).((((((((...(((.....)))..))))))))...)))).......  -17.43
...(((((((((((...[[[[[[)))))).......(((((]]]]]]...)))))...((((....))))............)))))...............  -15.84
....((((((((((...[[[[[[)))))).......(((((]]]]]]...)))))...((((....))))............))))................  -14.48
...((((.((((((...[[[[[[)))))).......(((((]]]]]]...)))))...((((....)))).))))..........................  -14.44
(((((...((((((...[[[[[[)))))).......(((((]]]]]]...)))))...((((....)))).)))))..........................  -14.41
.((((...((((((...[[[[[[)))))).......(((((]]]]]]...)))))...((((....)))).))))...........................  -13.64
(((((...((((((...[[[[[[)))))).......(((((]]]]]]...)))))..)))))........................................  -13.46
(((((...((((((...[[[[[[)))))).......(((((]]]]]]...)))))...((((....))))..............))))).............  -12.42
....(((.((((((...[[[[[[)))))).......(((((]]]]]]...)))))...((((....)))).)))............................  -12.27
.((((...((((((...[[[[[[)))))).......(((((]]]]]]...)))))...((((....))))............))))...............  -11.97
                                                                                                      [kcal/mol]
```

① ②

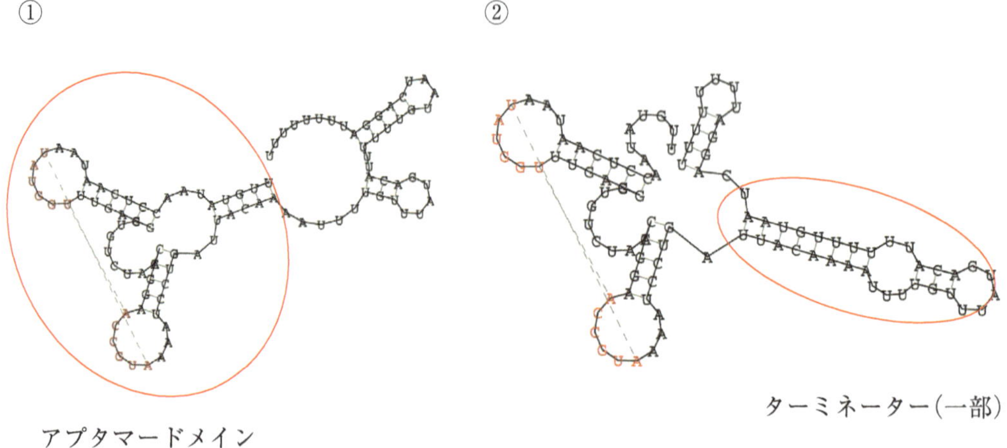


⑦

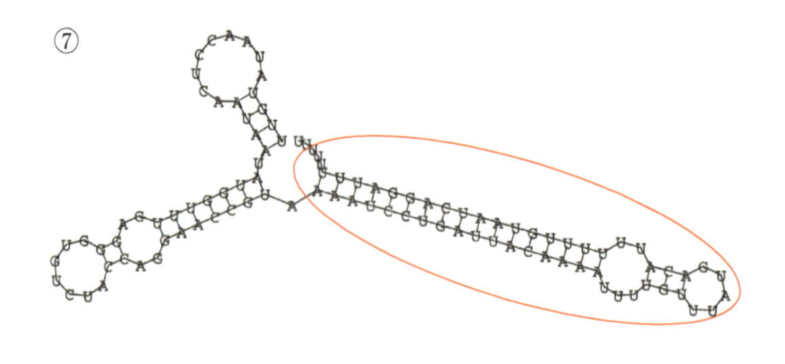


**図5.3 アデニンリボスイッチRNAの二次構造予測の例(vs_subopt)**

vs_suboptでは，1つの配列に対して多数の予測結果がエネルギーの低い順に示される。下の図は，エネルギーの低い方から1, 2, 7番目の構造で，リボスイッチの構造要素がそれぞれ予測されている。なお，コンピュータ上では塩基対形成を丸カッコで示すことが多く，またこの例ではシュードノットをカギカッコで示している。ただし，シュードノットの場合には，カギカッコだけでは正確には表現できない場合がある。

### B. 生物学的に類縁関係にあるRNA配列との比較による方法

RNAの機能と二次構造は密接に関係しており，その機能発現のために必要な二次構造は，進化の過程で保存されている可能性が高く，配列共変異とよばれる塩基対が維持されるような塩基置換がみられる（**図5.4**）。したがって，同じ機能をもつRNAについて，さまざまな生物種間で配列を比較することによって，二次構造を推定することが可能である。例えばCentroidHomfoldなどのプログラムでは，データベースから類似性の高い塩基配列を検索し，二次構造を予測する。

また，tRNAや核小体低分子RNA（snoRNA）などのように二次構造に共通の特徴をもつ一群のRNAについては，それらの特徴を学習し，ゲノムの塩基配列中からきわめて正確にそれらの遺伝子を検索するtRNAscan-SEやSnoscanなどのシステムも開発されている。

RNAの二次構造予測法を紹介しているいくつかのwebサイトを**表5.4**に示した。

```
GCGCUUCGGCGC
((((....))))
GUGCUUCGGCAC

 G···C        G···C
 C···G        U···A
 G···C        G···C
 C···G        C···G
U     U      U     U
  C G          C G
```

**図5.4 配列共変異**
上図に示す2つの配列は2番目と11番目が異なっているが，いずれの配列においてもこの2つの残基は塩基対を形成できるため，下図のように同じ二次構造となる。

**表5.4 RNA二次構造予測のwebサイトの例**

| 名称 | URL | 備考 |
|---|---|---|
| MFOLD | http://mfold.rna.albany.edu/?q=mfold | ニューヨーク州立大学オールバニ校RNA研究所 |
| CentroidFold | http://rtools.cbrc.jp/centroidfold/ | 東京大学 |
| CentroidHomfold | http://rtools.cbrc.jp/centroidhomfold/ | tRNAを予測，東京大学 |
| vsfold5 | http://www.rna.it-chiba.ac.jp/vsfold/vsfold5/ | シュードノットの予測，千葉工業大学 |
| vs_subopt | http://www.rna.it-chiba.ac.jp/~vsfold/vs_subopt/ | 準安定構造の予測，千葉工業大学 |
| tRNAscan-SE | http://lowelab.ucsc.edu/tRNAscan-SE/ | 相同性配列を使った予測，カリフォルニア大学サンタクルーズ校 |
| Snoscan | http://lowelab.ucsc.edu/snoscan/ | snoRNAを予測，カリフォルニア大学サンタクルーズ校 |

## 5.2◆立体構造の解析

現在，さまざまな立体構造表示ソフトウエアが開発され，いくつかのものはインターネットから無償でダウンロードが可能である。PCだけでなく，パッドやスマートフォンなどで利用可能なものもあり，立体構造情報はPDBなどのデータベースからダウンロードできることから，どこにいてもさまざまな生体高分子の立体構造を見ることができるといえる。**表5.5**にそれらの例を示した。

### 5.2.1◇立体構造の分類

タンパク質の立体構造を，それを構成する二次構造の特徴などに基づいて分類したデータベースが公開されている。例えば，SCOP（http://scop.mrc-lmb.cam.ac.uk/scop/）では，$\alpha$ヘリックスや$\beta$シートなどの割合などによってタンパク質を11のクラスに分類している（**表5.6**）。また，Pfam（http://pfam.xfam.org/）はドメイン構造などに基づいてタンパク

**表5.5** 生体高分子のための立体構造表示ソフトウエアの例

| 名　称 | URL | 備　　考 |
|---|---|---|
| UCSF Chimera | https://www.cgl.ucsf.edu/chimera/ | カリフォルニア大学サンフランシスコ校 |
| VMD | http://www.ks.uiuc.edu/Research/vmd/ | イリノイ大学アーバナ・シャンペーン校　理論・計算生物物理学グループ |
| ICM-Browser | http://www.molsoft.com/icm_browser.html | モルソフト社 |
| iMolview | http://www.molsoft.com/iMolview.html | モルソフト社（iPhone，Android用） |
| BioBox | http://biobox.ecosoft.jp/ | 株式会社Ecosoft（有償） |

**表5.6** SCOPによるタンパク質の分類

| クラス | 補足説明 | 含まれるスーパーファミリーの数 |
|---|---|---|
| All alpha proteins | | 284 |
| All beta proteins | | 174 |
| Alpha and beta proteins (a/b) | $\beta$シート構造については，主として平行$\beta$シート構造（$\beta$-$\alpha$-$\beta$を構造単位とする） | 147 |
| Alpha and beta proteins (a+b) | $\beta$シート構造については，主として逆平行$\beta$シート構造（$\alpha$ヘリックス構造の領域と$\beta$シート構造の領域が分離している） | 376 |
| Multi-domain proteins (alpha and beta) | 異なるクラスの複数の構造ドメインからなる | 66 |
| Membrane and cell surface proteins and peptides | 免疫系タンパク質は含まない | 58 |
| Small proteins | 多くの場合，金属リガンド，ヘムあるいはジスルフィド結合を含む | 90 |
| Coiled coil proteins | 真のクラスではない | 7 |
| Low resolution protein structures | 真のクラスではない | 26 |
| Peptides | ペプチドあるいは断片。真のクラスではない | 121 |
| Designed proteins | 基本的に非天然のアミノ酸配列からなる人工的な構造。真のクラスではない | 44 |

質を分類したデータベースであり，UniProt（http://www.uniprot.org/）とよばれるタンパク質のアミノ酸配列データベースに含まれるタンパク質が16,306のファミリーに分類されている。

### 5.2.2◇立体構造の予測

立体構造は活性部位の形成や他の分子との相互作用の場を与えるものであり，タンパク質の機能あるいはその機能発現の機構を知るためには，立体構造を知ることが必要である。しかしながら，X線結晶構造解析法やNMR法あるいは低温電子顕微鏡などで立体構造を決定することができない場合もあり，このようなとき，立体構造の予測が重要な手法となる。

立体構造の予測方法には，大きく分けて非経験的な方法，半経験的な方法および経験的な方法が存在する。非経験的な方法（*ab initio*法ともよばれる）は，基本原理に基づいてアミノ酸配列から立体構造を推定する方法であり，現在のところまだ開発の途中であるといえる。半経験的な方法としては3D-1D法などが開発されており，既知の立体構造に基づいて目的の配列がどの立体構造をとりうるかを予測した上で，限定された構造空間での*ab initio*法による予測を行う。これらに対し，経験的な手法であるホモロジーモデリング法は，既知の立体構造に基づいて目的のタンパク質の立体構造を予測する方法で，目的のタンパク質とアミノ酸配列が類似している立体構造既知のタンパク質が存在する場合には，きわめて有効な手法である。

一般に，2つのタンパク質におけるアミノ酸配列の一致度が40%以上あれば，それらの立体構造のRMSD（各原子の位置の根平均二乗変位）は2Å程度であることが知られており，アミノ酸配列の一致度が30%以上なら，ホモロジーモデリングが成功する可能性が高い。ホモロジーモデリング法において既知構造は鋳型構造ともよばれ，例えばPDBにおいて相同性検索を行うことによって見つけることができる。ホモロジーモデリングは，例えばMODELLER（http://salilab.org/modeller/modeller.html）やICM-pro（Molsoft社）などのソフトウエアで行うことができるが，鋳型構造の検索を含めて自動的にモデリングを行うSWISS-MODEL（http://swissmodel.expasy.org/SWISS-MODEL.html）や3D-JIGSAW（http://bmm.cancerresearchuk.org/~3djigsaw/）などのwebサイトも利用できる。これらのソフトウエアでは，既知構造に基づいて主鎖の構造のモデリングを行った後，側鎖のコンホメーションのモデリングおよび挿入部位の構造のモデリングを行う。さらに，エネルギー極小化あるいは分子動力学計算を行ってより適切な立体構造を作成する場合もある。また，モデルの精度が高いソフトウエアとして，FAMS（http://www.pharm.kitasato-u.ac.jp/fams/index_j.html）が知られている。

ホモロジーモデリングによって得られた立体構造について，それが適切な結果であるかの評価を行うことも重要である。Verify3D（http://services.mbi.ucla.edu/Verify_3D/）というwebサイトでは，極性アミノ酸残基の配置や局所的な二次構造の適切さなどを指標にモデル構造の評価を行うことができる。タンパク質の鎖長に応じた目標スコアと，立体構造から計算したスコアがどれくらい近いかによって評価を行う。

### 5.2.3◇分子動力学シミュレーション

分子動力学法（MD法）は，タンパク質やRNAなどの生体高分子の運動性（ダイナミクス）などを解析するために必要不可欠な手法となっている。MD法は，古典力学の運動方程式に従って，各原子の運動のシミュレーションを行うもので，計算そのものは数値積分である。分子動力学法は，例えば無機化学などでは多数の原子・分子についてのマクロな情報が解析できる手法でもあるが，生体高分子の場合には計算量の問題から通常は1分子についての計算を行う。ただし，生体高分子のほかに，リガンドやイオンあるいは溶媒である水分子を含めた系として計算を行うことが多い。

運動方程式を計算するためには，各原子に作用する力を計算する必要がある。このため，MD法では「力場（force field）」を設定し，それに基づいて原子の運動を計算する。MD法でよく用いられるプログラムであるAMBER*4における力場を**図5.5**に示した。共有結合によって結ばれた原子間においては，結合距離，結合角および二面角の3つの力場が用意され，一方で，非共有結合の相互作用であるファンデルワールス力

*4　カリフォルニア大学サンフランシスコ校（UCSF）のPeter A. Kollmanによって1970年代に開発されたプログラムで，現在はver.16になっている。

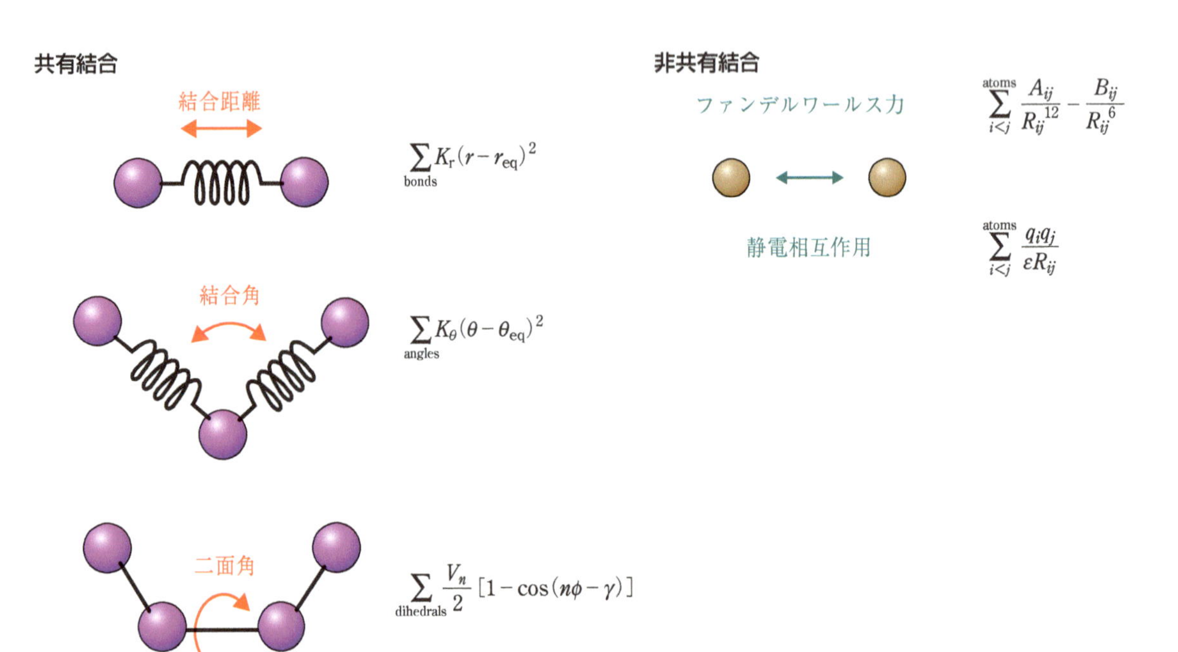


図5.5 | AMBERにおける力場（force field）

および静電相互作用についての力場もそれぞれ用意されている。

シミュレーションでは，1 fs ($10^{-15}$ s) 程度の時間刻みで繰り返し計算を行い，1 ns ($10^{-9}$ s) 程度の原子の動きを得る。1 fsはCH原子間の伸縮振動程度の時間であり，一方，1 nsは分子量1万のタンパク質が1回転する程度の時間である。計算機の計算速度は年々速くなっており，例えばGPGPUとよばれるユニットを備えたPCを用いれば10 ns程度のシミュレーションを数日程度で行うことができ，「京」などの超高速システムを利用すればきわめて大規模な計算も可能である。

**図5.6**はタンパク質のMDシミュレーションの例である。この例では，プリンヌクレオチド生合成系の酵素であるGARシンテターゼについて10 nsのシミュレーションを行っている。図は，10 nsのシミュレーションにおいて計算された10 ps (1 ps = $10^{-12}$ s) ごとの1,000個の立体構造を用いて，各残基ごとの位置の変動を示している。この酵素は4つのドメインから構成されているが，N末端ドメインの一部である1～60番目の残基を重ね合わせた上で位置の変動を計算すると，赤で示したATP graspのN末端側のドメインのみが大きな変動を示し，それよりC末側

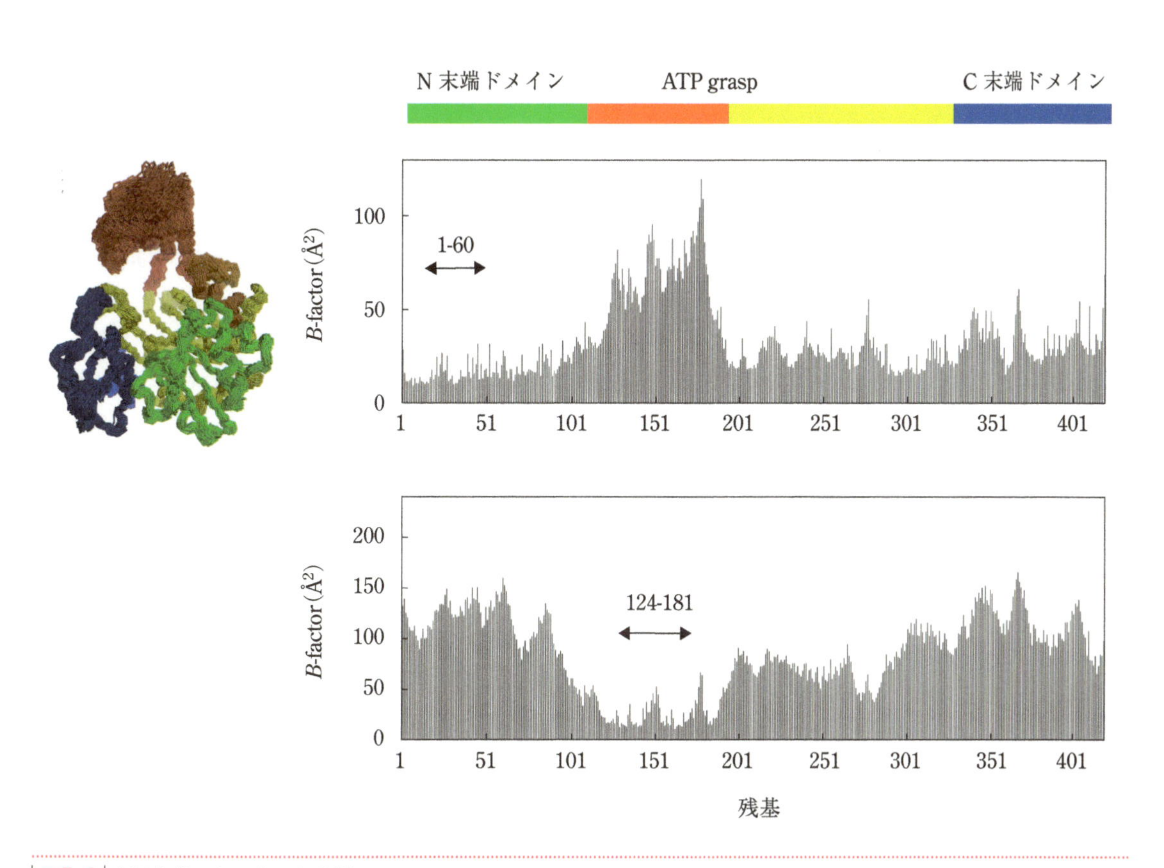


**図5.6 | MDシミュレーションの例**

4つのドメインからなるタンパク質についてMDシミュレーションを行い，その動きを温度因子 (*B*-factor) に換算して示してある。上のグラフはN末端ドメインを重ねて計算したもので，赤で示したドメインのみが動いていることがわかる。一方，赤で示したドメインを重ねて計算してみると，他の3つのドメインが動いている。このことから，赤いドメインと他の3つのドメインが互いに独立して運動していることがわかる。

[G. Sampei *et al.*, *J. Biochem.*, **148**, 429 (2010)]

の2つドメインの変動は小さかった。一方，赤で示したドメインを重ね合わせて計算すると，それ以外の3つのドメインの変動が大きくなった。このことは，赤で示したドメインとそれ以外の3つのドメインが独立して運動していることを示している。このように，MDシミュレーションによって分子の運動特性を解析することができる。

シミュレーションの結果(trajectoryともよばれる)は専用のソフトウエアによって加工することができ，例えば図5.6のようなグラフを得ることができる。また，UCSF Chimeraなどの表示ソフトウエアでは，trajectoryのデータを読み込んで，分子の運動を動画として表示することができる。

## 5.3◆相互作用の解析—ドッキングシミュレーション

ほとんどのタンパク質は，他の分子と相互作用しながら機能を発現する。タンパク質と他の分子との相互作用については，電気泳動法や表面プラズモン共鳴法，質量分析法，NMR法あるいはDNAマイクロアレイ法[*5]や酵母ツーハイブリッド法[*6]などによって解析することができるが，例えば医薬品のスクリーニングなどのように大規模な解析が必要な場合，ドッキングシミュレーション法などの計算による方法が重要となる。ドッキングシミュレーションで扱う相互作用は，ファンデルワールス力や静電相互作用などによる弱い相互作用であり，周囲の環境や条件によって付いたり離れたりするようなものであることが多い。タンパク質が相互作用する相手の分子としては，低分子化合物あるいはタンパク質が想定され，それぞれに適した手法が開発されている。

タンパク質と低分子化合物の相互作用の解析では，タンパク質側の構造は固定し，低分子をマルチコンホメーションとして取り扱うことが多い。一方，タンパク質間の相互作用を予測する場合には，両方の構造を固定して，表面形状の相補性に基づいた予測を行うことが多い。いずれの場合にも，複合体の立体構造の候補を得た後，分子動力学計算などを行ってエネルギー的により安定な複合体の構造を作成することが多い。ドッキングシミュレーションを行うソフトウエアとしては，AutoDock (http://autodock.scripps.edu/)やICM-pro (Molsoft社)などがある。

ドッキングシミュレーションに関連して，タンパク質とリガンドの複合体構造において，リガンドと相互作用しているアミノ酸残基を解析するソフトウエアにLigPlot (http://www.ebi.ac.uk/thornton-srv/software/LIGPLOT/)がある。**図5.7**は，プリンヌクレオチド生合成系の酵素であるアミドイミダゾール合成酵素(AIR synthetase)とその基質の1つであるホルミルグリシンアミドリボヌクレオチド(FGAM)との相互作用についてAutoDockを用いて予測した結果をLigPlotで表示したものである。複数の水素結合および疎水性相互作用によってFGAMが認識されてい

＊5　DNAマイクロアレイ法：ガラスなどの基板の上に多数のDNA断片を結合させたもの(DNAマイクロアレイあるいはDNAチップ)を用い，解析対象のDNAやRNA試料と結合させて蛍光などで検出することによって，試料にどのような塩基配列をもつDNA/RNAが含まれていたかを大規模に解析する方法。

＊6　酵母ツーハイブリッド法：転写活性化因子であるGal4タンパク質のDNA結合ドメインをタンパク質Xと融合させた遺伝子，および転写活性化ドメインをタンパク質Yと融合させた遺伝子を酵母に導入したとき，XとYが相互作用するとレポーター遺伝子が活性化して検出できるようなシステムを使って，さまざまなタンパク質の組み合わせで相互作用を解析する方法。

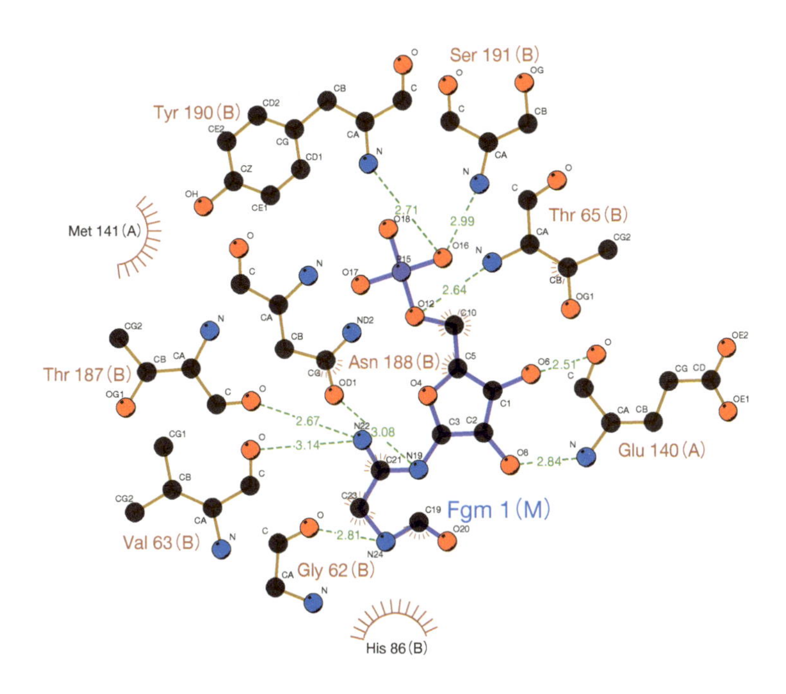


リガンドの化学結合

リガンド以外の化学結合

水素結合およびその長さ

疎水性相互作用しているリガンド以外の残基

疎水性相互作用しているリガンドの原子

図5.7 | **LigPlotの例**

リガンドを結合したタンパク質の原子座標(PDBファイル)を用いて，リガンドと相互作用しているアミノ酸残基を検出し，図示することができる。

ることがみてとれる。

## 5.4◆構造生物学と創薬

タンパク質の立体構造が決定できれば，ドッキングシミュレーションによってそれに結合する低分子化合物(リガンド)を見つけることが可能となる。また，タンパク質とリガンドとの複合体の立体構造が決定できれば，その構造に基づいて，親和性や選択性の高い化合物を設計することができるかもしれない。そのような立体構造に基づいた創薬はstructure based drug design (SBDD)とよばれている。HIV-1のプロテアーゼを阻害する医薬品はSBDDによって開発されたものとしてよく知られており，また，2012年のノーベル化学賞の対象となったGタンパク質共役型受容体(GPCR)の構造と機能の研究に関しても，SBDDのターゲットとしての有用性が評価の1つとなっていると考えられる。

**図5.8**は，HIV-1プロテアーゼと阻害剤の複合体の立体構造を示している。この阻害剤は，プロテアーゼの立体構造および反応機構に基づいて設計されたものである。また，**図5.9**は，GPCRの1つであるヒト由来ヒスタミンH1受容体と阻害剤の複合体の立体構造を示している。

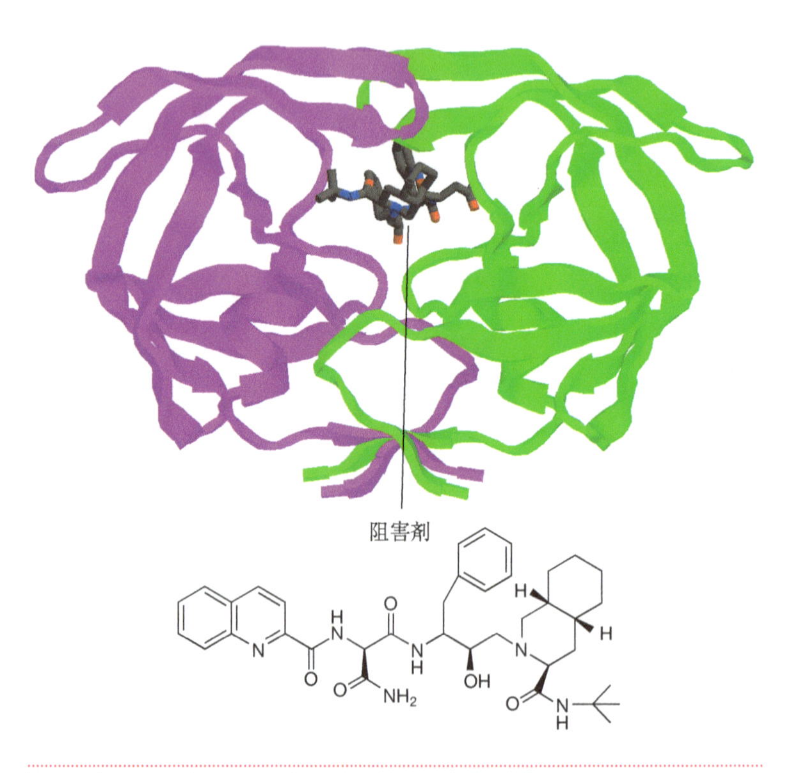


図5.8 | **HIV–1 プロテアーゼと阻害剤（PDB ID : 2FGU）**

図2.23も参照。

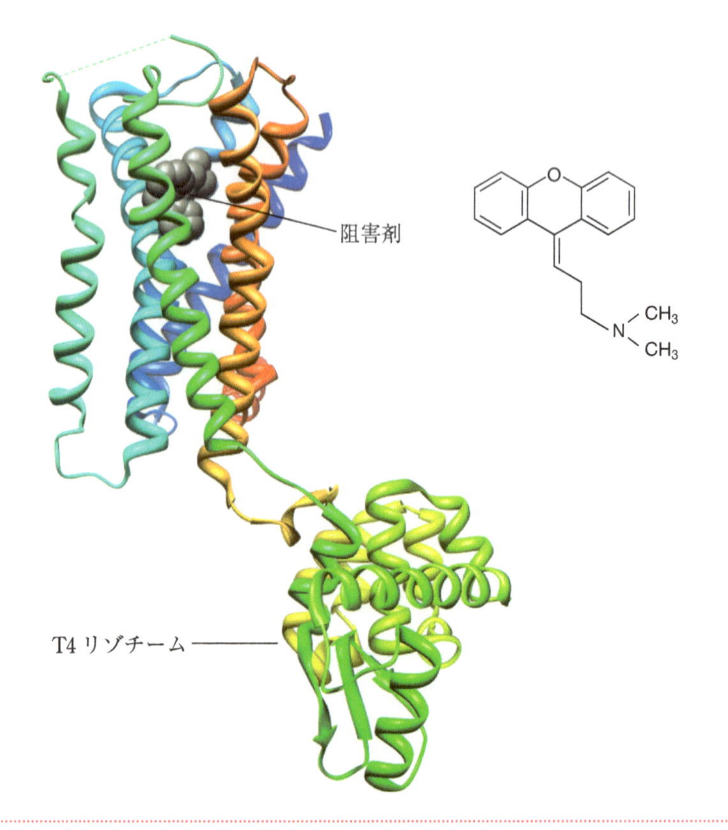


図5.9 | **ヒスタミンH1受容体と阻害剤（PDB ID : 3RZE）**

図2.23も参照。

GPCRは7回膜貫通型の膜タンパク質で，ヒトゲノム中に800種類以上が見出されており，さまざまな生命現象に関連していることから，SBDDの重要なターゲットとなっている。膜タンパク質の結晶化技術の開発によってその立体構造が明らかとなった。

2002年から2006年にかけて推進された構造ゲノム科学プロジェクト（タンパク3000プロジェクト）によって数多くのタンパク質の立体構造が決定され，さまざまなタンパク質に対する創薬が可能となっている。今後，ドッキングシミュレーションなどによるハイスループットスクリーニングが創薬に活かされることが期待されている。医薬品開発の支援のための分子シミュレーションシステムとしては，myPresto（medicinally yielding protein engineering simulator, http://presto.protein.osaka-u.ac.jp/myPresto4/）などがある。

## ❖演習問題

【1】本書に掲載されている図の中から立体構造が決定されているタンパク質を1つ選び，そのPDB IDを利用して次の問いに答えよ。

（i）分子表示ソフトウエアを用いて，そのタンパク質の立体構造をリボンモデルなどで表示せよ。

（ii）Protein Data Bank（PDBjなど）を利用して，そのタンパク質のアミノ酸配列を取得し，その二次構造を予測せよ。さらに，予測された二次構造と決定されている立体構造とを比較せよ。

【2】本書に掲載されている図の中から立体構造が決定されているRNAを1つ選び，そのPDB IDを利用して次の問いに答えよ。

（i）分子表示ソフトウエアを用いて，そのRNAの立体構造をリボンモデルなどで表示せよ。

（ii）Protein Data Bank（PDBjなど）を利用して，そのRNAの塩基配列を取得し，その二次構造を予測せよ。さらに，予測された二次構造と決定されている立体構造とを比較せよ。

## さらに勉強をしたい人のために

※近年に出版されている生化学あるいは分子生物学の教科書には，多くの立体構造図が含まれており，構造と機能の関係について理解できるようになっている。

**[構造生物学全般に関して]**

- A. Liljas, L. Liljas, J. Piskur, G. Lindblom, P. Nissen, M. Kjeldgaard 著，田中 勲，三木邦夫 訳，構造生物学，化学同人(2012)
  →構造生物学の基礎から各論までが具体例を含めて詳細に示されている。

**[第2章　タンパク質の構造と機能に関して]**

- G. A. Petsko, D. Ringe 著，横山茂之 監訳，宮島郁子 訳，タンパク質の構造と機能—ゲノム時代のアプローチ，メディカル・サイエンス・インターナショナル(2005)
  →配列から構造，構造から機能，さらにゲノミクスへと説明を進めるユニークな構成となっている。図も多く，タンパク質の構造生物学の全体像の理解に役立つ。
- 松澤 洋 編，タンパク質工学の基礎，東京化学同人(2004)
  →構造生物学が中心の教科書ではないが，タンパク質工学の具体例を通して，酵素の構造と機能の関係について理解できる。
- 有坂文雄 著，バイオサイエンスのための蛋白質科学入門，裳華房(2004)
  →タンパク質の物理化学的性質や解析法について幅広く，わかりやすく書かれている。
- C. Branden, J. Tooze 著，勝部幸輝，竹中章郎，福山恵一，松原 央 監訳，タンパク質の構造入門 第2版，ニュートンプレス(2000)
  →タンパク質の立体構造についてたくさんの例をあげて説明されており，立体構造から生命現象を理解する上で役立つ。
- D. Voet, J. Voet 著，田宮信雄，村松正實，八木達彦，吉田 浩，遠藤斗志也 訳，ヴォート生化学(上・下) 第4版，東京化学同人(2012)
- D. Voet, J. Voet, C. Pratt 著，田宮信雄，八木達彦，遠藤斗志也，吉久 徹 訳，ヴォート基礎生化学 第5版，東京化学同人(2017)
  →多数の代謝反応とそれに関わる酵素について触媒反応機構を立体構造から説明しているため，生命現象を理解する上で役立つ。

**[第3章　核酸の構造と機能に関して]**

- W. Saenger 著，西村善文 訳，核酸構造(上・下)，シュプリンガー・フェアラーク東京(1987)
  →核酸の構造の基礎がきわめて詳細に記述されている。
- 河合剛太，清澤秀孔 編，機能性RNAの分子生物学，クバプロ(2010)
  →RNAの構造の基礎からRNAの機能まで書かれた教科書。
- W. Saenger, *Principles of Nucleic Acid Structure*, Springer(1984)
  →基本的な核酸の構造について詳しくまとめた専門書。日本語訳(西村善文 訳，ウォルフラム・ゼンガー，核酸構造，シュプリンガー・フェアラーク東京(1987))は絶版。

**［第4章　生体高分子の構造解析に関して］**

- J. Drenth 著，竹中章郎，勝部幸輝，笹田義夫，若槻壮市 訳，タンパク質のX線結晶解析法 第2版，シュプリンガー・ジャパン（2008）
  →生体高分子のX線結晶解析の原理と実際がわかりやすく説明されている。
- 坂部知平 監修，相原茂夫 編著，タンパク質の結晶化―回折構造生物学のために，京都大学学術出版会（2005）
  →タンパク質および核酸について，良い結晶を作るために必要なことが詳細に説明されている。
- 平山令明 著，生命科学のための結晶解析入門，丸善出版（1996）
  →X線結晶構造解析の原理や解析方法についてわかりやすく書かれている。
- 阿久津秀雄，嶋田一夫，鈴木榮一郎，西村善文 編著，NMR分光法（分光法シリーズ3），講談社（2016）
  →NMR分光法の基礎からタンパク質への応用までが詳しく説明されている。
- 日本分光学会 編，核磁気共鳴分光法（分光測定入門シリーズ8），講談社（2009）
  →NMR分光法の原理からタンパク質および核酸への応用まで，比較的平易に説明されている。
- K. Wüthrich, *NMR of Proteins and Nucleic Acids*, Wiley (1986)
  →タンパク質と核酸のNMRの基礎について書かれた専門書。日本語訳（京極好正，小林祐次 訳，タンパク質と核酸のNMR―二次元NMRによる構造解析，東京化学同人（1991）は絶版。
- 田中啓二，若槻壮市 編，構造生命科学で何がわかるのか，何ができるのか―最先端のタンパク質解析技術から構造情報の活用事例，創薬展開まで（実験医学増刊Vol.32 No.10），羊土社（2014）
  →低温電子顕微鏡を含む最先端技術が紹介されている。

**［第5章　コンピュータを利用した解析に関して］**

- 郷 通子，高橋健一 編，基礎と実習 バイオインフォマティクス，共立出版（2004）
  →タンパク質の立体構造モデリングや相互作用予測の基礎がわかりやすく説明されている。解析のためのWebサイトなども数多く紹介されており，出版されてから時間が経っているものの多くが利用可能である。
- 中村春樹 編，見てわかる構造生命科学―生命科学研究へのタンパク質構造の利用，化学同人（2014）
  →よく利用されている分子表示ソフトウエアを実際に使いながら学べるように作られている。分子表示のテキストとしても利用できる。

# 索　　引

## 【人　　名】



## 【欧　　文】

## 【ア】



## 【カ】



## 【サ】

【タ】



【ナ】



【ハ】

【マ】



【ヤ】



【ラ】



【ワ】

## 著者紹介

**河合剛太**　理学博士　［1 章，4.3 節，5 章を担当］

東京大学大学院理学系研究科博士課程修了。横浜国立大学工学部助手，東京大学工学部講師などを経て，1997 年より千葉工業大学工学部講師。2004 年より同教授。2016 年に改組により同大学先進工学部教授。学部生時代から一貫して NMR 法による RNA の構造生物学に関する研究を進めるとともに，千葉工業大学では X 線結晶構造解析法によるタンパク質の立体構造解析にも従事し，タンパク 3000 プロジェクトにも参画した。最近では，RNA をターゲットとした低分子創薬にも着目している。著書に『機能性 RNA の分子生物学』（クバプロ，共編），『タンパク質工学の基礎』（東京化学同人，分担執筆），『NMR 分光法』（講談社，分担執筆）などがある。

**坂本泰一**　博士（工学）　［3 章，4.2 節を担当］

横浜国立大学大学院工学研究科博士課程単位取得退学。三菱化学生命科学研究所特別研究員，東京大学医科学研究所産学官連携研究員などを経て，2004年より千葉工業大学工学部講師。2014年より同教授。2016年に改組により同大学先進工学部教授。三菱化学の河野俊之先生に師事してタンパク質の NMR 解析を始め，千葉工業大学の河合剛太先生に師事して RNA の NMR 解析に従事した。現在，RNA の立体構造を基盤として機能性 RNA を開発することを目指している。著書に『核磁気共鳴分光法（分光測定入門シリーズ）』（講談社，分担執筆），『機能性 RNA の分子生物学』（クバプロ，分担執筆）などがある。

**根本直樹**　博士（生命科学）　［2 章，4.1 節を担当］

東京薬科大学大学院生命科学研究科博士課程修了。タンパク 3000 プロジェクトでは東京薬科大学博士研究員として東京大学の田之倉優先生に師事し，X 線結晶構造解析法によるタンパク質の立体構造解析に従事した後，米国カンザス州立大学博士研究員，京都工芸繊維大学博士研究員を経て，2012 年より千葉工業大学工学部助教，2015 年より同准教授。2016 年に改組により同大学先進工学部准教授。現在，好熱菌などのタンパク質の機能解析および構造解析から生物進化の解明を目指した研究に取り組んでいる。

NDC 464　170 p　26 cm

**エッセンシャル　構造生物学**

2018 年 2 月 23 日　第 1 刷発行
2024 年 1 月 11 日　第 3 刷発行

著　者　河合剛太・坂本泰一・根本直樹
発行者　髙橋明男
発行所　株式会社　講談社

〒 112-8001　東京都文京区音羽 2-12-21
販　売　(03) 5395-4415
業　務　(03) 5395-3615

編　集　株式会社　講談社サイエンティフィク
代表　堀越俊一
〒 162-0825　東京都新宿区神楽坂 2-14　ノービィビル
編　集　(03) 3235-3701

本文データ制作　株式会社　双文社印刷
印刷・製本　株式会社　ＫＰＳプロダクツ

落丁本・乱丁本は，購入書店名を明記のうえ，講談社業務宛にお送り下さい。送料小社負担にてお取替えします。なお，この本の内容についてのお問い合わせは講談社サイエンティフィク宛にお願いいたします。定価はカバーに表示してあります。



ISBN 978-4-06-503800-0